水母之书

JELLYFISH
A NATURAL HISTORY

［美］莉萨－安·格什温（Lisa-ann Gershwin） 著

王 晨 译

重庆大学出版社

目录 contents

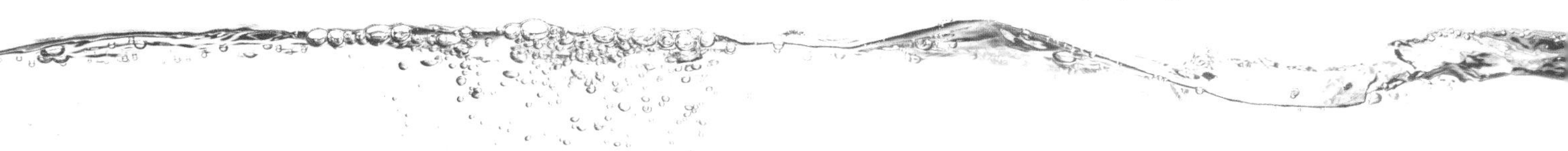

水母简介

摇摇晃晃，漂浮不定，令人着迷，奇异非常，滋味鲜美，致命毒刺——水母在许多人眼里有着许多不同的意义。对于渔民，它们是一种麻烦，有时还会让人付出高昂的代价；对于游泳者，它们意味着痛苦，甚至是极度危险的蜇刺；对于艺术家，它们也许能够激发灵感；对于某些企业家，它们是很有前景的创新产业和利润的来源；对于好奇的人，它们拥有无穷无尽的新奇和令人着迷的气质。

作为一个动物类群，水母保持着一些令人震惊的纪录，例如全世界毒性最强的动物是一种水母——海蜂水母（*Chironex fleckeri*，见 50 页）。在 20 世纪发现的最大的无脊椎动物也是一种水母——幽冥金黄水母（*Chrysaora achlyos*，见 114 页）。不过，和在北大西洋的霞水母(*Cyanea* spp.，见 52 页)相比，它简直是不起眼的玩具，后者的身体直径可达 3 米，触手可伸展将近 30 米。有一种水母曾经帮助科学家获得诺贝尔奖（见 198 页）。还有一种水母的身体长度每小时可以增长 10%（见 208 页）。全世界首次被发现的真正的生物永生现象就出现在体型微小且命名恰当的灯塔水母（*Turritopsis dohrnii*，见 74 页）上——它的英文名是 Immortal Jellyfish（“永生水母”）。

关于水母的问题

人类一直因为水母的蜇刺而躲避它们，长期以来，这些生物在科学上和产业上都没有受到足够的关注。但在二三十年前，水母开始变得难以忽视了。人们开始发现水母常常干扰人类活动的问题，随着这些问题出现的频率越来越高，水母进一步得到人们的关注，与它们相关的更多问题也被揭露出来。

此类问题的大多数与水母爆发，即水母的大批集中出现有关。水母爆发是它们生命周期的自然组成部分，但目前看来有一种越来越明显的趋势，那就是某些爆发比正常情况下持续的时间更长，或者覆盖面积更广，或者比通常状况下密集得多。在这些情况下，很难弄清楚到底发生了什么。这只是水母自发的行为异常，还是人类活动干扰了它们的栖息地，造成了这种骚动般的反应？无论如何，当水母威胁到人类的生命或生计时，它们就成了问题。

图注：从优雅美丽到残忍凶猛，从可爱迷人到致命危险，水母囊括了所有类型。 它们的相同点是凝胶状的身体、漂浮的生活方式、简单的器官系统，以及爆发式大量繁殖的能力。水母包括一系列不同的形状和大小，有的只比一粒沙子大一点，有的比一头蓝鲸还要长。有的是植食性动物，食用浮游植物，如火体虫（*Pyrosoma*，左）。有的是肉食性动物，食用浮游动物，如俗称花笠水母（Flower Hat Jelly）的 *Olindias*（中）。还有的两种食物都吃，如鲸脂水母（Blubber，右）。

什么是水母？

虽然新闻媒体对水母的关注度很高，但是很多人仍然不清楚水母到底是什么。事实上，它们是动物，尽管它们缺少可识别的身体部分，如脸庞和骨骼，而且大部分水母都没有大脑和心脏。它们是无脊椎动物，这意味着它们没有脊柱，但是它们属于不同的无脊椎动物类群。有些水母与珊瑚、海葵和海扇属于一类，而另外一些水母所属的谱系最终进化出了人类，甚至拥有构造极为简单的心脏和脑，但它们在进化上非常原始，和我们几乎没有任何共同之处。

另外需要牢记的一点是，并非所有漂浮着的湿软的透明水生动物都是水母。例如，许多乌贼物种和一些章鱼物种都是透明且湿软的，其中一些甚至可以随着水流四处漂浮。一些鱼类（特别是鳗鱼的幼体）的身体也是透明的，且呈凝胶状。某些漂浮在水中的凝胶状海参看上去比许多水母还像水母。就连体型微小的球状夜光藻（*Noctiluca scintillans*）这种藻类微生物都可能被错认为水母。但这些生物都不是水母。这意味着“什么是水母”这个问题的答案就像水母本身一样难以把握：水母是湿软的水生动物，有些漂浮在水中，有些是透明的，分布在不同的动物类群中。连专家也无法就这个类群达成一致意见：有些专家将浮游被囊类动物（樽海鞘和它们的近缘物种）排除在外，而另外一些专家将它们包括在水母中，正如本书所做的那样（见 70—71 页）。

尽管如此奇怪，但水母就像其他所有动物一样，必须捕食、繁殖、移动和保护自己——而且它们是在没有大脑、骨骼和血液的情况下做这些事情的。早在大脑、骨骼和血液在地球上被进化出来之前，水母已经这样成功地生活了数千万年，它们很适应自己这种简单的构造。它们可以依靠种类广泛的食物为生——甚至或根本没有食物——而且它们可以用多种方式繁殖，无论有无配偶。在它们的不同生命阶段，无论是否能够移动，它们都能很好地生活。难怪它们在地球上坚持了这么长的时间。它们精通生存的艺术。

水母的世界古怪而奇妙，带给世人许多了不起的惊喜：它们有不同寻常的复制自身的能力，得到的克隆彼此是那么不相像，以至于它们曾被认为是不同的物种；它们能够在大多数动物都无法生存的环境之中顽强地存活；它们有惹人喜爱的形状和色彩，以及让人着迷的运动方式。正是这种仿佛来自另一个世界的奇异之感使水母如此令人沉醉。

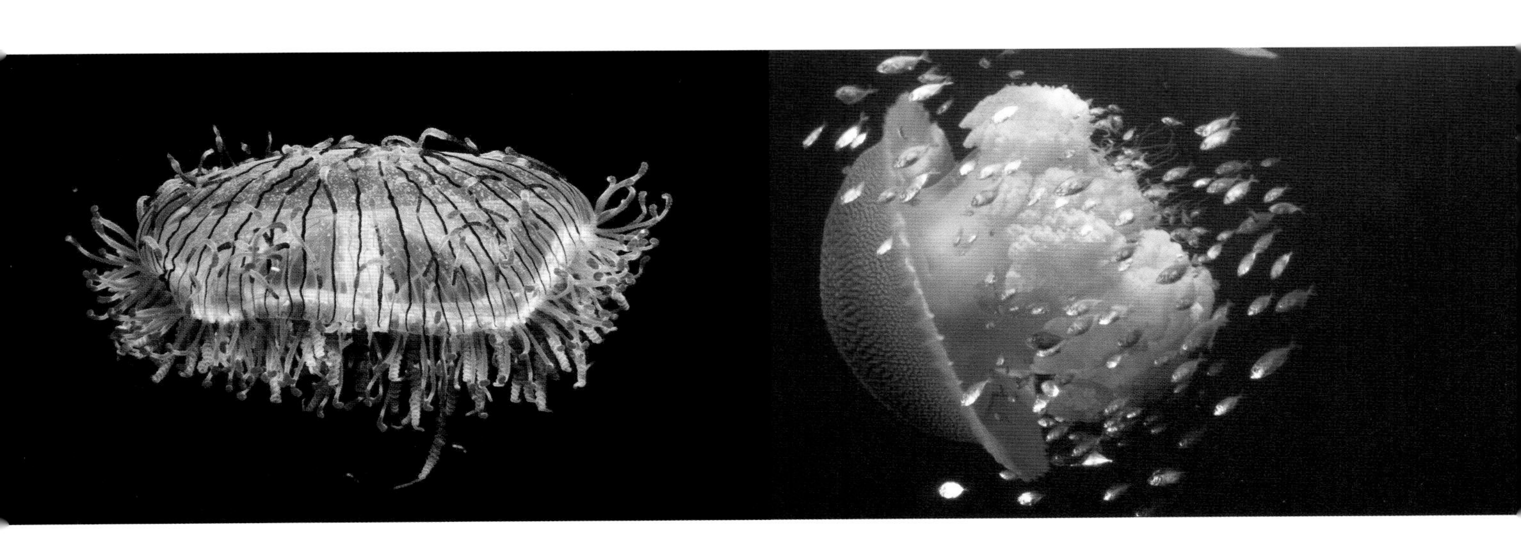

类群	实例	主要影响
真水母（True Jellyfish） 刺胞动物门 / 钵水母纲 / 旗口水母目	海荨麻（Sea Nettle）、海月水母（Moon Jellyfish）、夜光游水母（Purple People Eater）	堵塞发电厂和船只的取水管，蜇刺
鲸脂水母（Blubber Jellies） 刺胞动物门 / 钵水母纲 / 根口水母目	灵气水母（Bazinga）、桶状水母（Barrel Jelly）、海鲸脂水母（Sea Blubber）、卷心菜水母（Cabbage Jelly）、海番茄（Sea Tomato）	堵塞渔网以及发电厂和船只的取水管
冠水母（Coronate Jellies） 刺胞动物门 / 钵水母纲 / 冠水母目	紫蓝盖缘水母（Santa's Hat Jellyfish）、环冠水母（Flying Saucer Jellyfish）、海顶针（Thimble Jellyfish）	改变挪威峡湾的生态，消耗幼体和浮游生物
箱水母（Box Jellyfish） 刺胞动物门 / 立方水母纲	箱水母（Box Jellyfish）、伊鲁坎吉水母（Irukandji Jellyfish）	蜇人非常疼，而且会造成严重的，甚至致命的伤害
水水母（Water Jellies） 刺胞动物门 / 水螅虫纲 / 水螅水母纲	钟形水母（Bell Jellyfish）、维多利亚多管发光水母（Nobel Jellyfish）	捕食鱼卵、幼体和浮游生物并与它们竞食
管水母（Siphonophores） 刺胞动物门 / 水螅虫纲 / 管水母目	“长绳索状的会蜇人的东西”（Long Stingy Stringy Thingy）、僧帽水母（Portuguese Man-of-war）	蜇刺，高强度捕食其他物种并和它们竞食
栉水母（Comb Jellies） 栉水母门	海胡桃（Sea Walnut）、海醋栗（Sea Gooseberry）	捕食鱼卵、幼体和浮游生物并与它们竞食
樽海鞘（Salps）及其近缘物种 脊索动物门 / 被囊亚门	樽海鞘、火体虫、海樽（Doliolid）	摄入浮游植物，和其他物种竞食

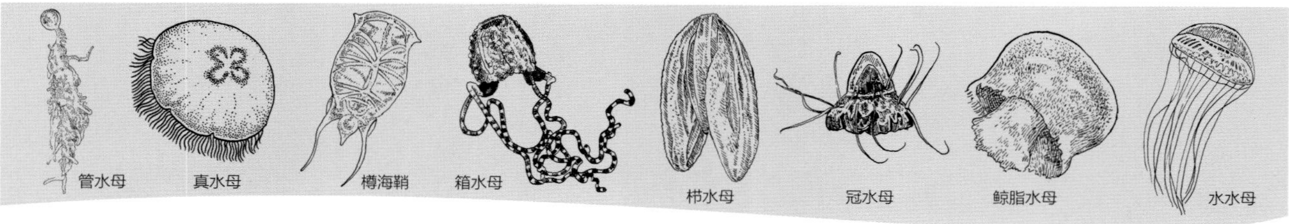

管水母　真水母　樽海鞘　箱水母　栉水母　冠水母　鲸脂水母　水水母

海洋简介

有人曾经说我们的星球其实应该叫水球而不是地球，因为大约 3/4 的表面积都被水覆盖着。这个海洋水世界（约占地球表面积的 72%）就是水母的领地，从南极到北极，从海洋表面到深海，到处都能找到水母的踪迹。科学家们发明了一整套术语，用来描述不同的海洋区域。其中一些术语贯穿全书，包括与每个物种相对应的信息板。

一般而言，我们按照海水的垂直深度或者海洋与陆地相对的水平覆盖区域对海洋进行分区。在这些区域内，不同生境形成了不同生态系统的特点，决定了生活在那里的动植物的种类。这些区域在功能上相当于将陆地三维生境分割成不同部分的山脉、沙漠、河流和湖泊，并定义了不同的生态空间，在每一种生态空间中，只有特定的生物才能兴盛。

水平海洋分区

“水平”海洋分区开始于海岸——陆地和海水的交界处。每天都被潮汐淹没的海岸线地带称为潮间带（Intertidal zone）；由于涨潮和退潮造成的温度、盐度与干湿的剧烈变动，通常只有最顽强的生物才能经受这种压力，从而生存在这个区域。退潮的时候，水母有时会被搁浅在潮间带上，在大部分情况下，这

图注：澳大利亚的大堡礁以其珊瑚闻名。如此令人迷醉的清澈的蓝色海水通常养分含量很低。这种类型的生态系统是水母可以兴盛的生境类型之一。

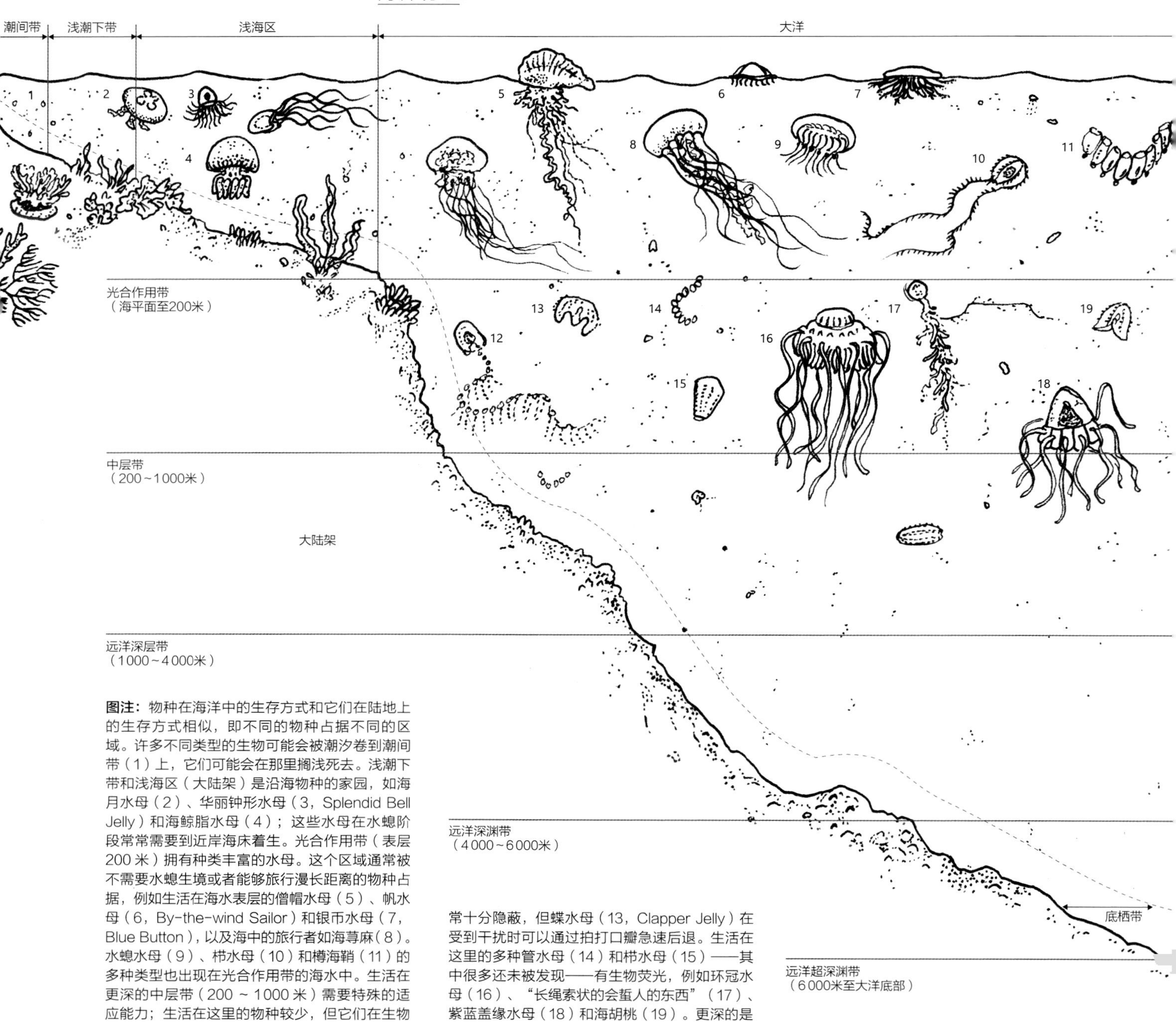

图注： 物种在海洋中的生存方式和它们在陆地上的生存方式相似，即不同的物种占据不同的区域。许多不同类型的生物可能会被潮汐卷到潮间带（1）上，它们可能会在那里搁浅死去。浅潮下带和浅海区（大陆架）是沿海物种的家园，如海月水母（2）、华丽钟形水母（3，Splendid Bell Jelly）和海鲸脂水母（4）；这些水母在水螅阶段常常需要到近岸海床着生。光合作用带（表层200 米）拥有种类丰富的水母。这个区域通常被不需要水螅生境或者能够旅行漫长距离的物种占据，例如生活在海水表层的僧帽水母（5）、帆水母（6，By-the-wind Sailor）和银币水母（7，Blue Button），以及海中的旅行者如海蕁麻（8）。水螅水母（9）、栉水母（10）和樽海鞘（11）的多种类型也出现在光合作用带的海水中。生活在更深的中层带（200 ~ 1000 米）需要特殊的适应能力；生活在这里的物种较少，但它们在生物学或生态学上往往拥有令人着迷的特征。管水母如不定帕腊水母（12，Giant Heart Jelly）的身体长度可以长过蓝鲸。虽然栉水母的运动方式通常十分隐蔽，但蝶水母（13，Clapper Jelly）在受到干扰时可以通过拍打口瓣急速后退。生活在这里的多种管水母（14）和栉水母（15）——其中很多还未被发现——有生物荧光，例如环冠水母（16）、“长绳索状的会蜇人的东西”（17）、紫蓝盖缘水母（18）和海胡桃（19）。更深的是远洋深层带（1000 ~ 4000 米），那里的物种就更少了，而且常常比较小。的确有水母生活在最深的海洋中，但我们知之甚少。

对它们是致命的。当海滩再次被潮水淹没的时候，它们已经因为过度炎热和脱水而无法存活了。

挨着潮间带的是潮下带，它开始于海岸线上总是被水淹没的地方，无论是涨潮还是退潮。潮下带可以大致分为不超过潜水深度的浅潮下带、大陆架上的浅海区，以及远离大陆架的大洋（或称远洋）。水母占据着所有这些生物群系，但是不同的典型物种生活在不同的区域。

垂直海洋分区

从海平面延伸到海底的垂直水域被称为远洋区（Pelagic realm）。包括许多水母在内，生活在这里的生物被称为拥有浮游生活方式。海底（或称海床）是底栖区。底栖物种包括海星、蛤类和穴居蠕虫等。许多底栖物种有浮游幼体，而部分浮游生物（包括许多水母）有底栖的生活阶段。甚至有一些水母主要营底栖生活而非浮游生活，例如十字水母和扁栉水母（见 18 页）。

在远洋区，生物会特化适应某种生活方式。那些随波逐流的生物被称作浮游的（Planktonic，来自希腊语单词 *Planctos*，意思是“漂流物”），而那些有强大游泳能力、能够抗拒水流的生物被称作自游的（Nektonic）。金枪鱼和剑鱼都是自游生物的好例子，而大多数水母是浮游生物。“浮游生物”是一个包罗一切的术语，可以形容只能被水流裹挟的所有成年和幼体生物。

远洋区不是均一的，生活在其中的生物也各式各样。海平面之下的光合作用带占据着第一层海水，深约 200 米，穿透到这里的阳光还可以实现光合作用。从这里再往下直到大约 1 000 米深是中层带，又称为微光带（Twilight zone），这里只有微弱的光。中层带的生物常常拥有特殊的适应性特征，例如生物荧光、硕大的眼睛或垂直洄游行为，以应对微弱的光照条件。

1 000 ~ 4 000 米深是远洋深层带；4 000 ~ 6 000 米深是远洋深渊带；再往下是远洋超深渊带，直到最深的海底。这些更深的区域处于永久性的黑暗之中，生活在其中的生物常常没有视力。和上面那些区域相比，生活在这些区域的水母种类较少。

生境

在海洋的水平分区和垂直分区中存在无数生境，其中一些生境中通常生活着水母。例如，危险的箱水母（见 50 页）和伊鲁坎吉水母（见 154 页）经常出现在多沙的海滩沿线，那里是它们捕食的地方。仙女水母 [仙女水母属（*Cassiopea*），见 48 页] 常常出现在珊瑚礁之间的浅潮下带潟湖中。珊瑚礁还有助于形成漩涡，让水母搭上涡流的便车。河流的入海口区域常常会形成大规模水母爆发。在河口地带，水的流速比沿着开阔海岸线的流速慢得多，而较慢的流速有助于水母停留在自己的生活边界之内。同时，工业、港口和城市区域常常集中在河口，它们可能导致了这些爆发现象并深受其害。

在所有生境中，或许最奇怪的是海的表面：漂浮区（Neuston zone）是垂直水域最顶端几英寸（1 英寸约为 2.54 厘米）的海水，在这里，海面是一道无法穿越的屏障，浮游生物集中在它下面。水漂区（Pleuston zone）就是空气和水的交界面（见 148—149 页）。在这里，有些生物生活在水的表面，而另外一些生物攀附在空气的底面生活，大部分生物同时拥有位于水中和空气中的身体部位。僧帽水母（见 34 页）就是一种常见的水漂生物，上半部分露出在空气中，触手浸泡在海水里。

最后，并非所有水母都生活在海洋环境中。某些物种只生活在淡水生境如湖泊和水库中，那里没有潮汐，而且比较浅，不足以产生复杂的水平分区和垂直分区。

关于本书

本书一共分为五章，涵盖了水母生物学和生态学的基础性主题。按照这种方式组织书中的内容，可以让我们通过它们的相同和相异之处理解这些华丽的生物。每一章都解释了和每个主题有关的九个概念，并列出十个水母物种的档案，直观地展示这些生物。

第一章

在第一章“水母的解剖学”中，重点介绍水母每个身体部位的功能性形态或结构。随着我们对水母用于防卫、运动、捕食等行为的各个结构的了解，我们就会知道水母是如何完成进食、移动和繁殖等基本行为的。我们将认识水母的多种捕食结构，从带有毒刺的触手到浓密又黏稠的缠绕丝线，再到高度特化、模仿其他生物的诱饵，可谓精彩纷呈。我们还将看到水母的不同身体部位。例如，我们将审视它们的眼睛，有些水母完全没有眼睛，有些水母的眼睛是只能区分光明和黑暗的感光器官，而另外一些水母则拥有复杂的视觉结构，里面有水晶体、视网膜和角膜——和我们人类的眼睛非常相似，可以分辨形状和颜色。

第二章

“水母的生活史”就发育方面对不同类型的水母进行了对比，发现它们在自己所属的类群内通常拥有相似的发育路径。例如，某一大类水母 [刺胞动物门（Cnidaria）] 通常拥有一种复杂的生命周期，包括两个主要阶段：水螅体（Polyp；芽状形式）和水母体（Medusa；人们所熟悉的漂浮在水中的钟形或伞形个体）。它们是真正意义上的变形者，在生命的不同阶段表现为毫不相似的形态。我们还探究了产生水母体的一些方式：有些水母使用的是一种复杂的节片生殖过程，称为横裂（Strobilation），有些种类可以通过简单的出芽方式长出新的水母体，还有一些种类会经历全变态过程。在这一章，我们还会审视一些令人好奇的转化方式，如克隆和永生。

第三章

在“水母的分类和进化”中，我们将了解神奇的水母世界是如何在时间的长河中变迁的。我们总是觉得水母极为奇异，甚至会怀疑它们是否真的是动物，或者它们为什么会如此奇怪。在这一章，我们将探究科学家们如何理解水母的进化史，他们主要依靠两种手段：通过远古时代遗留下来的化石，以及通过水母类群之间不同寻常的遗传关系 。我们还将比较不同的物种概念——科学家们对“物种”的定义以及对应该如何研究物种的看法及变化，这些概念决定了我们如何随着时间的推移对水母产生不同的认识。

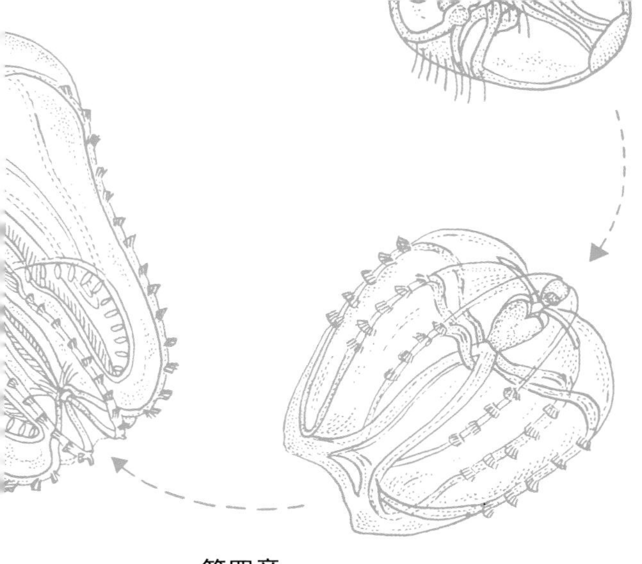

第四章

在“水母的生态学”中，我们将探究水母如何与生存环境中的毗邻物种和非生物条件相互作用。在海洋中，这场游戏的名字是“吃或被吃”，还要活得足够长以繁殖后代。在数百万代的生命接力中，水母掌握了生存的艺术，比大多数匆匆过客坚持得更久。通过研究它们的生态学，我们可以了解到，水母与周边环境中的生物和非生物条件的关系是如何塑造它们的身体与行为的。从捕食到防卫，从运动到洄游，这些简单的生物使用了一系列方法，以此生存在这个复杂的世界中。

第五章

第五章“我们和水母的关系”列出了正在重塑我们的海洋生态系统的人为应激源，它们为机会主义物种打开了新的生态空间。随着水母的捕食者和竞争者陷入艰难挣扎的境地，水母找到了繁盛起来的机会。在许多被人类扰动的地区，水母成了海洋失衡的显著指标。无论是造成发电厂的紧急关闭、堵塞渔网和倾覆拖网渔船，还是对食物链造成影响重大的改变，水母都得到了人们前所未有的关注。我们审视了造成水母显著增多的一些原因，其中有很多是人类造成的。

物种描述

附在每一章后面的物种描述让读者有机会认识一些更有趣的水母种类。

许多物种没有英文俗名，通常使用拉丁学名来称呼。[①]对于某些种类，常用的俗名往往适用于许多个物种，十分令人困惑，或者这些名字在分类方面并没有多大帮助 [例如，钟形水母（Bell Jelly）、“水水母”（Water Jelly）、箱水母（Box Jelly）]。本书对其中的一些物种给出了修订后的俗名。

有人可能会心生疑惑，为什么如此多的水母没有俗名？其实原因很简单，因为水母不像商业物种如鱼类那样受到人们广泛的关注，也不像鸟类和哺乳动物那样引起博物学家普遍的兴趣与学术上的好奇心。

当一份描述涉及多个物种时，该页底部的信息板和地图描述的也是所有这些物种。许多物种的分布信息非常有限，所以部分地图上的物种分布范围是估计出来的。

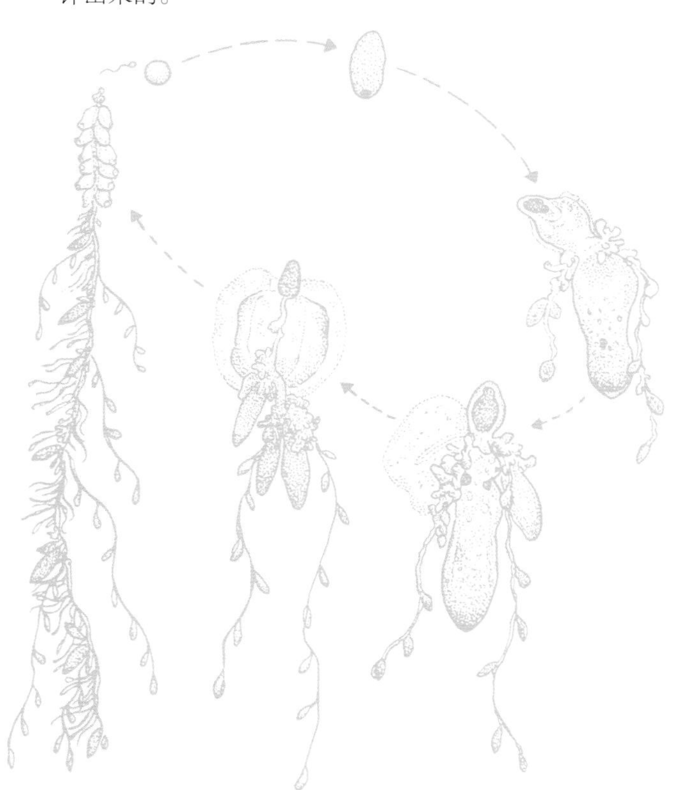

①译者注：本书会尽量使用此类物种的中文正式名或俗名，如果没有中文命名，则直接使用学名。

第一章

水母的解剖学

水母解剖学简介

水母是结构简单的生物。许多水母看上去更像是植物而非动物，尽管它们的确是动物。它们的繁殖能力能够接近通常只见于细菌的指数级别，而它们的结构特征在更常见的生物身上找不到对应之处。本章对这些物种和它们的身体部位及其功能进行了总体上的描述，看看它们如何构成了美妙奇异的水母世界的不同类群。

“水母”这个类群实际上是非自然的人为分类，这些生物来自三个完全不同的进化谱系——水母体（Medusae）和管水母（Siphonophores），或称水母亚门（Medusozoa）；栉水母门（Ctenophores）；以及樽海鞘及其近缘物种——只是它们恰好都是身体透明的漂浮生物，即使在这些较大的类群之内，较小的次级类群也常常有迥异于其他次级类群的特征。不过，虽然它们有如此大的差异，但是它们的解剖结构拥有相同的基本要素，并反映在它们的分类学上（鉴定与分类）。

所有水母都有凝胶状的身体，捕食、消化和排泄的方法，保卫自身的方法，繁殖的方法，以及从 a 点移动到 b 点的方法。但是它们完成这些基本生命活动的方式却令人惊叹，且多样、复杂。在很多方面，这些简单的生物并没有那么简单。

水母的三大谱系

物种数量最多的水母——当然也是我们最熟悉的水母——是刺胞动物门（Cnidaria，发音为 *nye-DARE-ee-uh*，c 不发音）中的水母体，该门还包括珊瑚、海葵和海扇。这些水母属于水母亚门的四个纲——钵水母纲（Scyphozoa）、立方水母纲（Cubozoa）、十字水母纲（Staurozoa）和水螅虫纲（Hydrozoa），通常为半球形或碟形，并在此基础上呈现出各种不可思议的变化。它们的身体呈辐射对称，有时候像一个均分成数块的馅饼，每一块都是完全一样的。大多数物种是四分对称的，这意味着它们的身体由四块完全相同的部分组成，还有一些物种八分对称，少数物种六分对称。

刺胞动物门的水母拥有和珊瑚的水螅虫或海葵相同的基本身体构造，只是上下颠倒；水螅基本上由一个向上开口的胃腔和周围的触手组成，而水母基本上是同样的形式，只是开口朝下。此外，珊瑚和海葵固着在海底，而水母漂浮在水中。

水螅虫纲中有一个非常特别的次级谱系，称为管水母（Siphonophores，发音为 *sigh-FON-uh-fores*）。它们有三种不同的身体构造，分别是：一个浮囊体和若干泳钟体；一个浮囊体，但没有泳钟体；有若干泳钟体，但没有浮囊体。（关于这些构造的详情，见 68—69 页的“管水母的生活史”）管水母既不是辐射对称，也不是两侧对称，不过某些身体部件可能是这两种对称形式中的一种。它们是所有生物中最难鉴别的，因为它们由彼此之间极不相似的部位组成，这些部位和这种动物的整体外貌也有很大差异。

水母的另外两大类群是栉水母门（Ctenophora，发音为 *ten-OFF-uh-ruh*）的栉水母，以及脊索动物门（Chordata，发音为 *kor-DAH-ta*）的樽海鞘及其近缘物种，又称浮游被囊动物。这两个类群的生物都是两侧对称的——和人一样——意思是只有一种切割方式可以将它分成两个等同的部分。但是在其他方面，这两个类群之间的差异相当大。可以将樽海鞘想象成由带状肌肉环绕而成的桶状结构，而栉水母则形状各异，并在身体上有八条纵向排列的栉板带（即栉水母这个名字中的“栉”，意为梳子）。

尽管被我们称为水母的这些物种在身体构造、对称性和形状以及其他特性上各不相同，但它们也有很多共同且显著的特征。它们都生活在远洋区，也就是说它们生活在垂直水域中而不是海床上，而且除了极少数，它们都是浮游的，这意味着它们只能随波逐流，无力与水流抗衡。它们的身体呈凝胶状或果冻状，这有助于它们提升浮力。大多数水母是透明的，人们认为这是一种防卫机制。

这篇概述提到的所有身体结构都会在后面的章节进行详细的阐述。第二章会对不同水母类群作更详细的介绍。

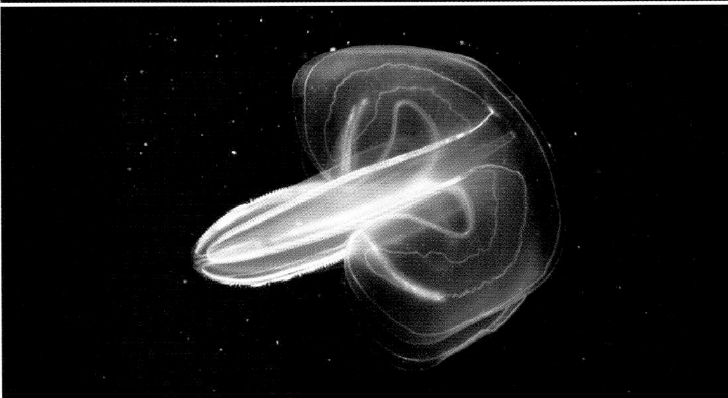

图注：人们常说水母的解剖学比科幻小说还要奇怪。大多数水母体，例如美艳惊人的冰川霞水母（*Desmonema glaciale*；右上）拥有大致呈钟状的身体和肉质口腕或长长的丝状触手。口腕是用来捕食和繁殖的，而触手是用来捕食和防卫的。栉水母——如这只兜水母目的 *Bolinopsis ashleyi*（右）——拥有最奇怪且不可思议的形状，如带状、球状、兜状、胡桃状和许多其他形状。樽海鞘——如这只环纽鳃樽（*Cyclosalpa*；下）——拥有桶状的身体。虽然樽海鞘的身体呈果冻状，但实际上它们与人类的亲缘关系比它们和其他水母的亲缘关系更近。

底栖形态的解剖学

虽然我们通常认为水母是一种漂浮在水中的生物，但实际上底栖生活——永久性地在海底生活——的水母体和栉水母也是存在的，它们在成年性成熟后就完全生活在海床上。在水母体中，这些底栖生物有喇叭状的结构，如十字水母，它们用细长柄状足基部的黏性腺体将自己附着在岩石或藻类上。在栉水母中，底栖形态是匍匐爬动的海扁虫状生物，称为扁栉水母。

大部分十字水母和扁栉水母（Platyctenes，发音为 *PLAT-ee-teens*）都不能游泳，但是幼体可以自由游动的。尽管成年个体看上去完全不同而且并不漂浮在水中，但它们仍然被理所当然地视为水母，因为它们也是从水母状的祖先进化而来的。我们对水母总体上知之甚少，而十字水母和扁栉水母更是目前最缺乏了解的类群。

其他底栖形态包括我们较熟悉的漂浮水母体的无性（克隆）阶段。它们是小小的水螅体，附着在海床（或称底栖区）的岩石、贝壳或藻类上。我们将在第二章“水母的生活史”中更透彻地探究这些水螅形态，包括长得像植物的水螅虫。

十字水母

十字水母是一种形状像香槟酒杯的精致美丽的生物，通常有八只腕向外呈星状辐射。每一只腕末端都有一簇短触手，每个触手末端都有一个小球。这些触手表面密布刺细胞，用于捕食和防卫。在每两只腕之间，许多物种还拥有名为“锚”（Anchor）的特殊器官，它们的功能目前未知，不过可能是感觉器官。和其他水母体一样，十字水母也是辐射对称的。大多数物种的外表是八分对称的（八等分），但内部结构和大部分更传统的漂浮水母一样是四分对称的（四等分）。十字水母有一系列令人目眩的颜色和图案，这有助于它们在其生活的红色或绿色藻类环境中伪装自己。

关于十字水母，最有趣的一点是它们其实是上下颠倒的上下颠倒——也就是说，正常水母拥有和水螅体相同的结构，但是上下颠倒，而十字水母则再次颠倒了回来。所以虽然它们看上去“正确的一面朝上”，但这种朝向其实是在后来的进化中出现的。它们的祖先被认为是正常的水母，而后者的祖先据信是正常的水螅。

扁栉水母

扁栉水母具有另一种谜一般的形态。和十字水母一样，它们的成年个体完全营底栖生活。水肺潜水员、家庭水族馆爱好者和公共水族馆的游览者常常看到它们，但极少有人能够意识到它们是什么。它们形似海扁虫，基本上是一片椭圆形的组织薄膜，从海绵和藻类表面滑过，还会穿梭在海胆的棘刺之间。表明它们属于栉水母这一真实身份的特征是触手，它们的触手与近缘种类海醋栗的触手相似，表面都有许多朝着一个方向排列的侧向细丝，就像羽毛一侧的羽支一样。

刚刚孵化出来时，幼体阶段的扁栉水母看上去就像微型的海醋栗，甚至以与之类似的方式漂浮在海水中。随着逐渐成熟，它脱离了浮游阶段，开始生活在海底。对一只年轻的扁栉水母来说，最大的挑战之一就是找到合适的寄宿之地。

有趣的是，虽然十字水母基本上是水母体上翻使得口部朝上的版本，但扁栉水母却是海醋栗或海胡桃极端扁平化并下翻的版本，它们脸朝下，面对着海底沉积物或宿主。它们的身体极度柔软，几乎像变形虫一样，身体上表面分布着许多寿命短暂、间歇性突出的具有纤毛的乳突，被认为行使着呼吸功能；身体两端附近偶尔会长出两根“烟囱”，上面会冒出长长的羽状触手。和十字水母一样，扁栉水母也有醒目的颜色和图案，这有助于它们在宿主物种中隐藏自己。

十字水母

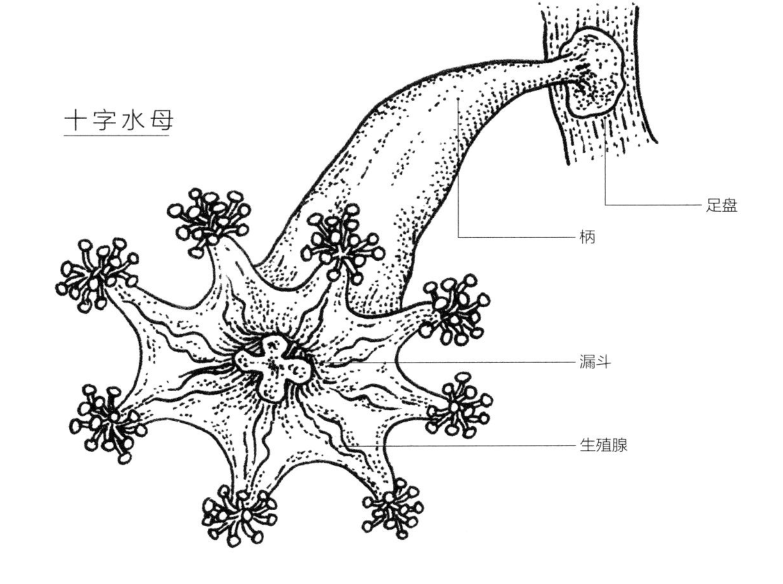

扁栉水母

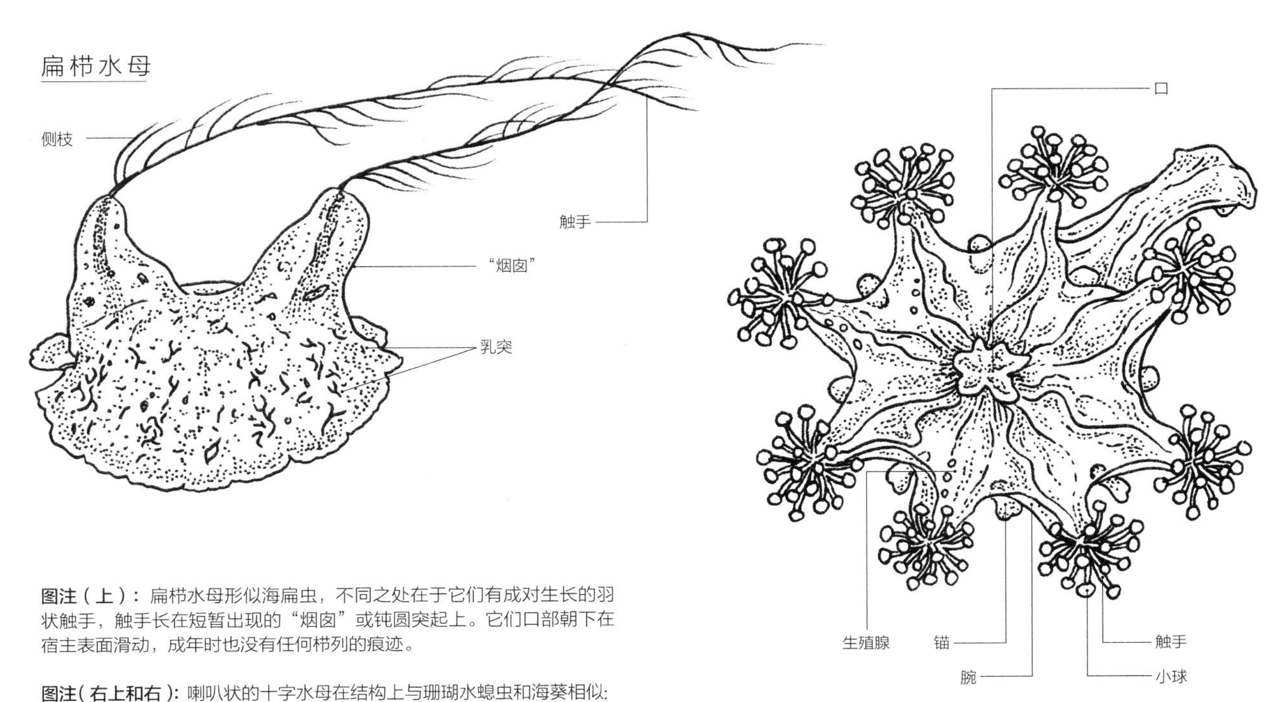

图注（上）： 扁栉水母形似海扁虫，不同之处在于它们有成对生长的羽状触手，触手长在短暂出现的“烟囱”或钝圆突起上。它们口部朝下在宿主表面滑动，成年时也没有任何栉列的痕迹。

图注（右上和右）： 喇叭状的十字水母在结构上与珊瑚水螅虫和海葵相似：身体一端有一黏性足供附着在物体表面，另一端是许多具有捕食和防卫功能的触手环绕着口。

刺细胞和粘细胞

刺胞动物门和栉水母门是构成水母的两个主要的门，这两个门的生物在捕食和防卫敌人时会用到两种截然不同的胞器，即细胞组成的微小结构。在刺胞动物中，它们是刺细胞，又称刺丝囊（Nematocyst），而在栉水母中，它们是粘细胞，称为 Colloblast。它们都是显微结构。

刺丝囊：刺细胞

所有刺胞动物都有刺细胞。实际上，刺胞动物门（Cnidaria）这个名字就来自希腊语单词 *knidē*，意思是“荨麻”（一种多刺的植物）。它是将如此迥异多样的生物归为一类的主要特征，这些生物包括硬珊瑚、软珊瑚、海葵、海扇、海三色堇（Sea Pansy）、水螅、水母体和管水母。

刺细胞是令人惊奇的微小结构。每个刺细胞的基本结构都相当于一个双层角质化囊，囊内有一根盘卷起来的刺丝，一端有盖板和触发器。因为有触发器，即使非常微小的机械刺激也会将刺丝释放出来。刺丝囊能够以爆炸式的力量释放刺丝，加速度高达 40 000 g，即重力加速度的 4 万倍；刺丝的释放是最快的生物作用机制过程之一。刺丝通过外翻（内部翻到外部）完成释放，类似一只橡胶手套被脱下来时发生的动作。

刺丝的轴是中空的，就像注射器的针头一样，而且常常带有穿孔。毒液藏在刺丝囊内，刺丝内外都有刺丝囊，当刺丝扎入猎物的皮肤时，它可以通过三种方式传递毒液：通过刺丝尖端皮下注射，通过轴上的穿孔注入毒液，以及通过轴外表面的残留毒液毒害猎物。强壮的刺毛（特别是轴基部附近的刺毛）有助于在轴进入猎物体内时将它固定住。轴的剩余部分或者没有武装，或者有三排纵向螺旋状排列的较小的刺。

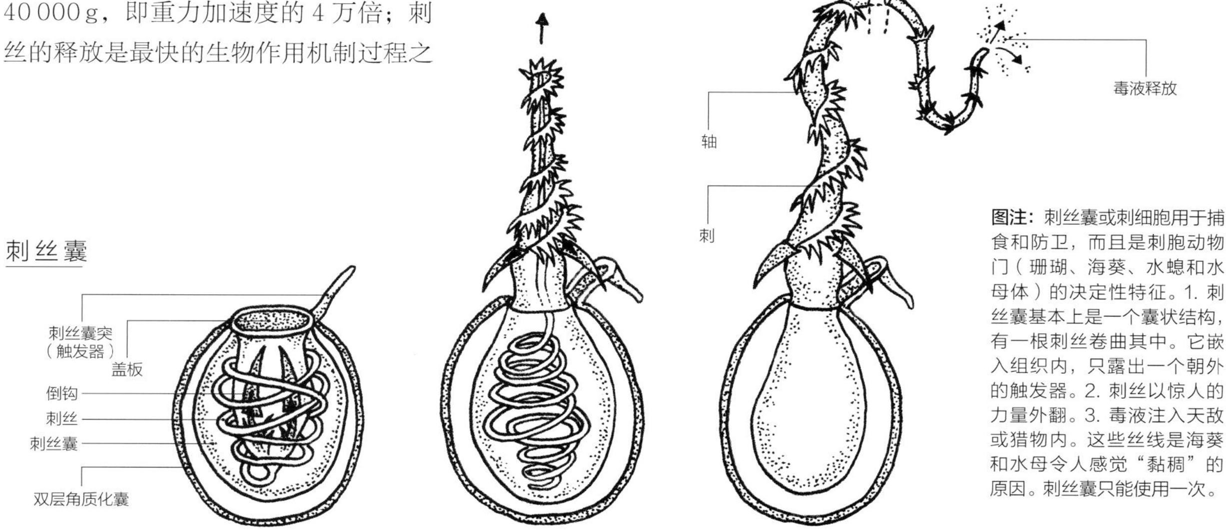

图注：刺丝囊或刺细胞用于捕食和防卫，而且是刺胞动物门（珊瑚、海葵、水螅和水母体）的决定性特征。1. 刺丝囊基本上是一个囊状结构，有一根刺丝卷曲其中。它嵌入组织内，只露出一个朝外的触发器。2. 刺丝以惊人的力量外翻。3. 毒液注入天敌或猎物内。这些丝线是海葵和水母令人感觉“黏稠”的原因。刺丝囊只能使用一次。

粘细胞

栉水母的粘细胞是一种和刺胞动物的刺丝囊同样奇妙的结构，但是在形态和功能上完全不同。可以将刺丝囊当作一根充满毒液的刺丝，而粘细胞更像是一根涂满蜂蜜的绳子。刺丝囊注射，粘细胞诱捕。粘细胞里没有毒液，它们只能用于捕食，不能用于防卫。

粘细胞包括一个被称为主质的花束状结构，上面有粘性微粒，这个结构被一根轴丝（中轴）支撑着，轴丝外面环绕着一根螺旋丝。被触发时，螺旋丝伸直，激活粘细胞，令粘性微粒爆开，释放出粘质。拥有触手或口腕的栉水母在这些结构上的粘细胞数量极多；某些物种口唇周边的细小触手上也有粘细胞。刺胞栉水母（*Haeckelia rubra*）这个物种没有粘细胞，但它会将自己捕猎到的刺胞动物门水母的刺丝囊据为己用。

水母的蜇刺

因为具有毒性，所以刺丝囊得到了相当彻底的研究，而粘细胞就没有这种待遇了。通常而言，不同类群的刺丝囊出现在水母的不同部位，例如钟状体、触手、口唇和胃腔。如今已有数十种不同类型的刺丝囊得到鉴定。这种结构通常呈球形、卵形、柠檬形或香蕉形。在刺胞动物门的许多类群中，刺丝囊类型的数量和形态有助于对物种的鉴定。它们经常是区分不同物种的唯一方法，尤其是在有人被蜇刺之后，此时留在皮肤内或皮肤上的触手片段或刺丝囊会是唯一可用的客观证据。

蜇刺发生后，可以用一种非常简单的方式将刺丝囊从皮肤里取出：首先确保被蜇刺的部位是干燥的，然后将粘性胶带的粘性一面朝下按压在皮肤上，再揭下来。最后可将胶带放置在显微镜载物片上镜检。这是一种鉴定蜇人水母的安全、高效且非破坏性的方式。

水母蜇刺的处理方式在很大程度上取决于相应的物种。对于会威胁到生命的物种，如箱水母（见50页）和伊鲁坎吉水母（见154页和200页），用醋冲洗伤口会立刻并永久性地让尚未释放刺丝的刺细胞失去活性，阻止它们再次释放任何毒液。对于其他物种的蜇刺，问题只在于减缓疼痛，可以用冰敷或热敷的方法处理。

粘细胞

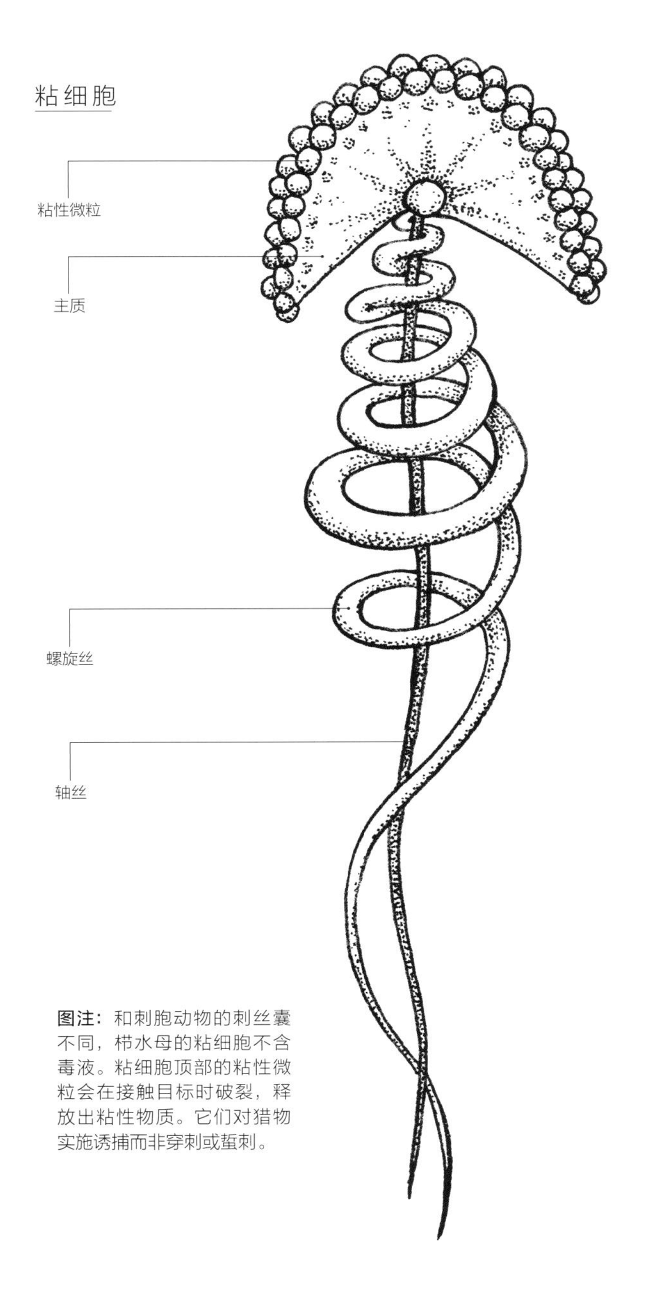

图注：和刺胞动物的刺丝囊不同，栉水母的粘细胞不含毒液。粘细胞顶部的粘性微粒会在接触目标时破裂，释放出粘性物质。它们对猎物实施诱捕而非穿刺或蜇刺。

运动结构

绝大多数水母都是被动漂流者，只能随波逐流。因此，尽管它们的个头或许很大，但仍然被归类为浮游生物。虽然是浮游性的，但大多数水母仍然有一些运动结构，可以让它们改变方向，向上或向下游动，在某些情况下甚至还能对抗微弱的水流。

水母体、管水母和樽海鞘的运动

我们最熟悉的水母运动方式就是水母体的搏动式游泳。鲜为人知的管水母和樽海鞘使用的也是这种模式。水母体拥有发达的肌肉，这让它们可以收缩钟状体。产生同样大小的推进力，水母体耗费的能量只有其他生物的一半，因此它们的游泳是已知所有生物运动形式中最节省能量的。钟状体的一次收缩就是一次动力冲程，在这个过程中，钟状体下包裹的水受到压力，从一圈被称作缘膜（Velum）或拟缘膜（Velarium）的薄膜组织收窄的开口中迅速喷出，产生一股喷射推力。而钟状体再次扩张的过程是通过钟状体的弹性和“记忆”完成的，因此不需要消耗能量。

立方水母类（箱水母及其近缘物种）拥有极强的游泳能力。某些较大的近海物种如海蜂水母（见50页）可以逆着强劲的水流游泳，还曾被测量到高达4节（大约每小时8千米）的游泳速度。远洋物种 *Alatina* 属的泳速还没有被测量过，但这些箱水母曾被看到过游得非常快，很可能比海蜂水母属（*Chironex*）更快。

许多类型的管水母都拥有名为泳钟体(Swimming bell 或 Nectophore）的特殊运动构造。它们基本上是高度特化的水母体，但是没有分开形成独立漂浮的个体，而是附着在整个群体上。泳钟体就像水母体一样收缩和扩张，只是一个群体的所有泳钟体必须以协调的方式搏动，才能完成向前的运动。

水母体游泳时的收缩和推进运动

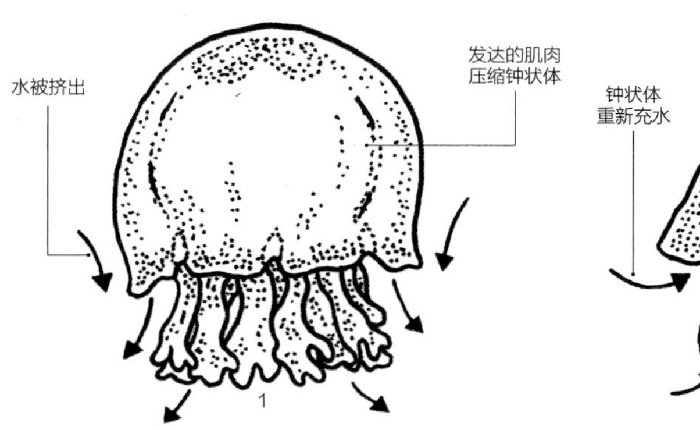

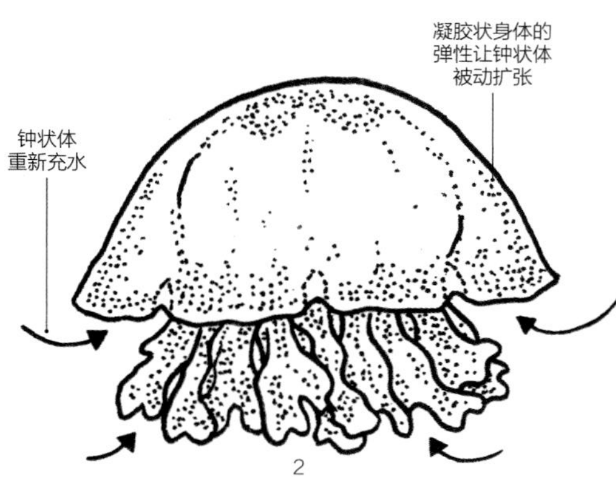

图注： 早在航空工程师设想出喷射推进很久之前，水母就已经进化出了这种高效的运动方式。1. 钟状体在动力冲程中收缩，将水从钟状体腔中挤出去，提供推力。2. 钟状体的弹性让它扩张到正常状态，令钟状体腔再次充水。搏动产生的湍流令猎物迷失方向，增加了它们撞到触手上的概率。

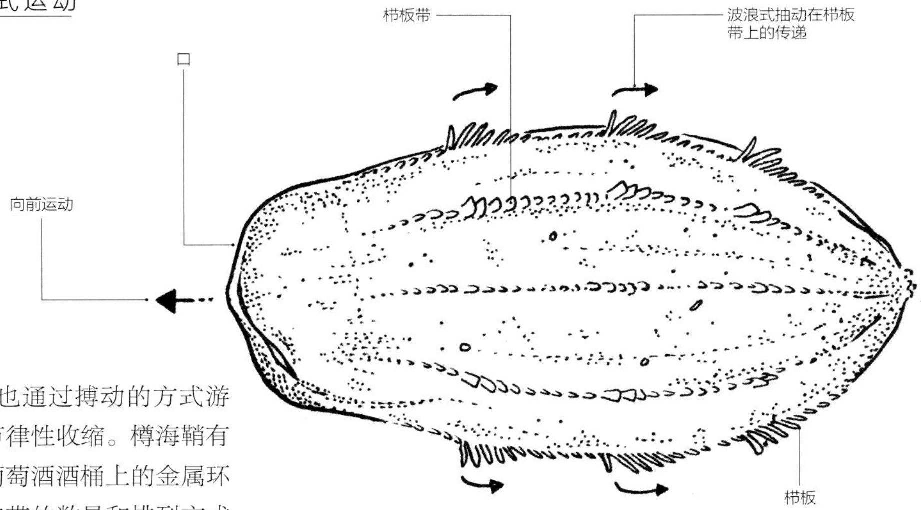

图注：栉水母的运动方式非常隐秘，几乎不产生震颤。成行的纤毛板有节律地抽动，像划桨一样让这种动物向前移动非常小的距离。抽动栉板时，它们常常从各个角度反射光线，产生一种彩虹般的效果。

樽海鞘和它们的近缘物种也通过搏动的方式游泳，依靠的是它们桶状身体的节律性收缩。樽海鞘有环绕身体的肌肉带，就像箍在葡萄酒酒桶上的金属环一样，且每个樽海鞘物种的肌肉带的数量和排列方式各有特点。刺激这些肌肉带会让整个身体产生搏动，令这种动物在水中游动。和管水母一样，樽海鞘在它们的群体阶段必须协调搏动的节奏，才能完成向前的动作。

栉水母的运动

在栉水母中，只有一个科能够搏动。被触碰时，蝶水母科（Ocyropsidae，见 40 页）的物种能够像拍手一样剧烈扇动身体，或者像一只被惊扰的扇贝，因此能够迅速逃离刺激来源。在很多情况下，这种剧烈的扇动动作很有可能吓走潜在的捕食者。

其他栉水母物种——至少是那些漂流物种——通过长着纤毛的平板的节律性抽动来实现牵引式运动。我们在前面说过，栉水母有八条栉板带。这八条栉板带实际上是由数百簇附着在微小平板上的纤毛构成的，这些平板叫栉板（Ctenes，发音为 *teens*）。这些栉板或多或少沿着八条栉板带纵向排列。一种原始的中枢神经系统负责协调这些栉板，让八条栉板带同时传递波浪式的运动，完成向前的移动，并且不引起任何震颤。栉水母甚至还能倒退，只要让栉板反方向抽动即可。

底栖形态的运动

就连水母的底栖形态也有帮助它们解决移动问题的方法和结构。扁栉水母缺少漂流栉水母的栉板带，但它们绝对不会固定在一个地方，这要归功于它们长有纤毛的下表面。虽然它们通常爬行得非常缓慢，但是在必要的情况下，它们也可以迅速地滑行。类似地，虽然十字水母一生的大部分时间都固着在岩石和藻类上，但是在有需要的情况下，它们也完全能够移动。它们会向一侧弯曲身体并释放一些刺丝囊，将一只腕固定在附近的表面上，然后放开有黏性的足盘，用翻筋斗的方式跑开。

捕食结构

水母拥有一系列用来获取食物的神奇身体结构。这些结构中最显而易见的就是触手。大多数人倾向于将触手和水母联系起来，反之亦然。是触手给了水母令人觉得毛骨悚然或异常凶险的外貌。触手有一系列不同的形态。总体而言，那些用来捕捉较大猎物如鱼类的触手比较粗壮，而那些用来捕捉微型浮游生物的触手可能细如蛛网（尽管并不总是如此）。无论形态如何，这些触手通常都会收缩或弯曲，将猎物送到口唇，然后抓握并咽下食物。

水母体的触手和口腕

水母体的触手通常是直的，一般不分叉，仅在极少的情况下稀疏分叉。这些触手具有高度的延展性，因为它们普遍是中空的，而且像肌肉一样。在某些水母体中，刺丝囊以复杂的形式沿着触手排列，如横贯条带状、纵向行状、簇集星状或圆形肉赘状。与小簇状聚集的刺丝囊相比，成行排列的刺丝囊能够更结实地抓握较大的猎物，前者更有可能用来捕捉小型浮游生物。在其他一些水母中，触手的表面可能没有武装，但末端的球状、爪状或其他结构可能布满了刺丝囊，提供更大的蜇刺表面积。一些物种使用触手末端的悬吊或发光结构引诱猎物靠近。

虽然大多数类型的水母体使用触手捕猎，但某些种类，例如根口水母（Rhizostomes，或称鲸脂水母）没有真正的触手，而是在身体中央生长着下垂的肉质结构，称为口腕，其上大面积地集中分布着刺丝囊。其他类型的水母如霞水母和海荨麻能够用口腕辅助触手捕食。霞水母的口腕折叠成复杂的窗帘似的结构，而海荨麻的口腕上有一块很大的褶皱区域；这两类水母的口腕都布满了刺细胞。当它们游泳的时候，口腕不仅会捕食，还会将食物从触手上和钟状体的边缘取走，然后猎物会被体外消化或传递到口中。

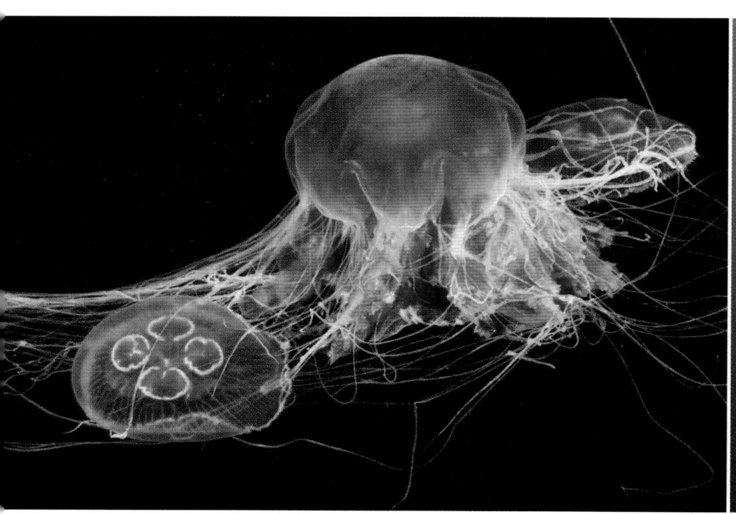

管水母的触手

与水母体类似，管水母也依靠触手捕食，如僧帽水母（见 34 页）。然而，由于每只触手都处于独立个体的控制之下，作为一个群体的整体必须互相协调，才能达到最高的效率。在协调工作时，数量众多的触手各自伸展成一根长长的线，形成死亡的帷幕。当浮游性生物落入触手的这片帷幕时，它们就会直接漂到触手上，或者受惊试图逃窜时，一头扎在触手上。无论哪种方式，它们都会变成猎物。

栉水母的触手、口叶和齿

与水母体和管水母相比，栉水母拥有非常复杂的触手。栉水母的触手有两种形态：一种是醒目的羽状触手，总是成对出现，可以收缩进鞘中；另一种是某些物种中环绕着口部的、不那么明显的口触手。口触手构造简单，而且是直的，而成对触手上长着数百根平行细丝，称为侧枝（Tentilla），就像眼睫毛一样排列在一根长长的板子上。口触手和侧枝上密布粘细胞，用来诱捕猎物。

除了触手之外，许多类型的栉水母还会从身体一端伸出数枚大型口叶。口叶的内表面布满粘细胞。由于栉板带的牵引式运动几乎不会在水中产生震颤，这些动物可以无声无息地朝猎物移动，一旦就位，口叶就会将猎物围合起来，受到惊扰的猎物在逃窜时会撞进布满粘细胞的口叶内表面。

在水母的世界中，最不寻常的捕食结构出现在部分栉水母（见“瓜水母”，164 页）的牙齿上。在这些物种中，口中的纤毛进化成了大而锋利的齿状结构。这些齿被用来咬下它们的凝胶状猎物（主要是其他栉水母）的身体组织。

樽海鞘的滤食

樽海鞘及其近缘物种没有触手，它们的捕食方式和其他水母完全不同。它们是植食性动物，所以不需要悄悄靠近任何东西，只需在食物浮游过来时诱捕它，或者将它杀死。樽海鞘使用体内的黏液网过滤微小的浮游植物（单细胞植物）。这张网上有大小不一的孔隙，可以让它们捕捉并消化横跨四个数量级大小的颗粒。

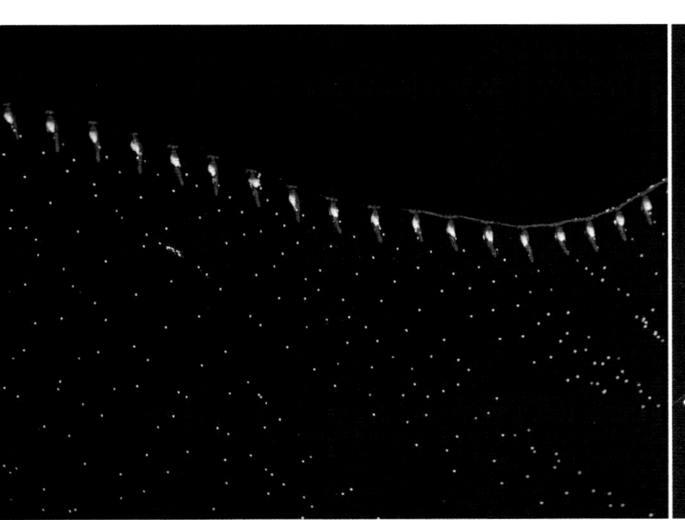

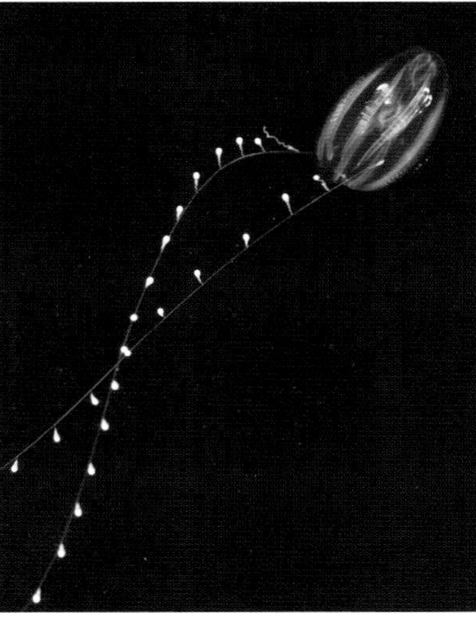

图注：水母的捕食结构有多种形态，尤其是触手。霞水母（最左）和海蓴麻（中左）可以用其肉质口腕抓住猎物，然后将口腕折叠起来包裹住它们，在体外将它们消化掉。大多数管水母（中右）和栉水母（最右）必须使用触手诱捕猎物。许多管水母会用众多触手形成“蜇刺铁幕”，而栉水母对触手的使用方式更像将其当成诱饵甚至串联鱼钩。

消化结构

和其他动物一样，对水母来说，从食物中获取营养对生存至关重要。为了实现这个目的，这些动物进化出了一些有趣的结构。消化过程基本上分成三个独立的阶段：将其他动物或植物的全部或部分身体作为食物摄入，消化（营养的提取和吸收），以及废料的排泄。

刺胞动物门水母的消化系统

在水螅虫纲的水母体以及它们的刺胞动物门同类中，口既是摄取食物的通道，也是排泄废料的通道。长着口的结构称为垂唇（Manubrium），特别是当它悬垂向下伸入钟状体时；在某些物种中，垂唇非常短，甚至只是一个简单的洞。在水螅虫纲的水母体中，胃被称为原腔（Coelenteron，发音为 *sil-EN-ter-on*），只是身体里的一个开口空腔。在水螅虫纲水母的某些类群中，胃是口和身体之间的一个管状结构；在另外一些类群中，胃是口下身体内的一个宽阔的空腔。某些物种的触手基部有孔，用于排泄来自消化系统的废料。

管水母比水螅水母稍微复杂一点。管水母群体的每一个个体都有独立的口和胃，营养通过一个管状网络在整个群体内共享，排泄功能也由该网络实现。经常能看到同一群体的许多个口像马赛克拼图一样密密麻麻地裹住一条鱼，然而很难分辨它们是在争夺猎物还是在协力合作。

图注: 水母体的消化系统很简单，基本上包括摄食区（口）、消化区（胃）、营养分配区（辐水管）和排泄区（通常还是口）。在钵水母中，水管常常数量众多而且分叉，为组织供应营养，而在水螅虫纲水母中，辐水管通常数量少且长度短。箱水母的水管常常局限在它们的拟缘膜中，后者是从体腔边缘伸出并将钟状体开口收窄的膜状组织。

水母体的消化

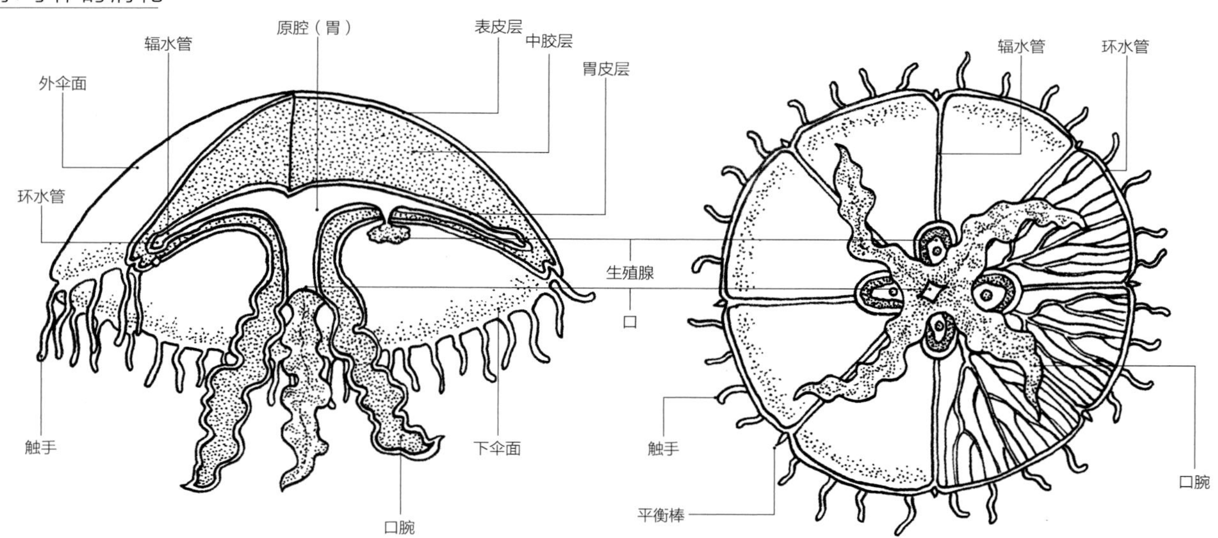

图注（右）： 樽海鞘使用连续不断的黏液捕捉食物并将食物直接送入胃中。由于摄取了大量浮游植物，樽海鞘的核（肠胃）常常是绿色或棕色的。

图注（下）： 栉水母是拥有贯通式肠胃——口、肠和类似肛门的结构——的最古老的生物。从肠胃分叉的水管将养分运输到栉板带和生殖腺。

内柱
核（肠胃）
出水口
入水口
心脏
肌肉带

樽海鞘的消化

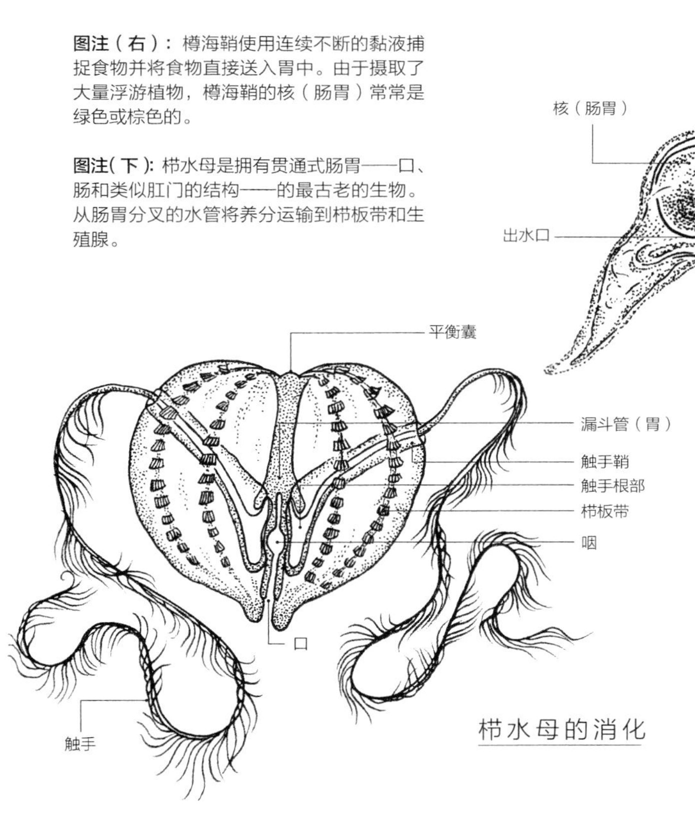

栉水母的消化

钵水母、立方水母和十字水母体内都拥有一个开口腔（原腔），并被分隔成了四个胃囊。和水螅虫纲水母一样，食物和废料都从口中通过。一系列复杂的水管起到循环系统的作用，在胃囊和钟状体的边缘之间穿行。大多数钵水母拥有一个位于中央的口，而根口水母（鲸脂水母）拥有数百个微小的口，每个口周围都有微小的触手并通向胃系统。这些小口通常成行排列在口腕的边缘；在某些物种中，口腕会有复杂的分叉以增加表面积，而小口分布在所有的捕食表面上。许多其他钵水母也是用口腕捕食。大多数物种只是用口腕捕捉额外的浮游生物，或者将食物传递到口边。如果猎物对胃而言太大了，某些物种可以在它们的口腕上对猎物进行体外消化，采用这种方式进食时，一整条鱼需要两三周的时间才能吃完。

栉水母的消化系统

与刺胞动物门的水母相比，栉水母拥有更高级的消化系统。它们是拥有贯通式肠胃（与我们相似）的最古老的动物种类，摄取食物和排泄废料的孔口是独立的。食物从口进入，落入巨大的咽，然后在名为漏斗管（Infundibulum）的胃腔内消化。废料从位于中央的平衡囊（Statocyst，起平衡作用的结构）和神经节（Ganglion，控制神经行为的结构）两侧的一对肛门孔中排出。

樽海鞘的消化

我们可以将樽海鞘想象成海里的真空吸尘器。它们在桶状身体的一端吸入海水，用一张被黏液覆盖的网过滤海水，然后将剩下的水从另一端喷射出去。通过这种方式，一只樽海鞘每天可以过滤数百加仑的海水，这一动作同时完成了进食和推进。樽海鞘拥有贯通式肠胃，包括肠道和肛门。黏液网就像传送带一样，不断将食物直接送入胃中。海水从体内流出时带走固体和含氮废料，前者以粪粒的形式排泄出来。由于樽海鞘总是在不停地摄取和消化大量食物，因而它们会制造许多粪粒。有趣的是，将越来越多的碳固定在深海中，这可能成为一种重要的碳封存机制。

浮力结构

水母通常终生漂浮在海水中，因此它们的身体结构必须满足它们保持漂浮状态的需要。它们会通过主动游泳或摆出降低下沉速度的姿势等行为来维持（或调整）自己在水中的位置，其具有漂浮能力的结构是经由亿万年进化出来的。这些结构包括中胶层（凝胶状结构）、充气浮囊，以及棘刺和其他产生拖拽效果的附肢。

水母的凝胶

所有水母或多或少都有凝胶状结构，这种结构尤其在水母体中最为常见。在刺胞动物（包括珊瑚和海葵在内）中，凝胶是中胶层（Mesoglea），生长在外胚层（Ectoderm）和内胚层（Endoderm）之间。在更高等的动物中，外胚层和内胚层之间是中胚层（Mesoderm），但是在水母中，这个区域通常只是装满了凝胶。中胚层的缺失是刺胞动物没有大脑的原因——大脑是由中胚层组织发育而来的。然而樽海鞘拥有所有的三个胚层，而且实际上拥有一套初级中枢神经系统，包括背部的一小段脑状神经节，还有一只构造原始的眼。

这些凝胶赋予了身体弹性和三维结构，让我们能够识别出不同的物种。这种凝胶是胶原蛋白基层吸收大量海水形成的——含水量高达96%。这意味着大多数水母本身既不算轻也不算重，它们的密度和海水差不多。另外4%是它们自己的细胞，构成了它们的皮肤和繁殖器官。因此，它们不需要费太大力气就能漂浮在海水中。

某些类群如鲸脂水母和海荨麻拥有厚得不可思议的中胶层，其中的大量凝胶中和了它们自己的细胞密度，提供了浮力。除了让水母保持几乎和海水一样的密度，从而让它们不容易下沉之外，中胶层物质较大的体积还能减缓水母的下沉速度，有助于使它漂浮在水中。

许多水母体物种以及一些栉水母和樽海鞘拥有凝胶状棘刺与其他突出结构。这些附肢可能无助于防卫，因为并不锋利，但它们能够增加拖拽力，从而有助于减缓拥有者的下沉速度。

在水螅水母的部分物种中存在一种有趣的浮力适应性特征，它是钟状体顶端中胶层的一个球茎状结构，尺寸较大，形状像雪人的头。在观察中，人们发现这个额外结构时大时小，这让科学家们多年来困惑不已，搞不懂它的功能是什么。后来人们发现这段额外的中胶层被水母用来集中或重或轻的离子，以便实现垂直方向的洄游。这种不同寻常的现象将在“洄游”这一章节（见152—153页）中得到更深入的讨论。

充气浮囊

到目前为止，在水母中发现的最成功的漂浮设备是某些管水母的充气浮囊。这些浮囊的正式名称是气胞囊（Pneumatophore），有多种形状和大小，但所有浮囊的原理都是相似的：它们会在自己内部容纳一些可以调节的气体，以便控制生物体在水面上或水中的位置。这种气体通常只是空气，但也可能是其他混合气体。某些物种会储存大量一氧化碳，这是个有趣的科学谜题，因为这种气体对活细胞有强烈的毒性。

僧帽水母（见34页）的充气浮囊是人们最熟悉的一种。在这个物种中，硕大的气泡状浮囊中填充了许多气体，以至于浮囊可以停留在水面上方，令整个水母群体漂浮在海面上。在管水母目的三个亚目中，两个亚目有充气浮囊，然而，大多数物种生活在深海而不是气 - 水界面（海面）。在某些类群中，浮囊有一个孔，水母可以通过这个孔排出气体，从而下潜。

有时带浮囊的物种以庞大的数量成群出现，甚至能被声呐检测到。军事人员、垂钓爱好者和科学家都报道过大群拥有气胞囊的管水母在声学设备上产生“假底”（False bottom）读数的案例。目前有人正在研究，这些成群出现的管水母是否会导致对鱼类资源过高的估计。

没有气泡状浮囊的管水母常常有充满了油的腺体，这些腺体有助于增加浮力。这些长棒状的结构中的油可能是金色、红色或绿色的，这取决于它来自哪一种猎物。

图注（右上）：拥有很大浮力的一个危险之处在于，浮囊停留在水面之上，会变干变脆。僧帽水母会通过肌肉的收缩将浮囊短暂地拉到水面下，以解决这个问题。

图注（右下）：厚厚的凝胶不仅给了水母体浮力，还有其他优点。例如，它可以让拥有者本身在捕食者眼中显得更大，保护至关重要的器官，在某些物种中还可以用来储存氧气。

繁殖结构

所有水母都有雌性或雄性繁殖结构（卵巢或精巢），分别产生卵子或精子。有些水母是雌雄同体的，同时有卵巢和精巢。这些繁殖结构（或称生殖腺）在不同的水母类群中有迥异的形态和位置。 某些类型的水母的性别甚至能用肉眼辨别。

刺胞动物的复制

水螅虫纲的水母体拥有所有水母中最简单的生殖腺，它们并不是真正的器官，只是在特定区域成熟的性细胞的累积，通常位于伞体壁内表面的表皮褶皱上。在一般的物种中，胃从伞体内缘向下伸出，生殖腺通常排列在胃壁边上。水螅水母通常为雌雄异体（Dioecious，发音为 *dye-EE-shus*），也就是说每个水母上的生殖腺要么是雄性的，要么是雌性的，极少有雄性和雌性生殖腺同时出现的情况。卵子和精子通常直接释放到水里，然而有几种水螅水母会孵化自己的受精卵和正在发育中的幼体，直到它们有游走的能力。

与之相反，大多数管水母是两性体（既是雄性，也是雌性），即雌雄同体（Monoecious，发音为 *mon-EE-shus*）。在某些类群的动物中，雌雄同体可以自体受精，但在很多情况下这是不可能的，因为雌雄性器官的性成熟发生在不同的时间。管水母的繁殖极少得到研究，大多数物种的情况都是未知的。

包括海蓴麻、鲸脂水母和霞水母在内的钵水母类通常是单性的，不过也有极少数例外。和水螅虫纲不同，钵水母的生殖腺位于身体内部。它们是彼此分离的紧密卷曲的器官，位于四个主要辐射分区的中线上。用肉眼分辨钵水母的性别通常很简单，而且常常可以在野外完成：雌性生殖腺通常有颗粒状质感，并且呈现出弥散状棕色、粉色或黄色外观，而雄性生殖腺通常为奶油状质感，有清晰的边缘，呈现为深紫色（出水）或亮白色（水中）。有趣的是，虽然钵水母的每个水母体都是单性的，但研究发现单只水螅体无性繁殖产生的克隆可能是任一性别，因此它们是克隆雌雄同体。钵水母的许多物种在体内或口腕上有孵化腔，是它们的幼体发育的地方。

立方水母的生殖腺

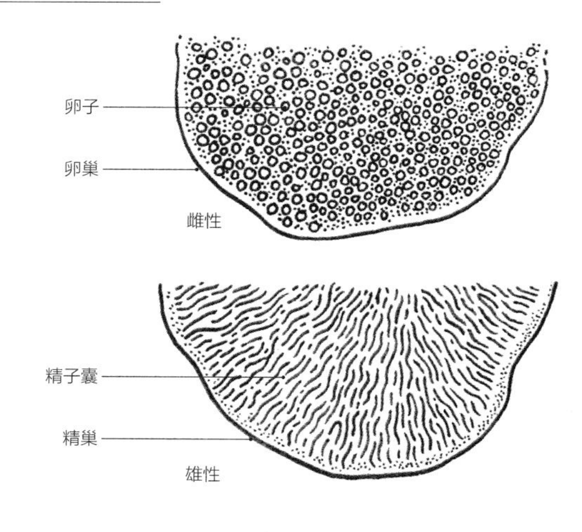

图注（上）： 立方水母的繁殖结构（生殖腺）是薄薄的叶片状组织。通过手持放大镜或解剖镜检很容易分辨性别：雌性的卵巢有许多小而圆的卵子，而雄性的精巢看上去更像一个指印。

图注（右）： 栉水母的两种性器官同时出现在同一个体上，因此它们是雌雄同体的。卵巢和精巢通常沿着栉板带出现，一侧是雄性，另一侧是雌性。某些物种甚至能自体受精。

钵水母的生殖腺

图注（右）： 钵水母的生殖腺可能是紧密缠绕的螺旋状丝，或小袋中的球状结构。在这里，很容易通过马蹄形的生殖腺辨认出海月水母。在雌性中，生殖腺呈瘤状且轮廓模糊，而在雄性中，生殖腺显得更光滑，有清晰的轮廓。

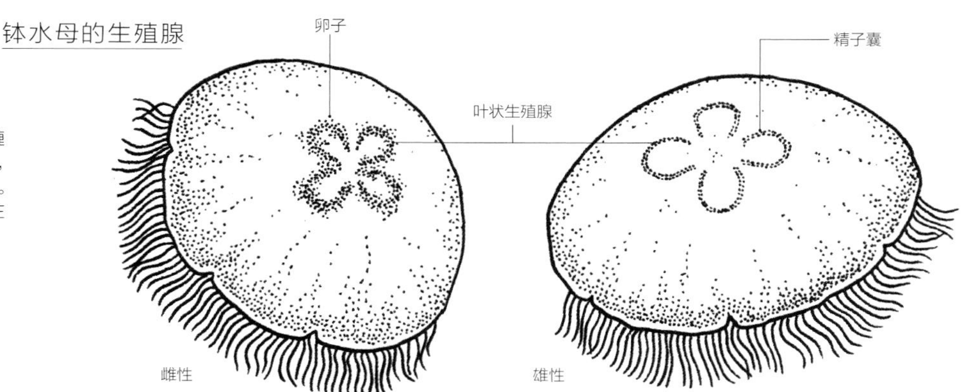

立方水母通常是雌雄异体的。四个生殖腺呈叶状，垂直附着在钟状体四角的中线上，因此每个角都有两个生殖腺的一半朝着临近的角侧向伸出。雌性生殖腺很容易辨别，因为上面有许多球形卵子；雄性生殖腺也相当容易辨别，因为宽阔的叶状体上按照类似指纹的形状排列着许多精子囊。大多数立方水母将它们的精子和卵子释放到水里受精，然而有些物种是体内受精的，并将受精卵孵化后形成特殊的胚胎链，然后将它们“产”在藻类之间。

栉水母的生殖腺

卵巢
卵子
精子囊
精巢
子午管

大多数水母都按照我们无法辨别的方式交配。总体而言，雄性既没有将精子注入雌性体内的结构，也没有这种能力：雄性释放精子丝，雌性将它们咽下，令自己的卵子受精。一个显著的例外是立方水母类的疱疹水母（*Copula sivickisi*，见 88 页）。雄性将精子储存在一个特殊的囊（体内容器）中，直到需要的时候。在合适的时机，雄性会抓住雌性，将一个精子板（Sperm packet）留在对方的触手上，然后雌性会将其摄入，完成体内受精。

雌雄同体：栉水母和樽海鞘的繁殖

几乎所有栉水母都是雌雄同体的，在同一个体上同时出现雄性和雌性生殖腺。这些生殖器位于栉板带的下面。在一些物种中，卵巢出现在栉板一侧，精巢出现在另一侧。部分物种可自体受精。扁栉水母是个例外：它们是雄性先成熟的，即先是雄性，再是雌性。

樽海鞘也是雌雄同体的。它们拥有复杂的生活周期，有性阶段和无性阶段世代交替（在“樽海鞘及其近缘物种的生活史”中有更详细的讨论，见70—71页）。在这里我们关心的是集合有性阶段的繁殖器官，在这个阶段，个体连在一起，构成链状结构。从链条上释放出来的樽海鞘是雌性。体型较大且年龄较老的雄性会为雌性授精。一个胚胎在雌性内部生长，通过胎盘获取营养，随着它的成熟，它会诱使雌性变成雄性。

感官结构

水母的感官结构差异极大，有的微不足道，有的华丽而复杂。在日常生活中，水母最依赖的结构包括：神经系统，负责调节搏动并将各种信号发送到身体各部位；平衡结构，帮助它们维持在海水中的朝向；以及光感系统（从原始到复杂的眼），帮助它们收集周围环境的信息。有证据表明，某些水母有感觉到震动和色彩的能力，甚至能察觉出微妙的温度或化学变化。

刺胞动物的感官结构

水螅虫纲水母（水螅水母和管水母）拥有弥散式网状神经网络，而不是中枢神经系统，没有可识别的神经节（Ganglia，单数为 Ganglion）。管水母似乎缺少任何类型的平衡感知装置或感光结构。相比之下，水螅水母常常两者都有。它们的平衡结构被称为平衡囊，作用方式与我们的内耳相似。每个平衡囊里都有一个与神经相连的封闭小袋，里面有数量众多的小颗粒，当这些小颗粒在小袋中移动时，就会刺激不同的神经，发送关于这只动物朝向的信息。许多水螅虫纲水母还有红色、黑色或棕色的眼点（Ocelli，单数为 Ocellus）感光结构，这些结构本身无法“看到”东西，但是能区分光明和黑暗。平衡囊位于触手之间的钟状体边缘，而眼点通常位于触手基部。

与水螅虫纲水母相比，钵水母（海荨麻、鲸脂水母和霞水母）的感官装置稍微复杂或进化一些。它们和水螅虫纲水母一样拥有神经网，但它们还拥有八个或更多神经节，称为平衡棒（Rhopalia，单数为 Rhopalium），负责控制钟状体的搏动，而且其中包含平衡囊和眼点。所以尽管结构和功能相似，但是在钵水母中，平衡囊和眼点集中在特定的器官中。

立方水母（箱水母及其近缘物种）没有弥散式的神经网络，一切都由四个平衡棒控制，它们位于体表的四个小腔内，而小腔分别位于身体下方钟状体边缘附近的四个平整侧边上。这些平衡棒由强壮的神经节相连。与水螅虫纲水母和钵水母平衡囊中众多细小的颗粒不同，在立方水母中只有一个相对较大的颗粒，通常称为平衡石（Statolith，来自希腊语）。立方水母的平衡石是石膏（硫酸钙）做成的，而且每天都会增加薄薄的一层，就像树每年增加一圈年轮一样。这种结构让科学家可以判断个体的年龄。平衡石位于每个平衡棒朝下的一端，起到配重的作用，让平衡棒总是保持正面朝上。

立方水母的平衡棒上还有复杂得不可思议的视觉结构。每个平衡棒都有六只眼，按照垂直方向排列成尺寸不一的三行。位于两侧的两对眼是感光眼点，功能与水螅虫纲水母和钵水母的眼点类似，但结构更复杂。中间的两只眼有晶状体、视网膜和角膜，能够像人眼一样形成图像。

栉水母和樽海鞘的感官结构

栉水母拥有半中枢神经系统，确切地说它们没有头，但有一个控制身体其余部位的神经点。它位于远离口的身体另一端，其中含有一个平衡囊，和在水母体中一样，也是用来保持平衡的。栉水母似乎缺少任何类型的感光结构。

栉水母及其近缘物种拥有原始的中枢神经系统，由一个小小的类似大脑的结构掌控，这个结构称为背神经节。它位于这种动物前端附近的体内，而且带有一个感光眼点。其他类型的被囊动物中有平衡感觉结

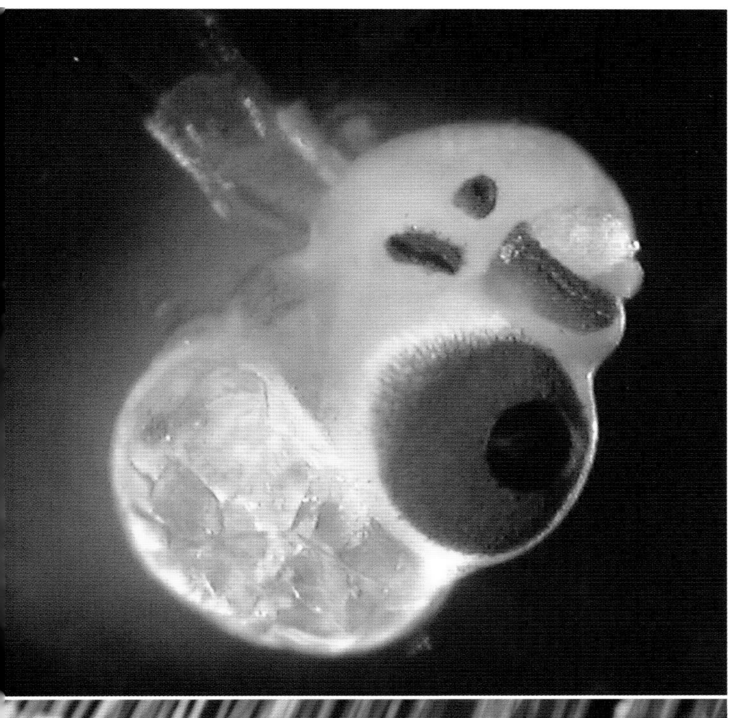

立方水母平衡棒的侧视图

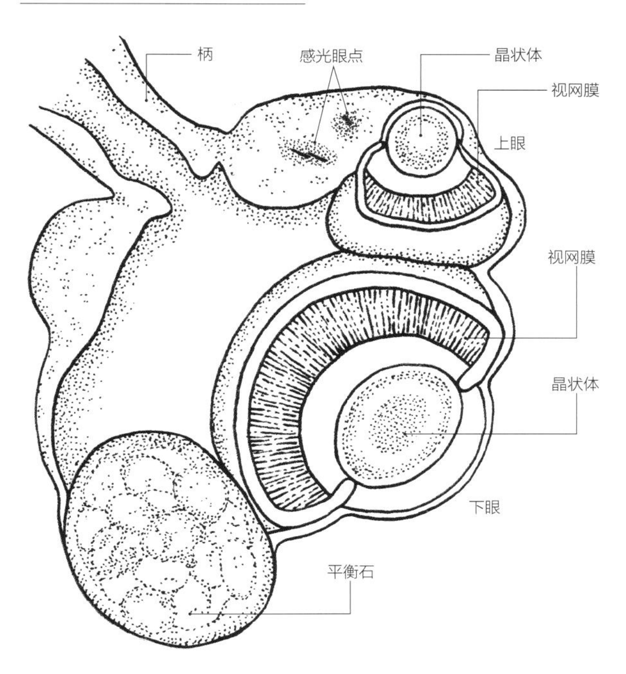

图注（左上和上）： 立方水母的感官结构让这些水母拥有视物、捕猎、求偶、辨向的能力，还能吸引某些物体或躲避其他物体。每个立方水母都有八只可以形成图像的眼睛，最多有十六只感光眼睛，还有四个平衡石。

图注（左下）： 钵水母拥有八个小小的指状器官，称为平衡棒，每个平衡棒含有一个原始的眼点和一簇用来保持平衡的显微结构颗粒。在大多数物种中，平衡棒被钟状体边缘的帽边状结构保护着。

构，但樽海鞘没有。从进化的角度来看非常有趣的一点是，樽海鞘的幼体拥有棒状脊索和神经索，可以认为分别是脊柱和脊髓的胚胎前体。在脊椎动物的幼体中，脊索有助于神经索的发育和固定，但是在樽海鞘中，它会随着个体的成熟而消失。

僧帽水母和蓝瓶僧帽水母

仅是僧帽水母这个名字就有一种不祥的感觉[1]，它听上去险恶、致命，给人一种非常不好的感受。没错，它本身符合所有这些印象。它还蜇人，蜇得非常厉害。僧帽水母的数十只触手携带的毒液足以立刻麻痹一整群鱼。即便是一个身体健康的人，被这些触手纠缠也会迅速死亡。

致命的诱惑

僧帽水母（*Physalia physalis*）以及相对较小、看上去没那么凶残的蓝瓶僧帽水母（*Physalia utriculus*）非常令人着迷，其迷人程度就和它们的危险程度一样。它们最显著的特征是精致漂亮的蓝色浮囊。当僧帽水母漂流在海上时，浮囊停留在海面上，触手作为捕鱼的诱饵垂吊在下面。

在热带和亚热带地区比较温暖的月份，这些生物会被大批吹到岸上。每个“个体”实际上是一个群体，而且对搁浅水母的观察发现，根据浮囊冠部（“帆”）与身体其他部位的相对位置关系，它们大多数都是右“手性”或左“手性”的。僧帽水母属（*Physalia*）的大部分时间都在远洋中央生活和繁殖，在那里，这两种形态被认为是混合在一起的，且数量几乎对等。当海风吹起并将僧帽水母推向陆地时，只有那些帆的方向正好能迎接海风的水母才会被吹走。如果海风持续不停，它们就会一直被推着走，直到搁浅在陆地上，搁浅后大部分水母都会死掉。科学家认为，这些左右手性形态提供了一种生存优势，因为这样的话，种群的一部分就能留在海里，保证物种的存续。

[1]译者注：僧帽水母的英文名为 Portuguese Man-of-war，字面意思是“葡萄牙军舰”。

拉丁学名：*Physalia physalis* 和 *Physalia utriculus*

中文通用名：僧帽水母和蓝瓶僧帽水母

英文俗名：Portuguese Man-of-war（“葡萄牙军舰”）和 Blue Bottle（“蓝瓶”）

系统发育地位：门 刺胞动物门 / 纲 水螅虫纲 / 目 管水母目 / 亚目 囊泳亚目

解剖学特征：硕大的充气浮囊，带有许多触手

水中位置：漂浮在远洋中的气－水界面，偶尔被吹上岸

大小：僧帽水母的浮囊长达 30 厘米；蓝瓶僧帽水母的浮囊不到 10 厘米长，通常不足 5 厘米

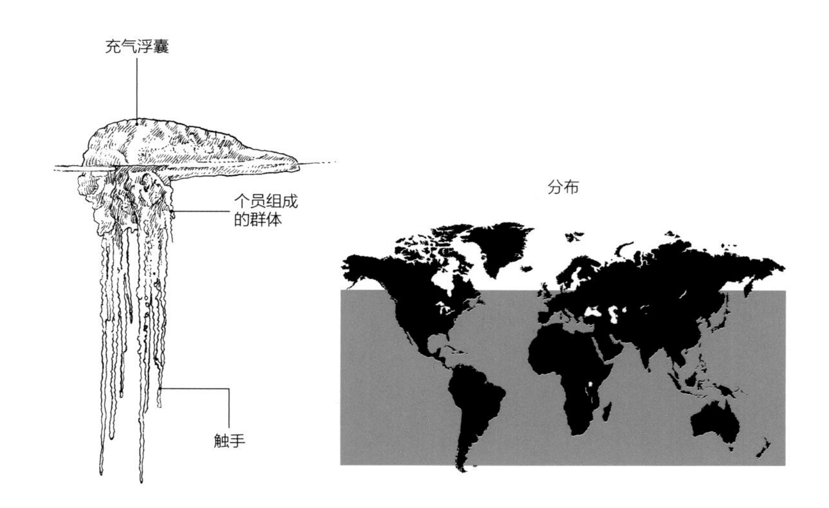

棱柱水母

像其他管水母一样，拟蹄水母属（*Vogtia*）或马蹄水母属（*Hippopodius*）的每个“个体”事实上都是由多个个体构成的一整个群体。它们的大小相当于一颗弹珠，但是它们的“身体”实际上是由一簇棱柱组成的，就像一叠硬币一样堆在一起，通过相互连贯的形状聚集成一个整体。这些棱柱有的是马蹄状的半圆形（马蹄水母属），有的大致呈五边形（拟蹄水母属），每个棱柱和两侧棱柱之间都有大约 45° 的相对夹角，所以它们看上去像是有许多边边角角的球体，这种形状被认为有助于提升浮力。其中一个物种多疣拟蹄水母（*Vogtia spinosa*）的外表面还覆盖着半硬质的凝胶状棘刺——就像小小的牙齿，这些棘刺可以通过增加额外的拖拽力降低下沉速度，还可能有助于防卫。

群体的个员排列在茎上，后者在大部分时间里整齐地收缩在保护性棱柱之间的空腔中。在饥饿的时候，这些物种就会从棱柱基部伸出触手。这些触手被用来捕捉桡足类、幼体和其他小型浮游生物。

拟蹄水母和马蹄水母在活着的时候像水晶一样透明，有趣的是，它们死去时会变成不透明的白色。它们还有生物荧光（这一点和许多类型的水母一样），在受到惊扰时会闪烁明亮的蓝色以示警告。

脆弱的群体

拟蹄水母和马蹄水母经常出现在世界各个海洋的中层水域，不过极少大量出现。它们是所有水母中最易碎的，接触到渔网之后，群体的个员通常会断裂脱离。科学家认为，能看到一个完整的群体是一件非常难得的事情。

拉丁学名：*Vogtia* spp. 和 *Hippopodius hippopus*

中文通用名：拟蹄水母和马蹄水母

英文俗名：Prism Jellies（“棱柱水母”）

系统发育地位：门 刺胞动物门 / 纲 水螅虫纲 / 目 管水母目 / 亚目 钟泳亚目

解剖学特征：弹珠状群体，由多个扁平五边形或马蹄形棱柱组成

水中位置：远洋的光合作用带至中层带

大小：直径不到 2.5 厘米

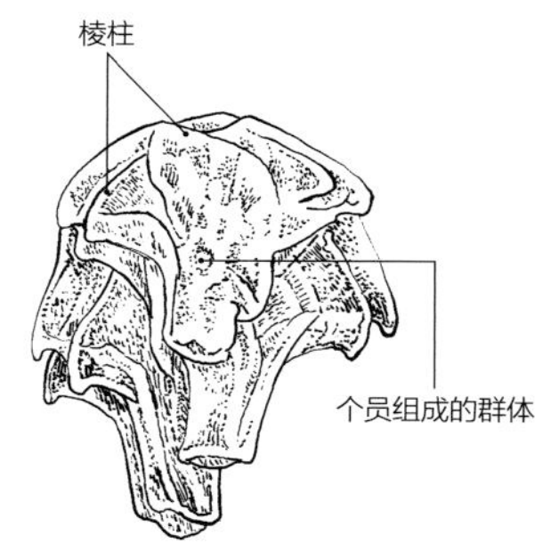

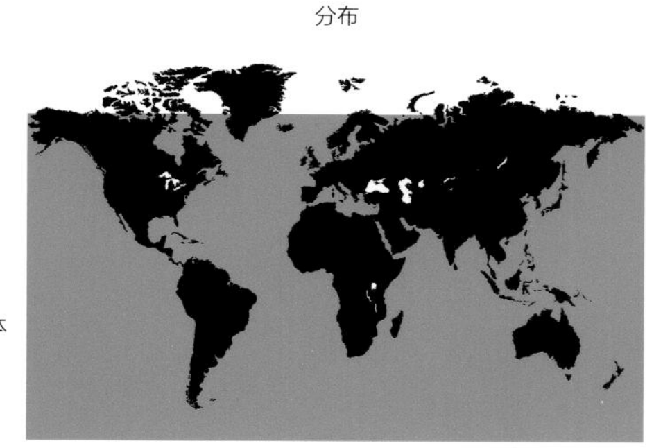

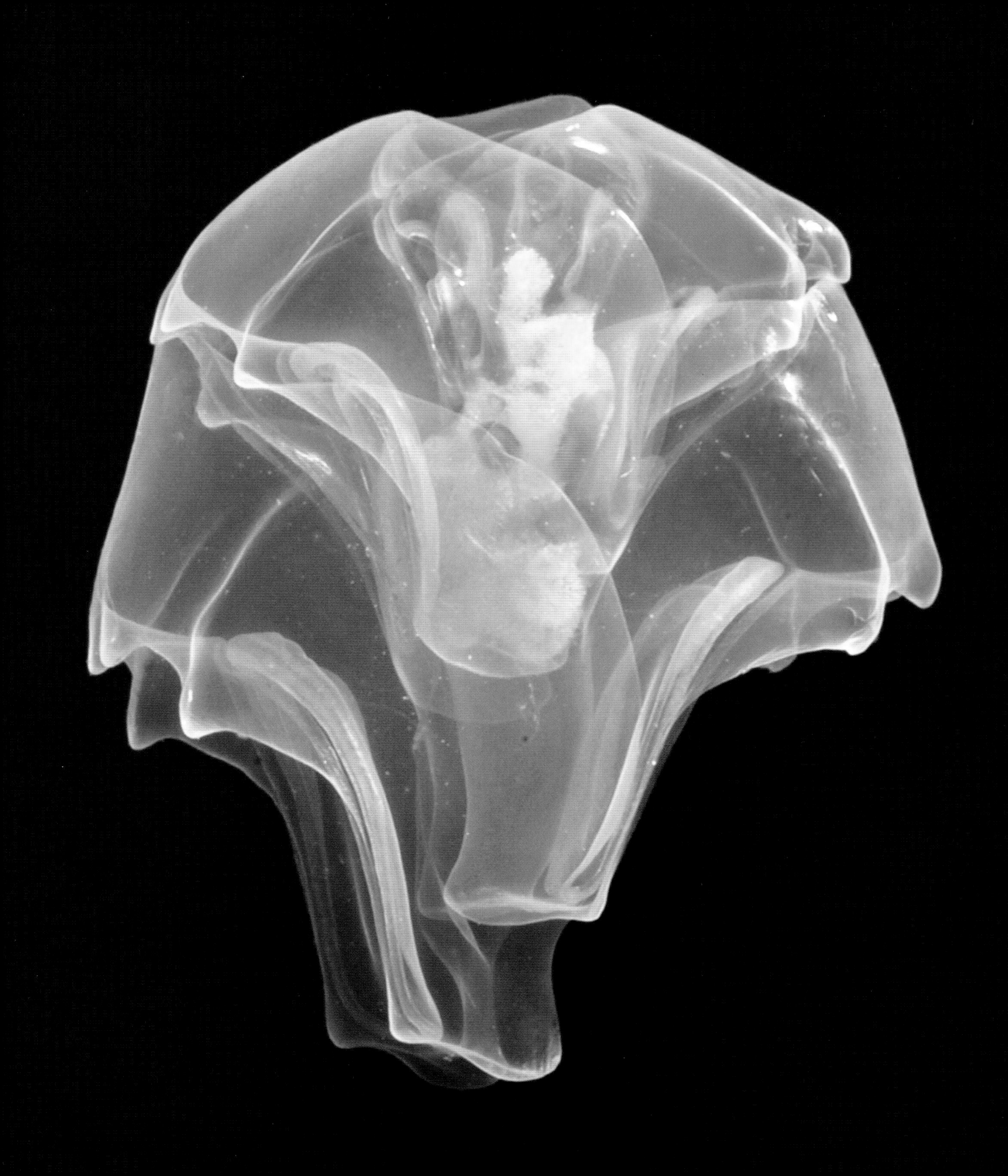

不定帕腊水母

在管水母中，最令人印象深刻的是不定帕腊水母（*Praya dubia*）。这种水母可以长到大约 50 米，比一头蓝鲸还要长。帕腊水母属（*Praya*）的一个群体包括两个相对的半中空大型胶质结构——就像两个并列放置的高玻璃罐或者一颗巨大心脏的两边，还有一根和扫帚柄一样粗的圆柱状茎从底部伸出来。

个员和保护结构

一个群体的成员按照重复的群组沿着茎排列，每个群组内都含有用于捕食、消化、防卫和生殖的个体——称为“个员”（Persons）。这些群体成员被名为苞片的厚实胶质保护着。这些苞片是完全透明无色的，而它们保护的个员通常会交替变成黄色和红色——这是警戒色！苞片之间的触手会发起令人痛苦的蜇刺，能瞬间麻痹它们的浮游猎物，或者让被蜇的人类受害者疼哭。

不定帕腊水母是非常活跃的游泳者，这要感谢那两团巨大物质——泳钟，它们是强大的推进器，能够迅速地搏动，以推动整个群体。在饥饿的时候，帕腊水母属会以三维螺旋轨迹游泳，然后停下来，将数百条长而透明的触手沿着身体布下天罗地网。这种捕食行为给浮游生物和鱼类创造了一面难以逃脱的死亡帷幕。在茎沿线任何部位捕捉到的食物都会被群体的所有成员分享。

帕腊水母主要生活在光合作用带下部到中层带，那里即使有光线，也非常微弱。它用蓝色荧光吸引猎物。

拉丁学名：*Praya dubia*

中文通用名：不定帕腊水母

英文俗名：Giant Heart Jelly（“巨心水母”）

系统发育地位：门 刺胞动物门 / 纲 水螅虫纲 / 目 管水母目 / 亚目 钟泳亚目

解剖学特征：两个并列大型圆柱构成的泳钟，并带有一条粗壮的茎

水中位置：远洋的光合作用带至中层带

大小：最长 50 米

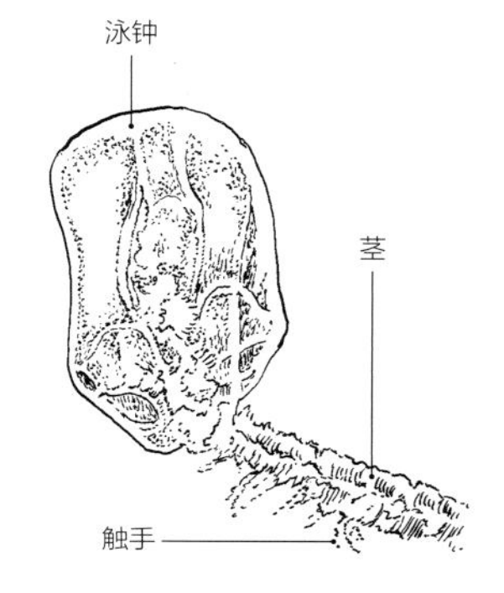

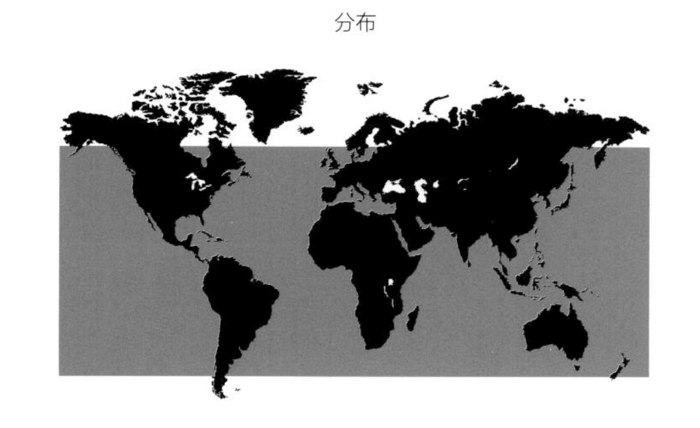

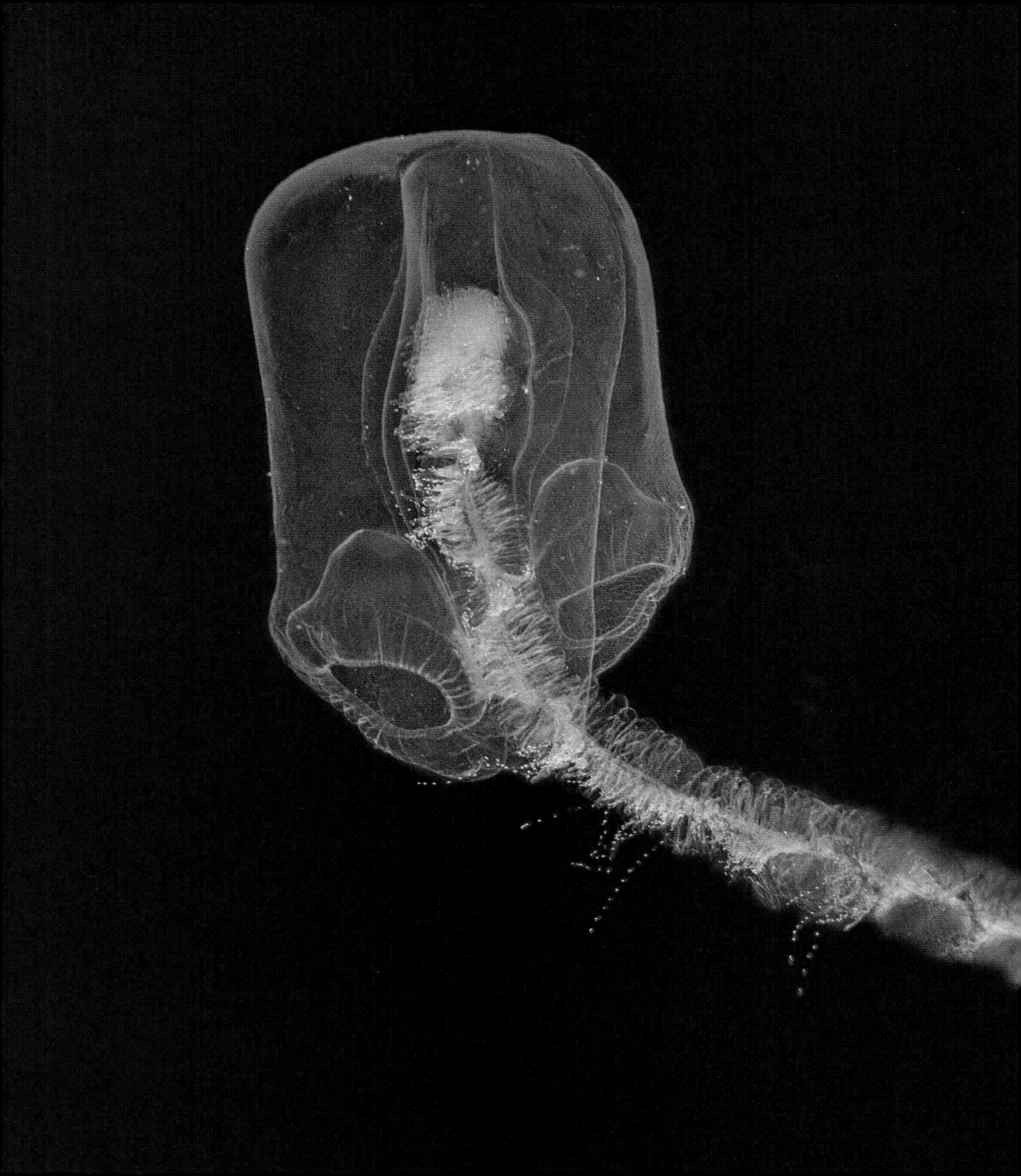

蝶水母

所有栉水母都很奇怪，其中最古怪、最神奇的当属蝶水母属（*Ocyropsis*）。首先是它的外表。蝶水母的形状就像一双手掌基部相连的祈祷的手。从侧面看过去，蝶水母身体本身相当小，包裹着一双彼此正对着的巨大口叶，但是直接往口中看过去时，蝶水母就像是在蝙蝠侠标志中嵌入了一个十字架，很像克林贡人（Klingon）的太空战舰。口叶保护着四个兔耳形的附肢[称为耳形突(Auricle)]，后者作用不明。

另一点让蝶水母显得非常奇怪的是它的逃避反应。栉水母通常通过节律性抽动栉板的方式实现向前移动，大多数种类可以逆向抽动栉板，向后退以避开危险，但是蝶水母的逃跑方式与众不同。它可以猛烈扇动自己的口叶，将它们拍打在一起，让自己迅速逃离威胁。这样的动作会产生剧烈的湍流，无疑会让它的捕猎者大吃一惊。

和大多数其他栉水母一样，蝶水母属的物种是雌雄同体的，也就是说个体既是雄性也是雌性的（见31页）。生殖器官（生殖腺）位于沿着八条栉板带下方的水管排列的小囊内，精巢位于一侧，卵巢位于另一侧。

用光防卫

蝶水母也有生物荧光，能够自体发光。明亮的蓝绿色光主要沿着栉板带闪耀。有人认为这种形式的生物荧光是用来惊吓潜在捕食者的，还可以赶走寄生生物，如片脚类动物（小型甲壳动物）。

拉丁学名：*Ocyropsis* spp.

中文通用名：蝶水母

英文俗名：Clapper Jelly（“拍手水母”）

系统发育地位：门 栉水母门 / 纲 触手纲 / 目 兜水母目

解剖学特征：身体小，有两个巨大口叶

水中位置：光合作用带至中层带

大小：体长约 6 厘米

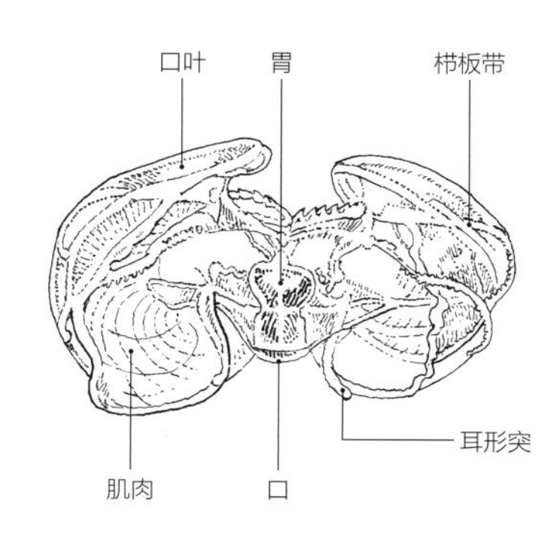

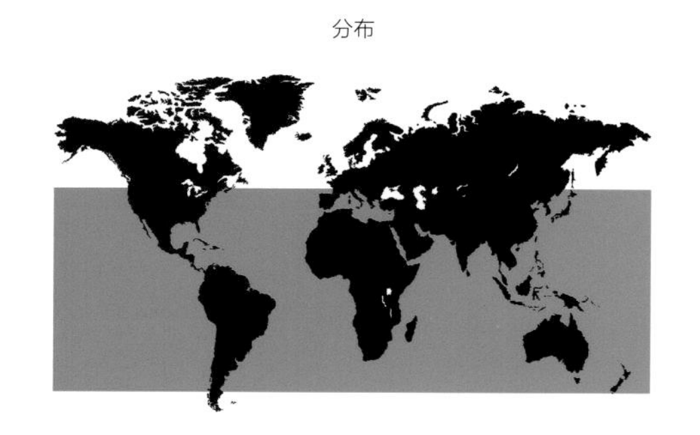

火体虫

火体虫（Pyrosomes，来自希腊语，意为“火焰身体”）是长长的管状海洋生物，呈粉红色，一端开口，另一端尖锐。它们通常为数英寸至一或两英尺长。每个“个体”实际上是一个群体，而且它们和海鞘（被囊类动物）的亲缘关系较近。群体成员相互交叉地嵌入半刚性的凝胶状基质中，它们的进水阀门将水从外面吸入，再排出到所有个体共同组成的腔内，这个过程制造出稳定的水流，推动整个群体在海水中运动。

这股水流还带来了丰富的浮游植物，这些食物被黏液网分选出来之后送入口中。火体虫没有毒，也没有防卫手段。

火体虫是地球上最灿烂的荧光生物。当一个群体被触碰，一波蓝光就会向外扩散，就像投入池塘的石子激起的涟漪一样。每个个体依次受到光的刺激，并闪烁自己的光作为回应——于是光的波浪就在群体内传递开来。当光再次回来的时候，原来的个体会被重新刺激，再次发光。

夜潜

几个物种常见于全世界的热带和亚热带海域。其中纹火体虫属的一个物种*Pyrostremma spinosum*的长度可以达到 20 多米，它的一个群体形成的管子大得足够让一个人游进去。在澳大利亚和新西兰之间的塔斯曼海（Tasman Sea），潜水者会等到天黑（以便看到生物荧光），然后来到管子开口的位置，轻轻戳碰让它亮起来。

拉丁学名：*Pyrosoma* spp.,*Pyrosomella* spp. 和 *Pyrostremma* spp.

中文通用名：火体虫、轮火体虫和纹火体虫

英文俗名：Fire Body（“火焰身体”）

系统发育地位：门 脊索动物门 / 亚门 背囊亚门 / 纲 樽海鞘纲 / 目 火体虫目

解剖学特征：胶质管状，长而中空，个体嵌在管壁上

水中位置：远洋和浅海区的光合作用带

大小：可长达 20 米以上，最常见的不足 1 米长

个体

内腔

分布

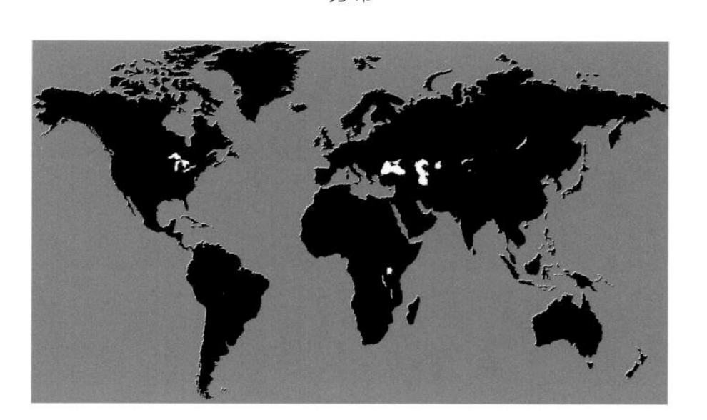

海醋栗

海醋栗包括球栉水母目（Cydippida）的好几个科，常见于世界许多海域。风暴过后在海滩上闲逛，或者夏天去潜水或浮潜，经常能看到它们，此时海水中充满了这些凝胶状的生物。完全透明的身体上有八条闪烁着彩虹光芒的栉板带，还有两条绝对不会认错的羽毛状触手。和大多数其他栉水母一样，海醋栗没有蜇刺防卫和搏动运动的能力。它们通过协调纤毛的摆动游泳，将纤毛当作数百条微小的桨板。

钓鱼式的捕食

海醋栗会时不时地减慢游泳速度，伸展自己的触手，在水中曲折婉转两三次，像钓鱼一样捕捉食物。这两只触手上有数百枚细细的侧枝，全都朝着一个方向排列。这些侧枝上武装着数千个在显微镜下才能看到的粘细胞。这种动物基本上就是在海水中悬挂两张“捕蝇纸”，然后静待经过的猎物自己粘上去。

翻筋斗式的进食

海醋栗的身体有两个内腔，是触手向内收缩和向外伸展的地方。这两个鞘在体内的位置使得触手向后伸出，远离口部，给海醋栗的进食带来了挑战。

海醋栗用一种非常奇特的方式摆脱了这个困境。当触手捕捉到食物时，就会刺激这种动物迅速翻跟斗。这种翻滚动作让触手经过口，于是唇就可以抓住触手上的食物，将其咽下。

拉丁学名：*Pleurobrachia pileus*（代表性物种）

中文通用名：球型侧腕水母（仅指该代表性物种）

英文俗名：Sea Gooseberry（“海醋栗”）

系统发育地位：门　栉水母门 / 纲　触手纲 / 目　球栉水母目

解剖学特征：球形身体，带两条触手

水中位置：远洋和浅海区的光合作用带

大小：身体直径约 1.5 厘米

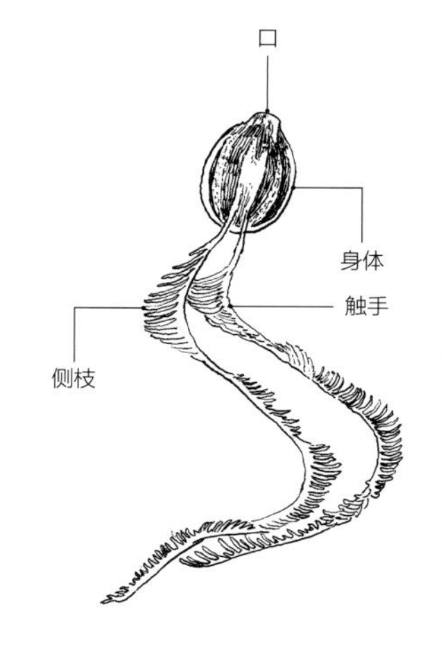

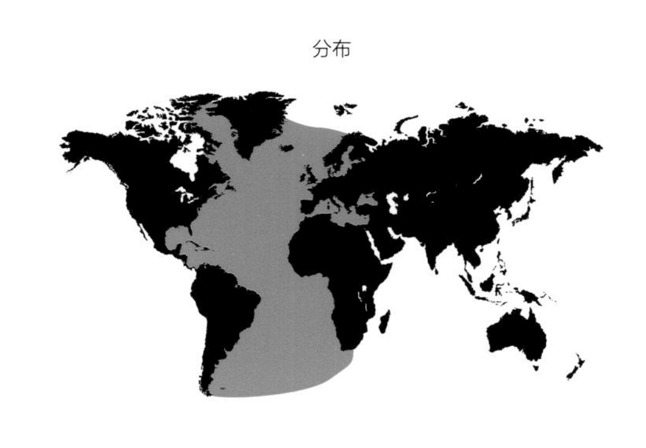

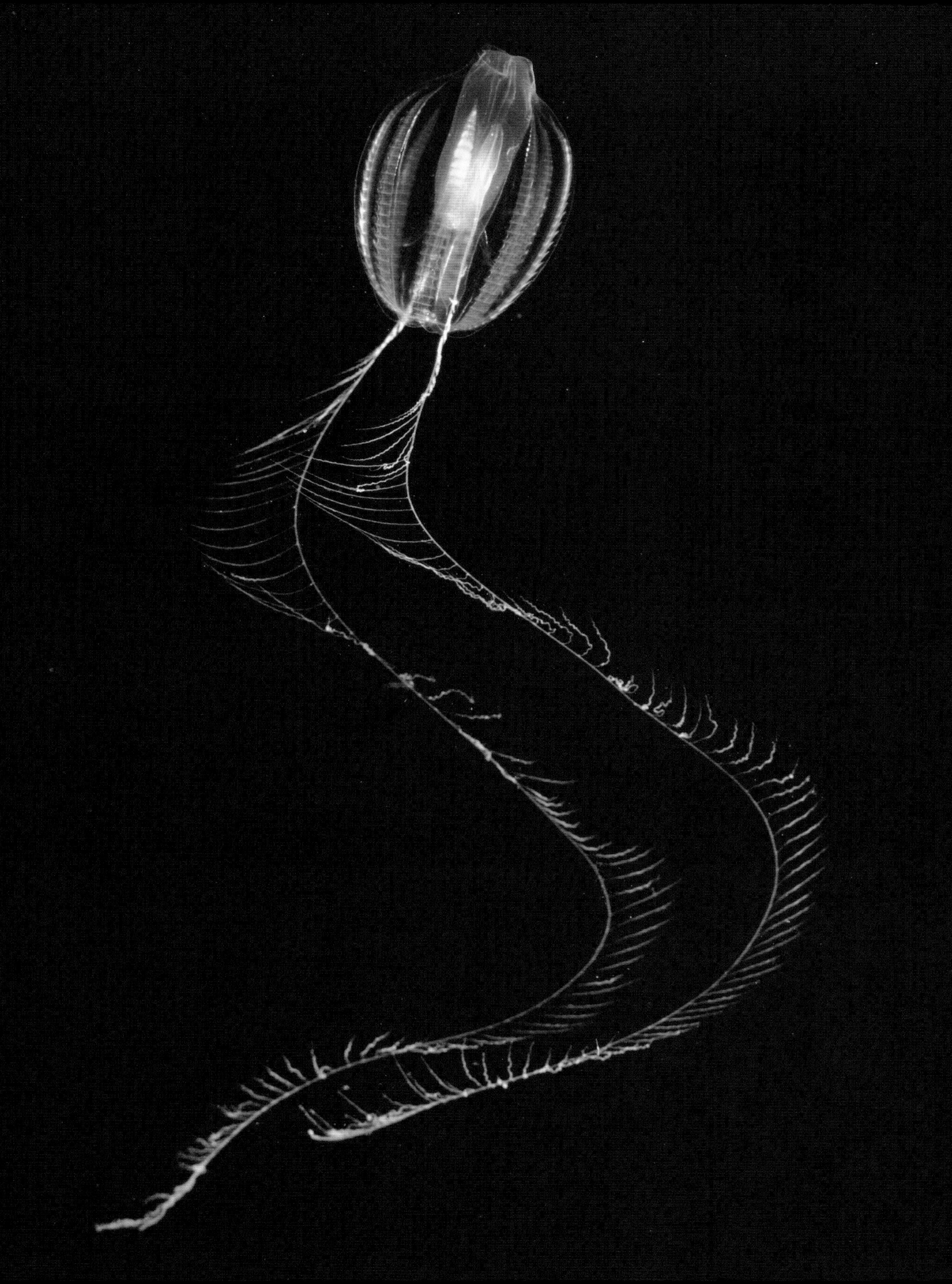

短手水母

乍看上去，短手水母（*Colobonema sericeum*）是个低调朴素的物种，简洁的外形显得十分可爱。它的大小和形状像一只小烈酒杯，其身体表面有许多纵向的沟（就像南瓜的表面一样）。它的胶质相当紧致且有弹性，甚至出水也能保持形态。它全身都是半透明的乳白色，不过在适当的光照条件下，它体内光滑的肌肉会折射出彩虹的色谱。这种动物其实并不具有颜色，只是该物种的胶质本身的性质造成了光幻觉。它的口是拱形身体下面的一个小而简单的短管，而它的胃是口基部的一个极细微的小腔。短手水母属（*Colobonema*）有几十条排列在身体边缘的长而细的触手，当它寻找猎物时，触手就会张开，此时它看上去就像一个精致的漩涡，实际上却是一个扇形死亡陷阱。

蜥蜴式的断尾防卫

深海是一个弱肉强食的凶残世界。像水母这样的软体动物必须依靠防卫手段和逃跑策略才能避免成为其他生物的晚餐。许多物种靠的是蜇刺，一些物种靠的是透明的身体，还有一些物种用闪烁的生物荧光吓走捕食者。短手水母则更进一步。在必要的时候，它会丢弃自己的触手，后者一旦从身体分离，就会迅速闪耀蓝光并像虫子一样扭动，吸引捕食者的注意，从而悄悄溜走。然后它可以重新长出触手，继续过着自己低调的生活。短手水母是已知少数几种使用这种防卫策略的水母物种之一，与蜥蜴的断尾逃跑策略非常相似。

拉丁学名：*Colobonema sericeum*

中文通用名：短手水母

英文俗名：Lizard-tail Jellyfish（“蜥蜴尾水母”）

系统发育地位：门 刺胞动物门 / 纲 水螅虫纲 / 目 硬水母目

解剖学特征：形状像顶针，钟状体边缘有许多细触手

水中位置：远洋的中层带

大小：钟状体高约 3 厘米

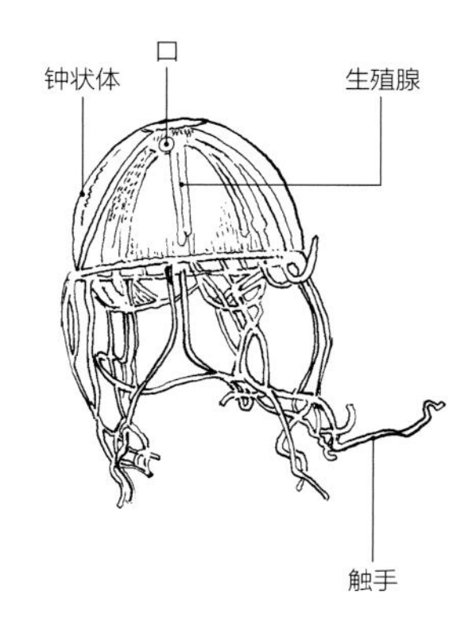

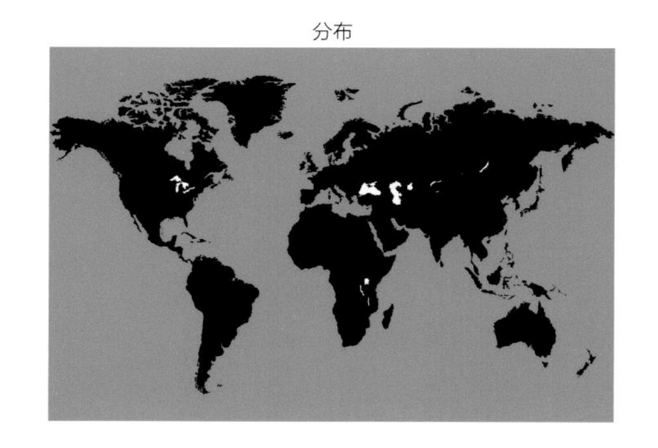

仙女水母

所有水母中最奇特的或许是“倒栽葱水母”[Upside-down Jelly，仙女水母属（*Cassiopea*）]，这个名字来源于它们的生活方式。仙女水母完全可以游泳，但它们的大部分时间都躺在海底沉积物上。在那里，它懒洋洋地消磨时光，时不时搏动一下自己的钟状体，让海水流过自己的身体组织。仙女水母更像农民而非猎手，它的组织上布满了共生藻类，能够满足它高达90%的营养需求。这些藻类是名为虫黄藻（Zooxanthellae）的单细胞鞭毛藻，与珊瑚的共生藻类非常相似。

为了过上这种底栖生活，仙女水母有几种独特的适应性特征。它的钟状体是扁平的，很显然有助于它稳定地停留在平整的表面上。它的口腕向身体侧边平展，而不是像口朝下并漂浮在水中的其他水母那样直立伸出，这是为了使身体最大面积接收阳光。口腕的表面呈叶状，为藻类提供了充足的表面积。另外，有趣的是，水母体的口腕上还有许多附属物。这些附属物被认为是虫黄藻的动力室，可以产生额外的能量。

水底生活

仙女水母喜欢的生境是海水较浅的热带潟湖和潮池，在那里可以发现大量仙女水母密集地处在一起。在这些地方，乍看之下可能注意不到有这么多的水母，因为它们非常像海藻，但是凑近观察就会发现水底似乎是活的，在不停地颤抖和搏动。

拉丁学名：*Cassiopea* spp.

中文通用名：仙女水母

英文俗名：Upside-down Jelly（“倒栽葱水母”）

系统发育地位：门 刺胞动物门 / 纲 钵水母纲 / 目 根口水母目

解剖学特征：扁平钟状体，八个叶状口腕

水中位置：口朝上躺在非常浅的海滨水域的沉积物上

大小：钟状体直径可达30厘米左右

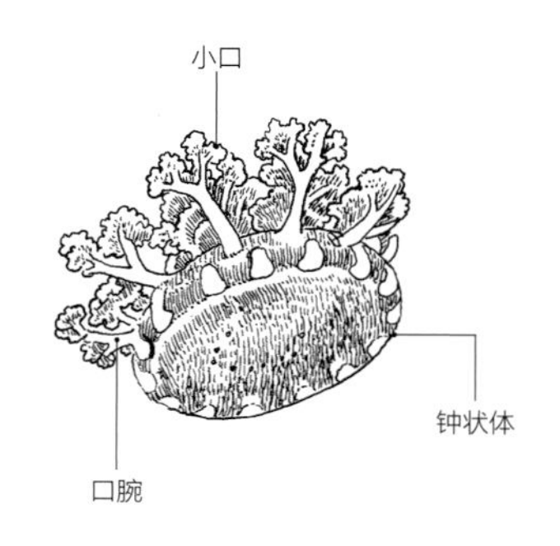

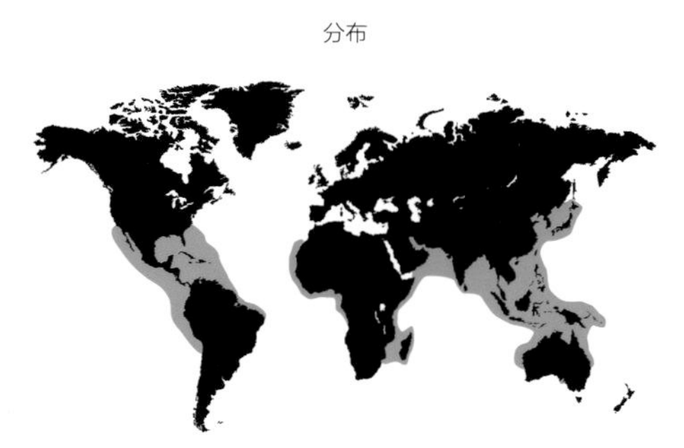

海蜂水母

海蜂水母（*Chironex fleckeri*）有可能是世界上毒性最强的动物。被它蜇刺后就像一股滚烫的热油泼在身上，给人带来撕裂般的炙热和无法描述的痛苦。海蜂水母属（*Chironex*）是唯一能够让受害者的心脏锁定在收缩状态的动物，而且仅仅需要两分钟就能办到。心脏一旦锁定就很难恢复跳动，所以尽早做心脏复苏术至关重要。

致命触手

海蜂水母箱子形状的身体直径可达 30 厘米左右，多达 60 条的触手一共分为 4 团，分布在身体边缘——每个角有 15 条。这些触手厚而扁平，形似绦虫，可以伸展至两三米长。海蜂水母拖曳着自己的触手，沿着砂质海滩在浅浅的热带水域穿行觅食。年轻的个体喜欢对虾，但是随着海蜂水母的水母体逐渐长大，它会经历食物偏好的变化。较老的个体积极地捕猎热量高的猎物，如鱼类。这种变化不仅是行为上的，刺细胞也会变得更加强势，它们的毒性也更强。

看到光

还有一点让海蜂水母令人如此着迷，即它的眼。实验表明，海蜂水母在暗室中会朝着一根点亮的火柴游去。此外，各种颜色的光都对它有强烈的吸引力，会让它迅速地游过去，即使距离很远。然而，它对蓝色光的反应有所不同：它会慢下来，不断沿着 8 字形路线穿越光晕，身后拖曳着触手，就像捕食时一样。

拉丁学名：*Chironex fleckeri*

中文通用名：海蜂水母

英文俗名：Deadly Box Jellyfish（“致命箱水母”）

系统发育地位：门 刺胞动物门 / 纲 立方水母纲 / 目 四柬水母目

解剖学特征：箱形身体，有 4 团触手，每团触手多达 15 条

水中位置：砂质海滩的浅潮下带、河口

大小：钟状体直径达 30 厘米

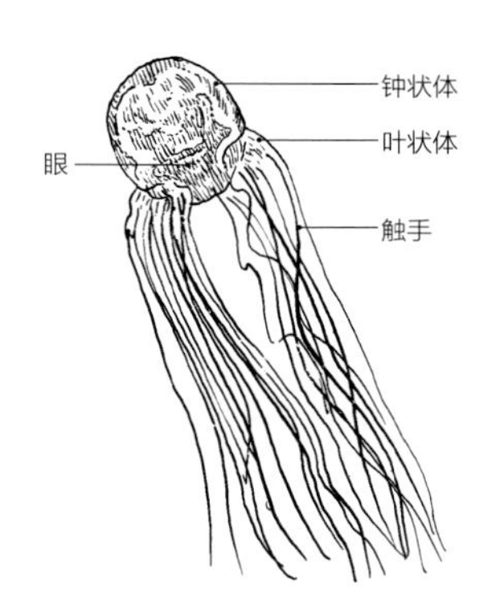

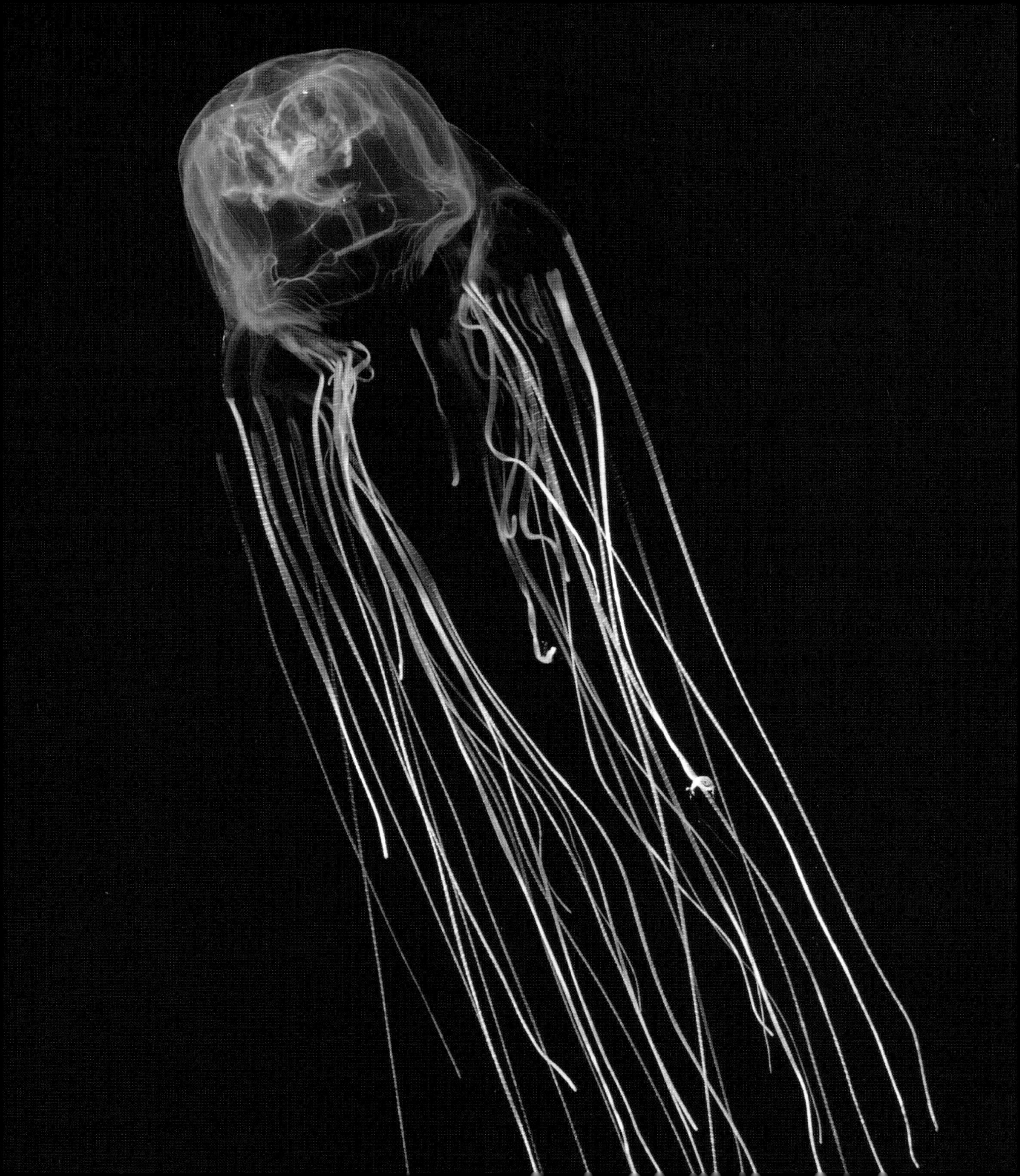

霞水母

通常而言，“狮鬃水母”[Lion’s Manes，霞水母属（*Cyanea*）]看上去就像一个圆形大餐盘下面加了一个拖把，但是当触手放下来捕捉浮游猎物时，这种动物就变成了一大团狂野的触手，有时会很难看到身体。这样的结构会在水母游泳时产生拖拽力。霞水母的解决之道是将这些触手完全附着在钟状体下面，而不是像大多数其他水母那样在边缘生长触手。即便如此，它仍然需要强有力的肌肉才能得到足以对抗水流的推力。在分辨物种时，这些肌肉是非常有力的鉴定特征。

霞水母有多少种？

发形霞水母（*Cyanea capillata*）曾经被认为是一个在地球上广泛分布的物种，然而现在看来它似乎应该分成数十个地区特异性物种。例如，在澳大利亚的塔斯马尼亚周边，最近发现了三个霞水母物种，其中一个物种的钟状体直径可达1.5米左右。然而，在北大西洋，霞水母属物种的直径可以达到将近3米，而且它们的数百条细触手据说可以长到30米。

雄狮的蜇刺

虽然外表粗野不羁，而且有时可以长得很大，但大多数霞水母物种都只是虚张声势，对人无害，只有一个物种除外。在夏洛克·福尔摩斯探案故事集的《狮鬃毛奇案》中，生活在不列颠群岛沿海海域的红色种群正是杀人凶手，该物种如今被分类为发形霞水母。它的蜇刺会产生危险的全身毒性作用，关于这一点，小说里没有丝毫虚构的成分。水母蜇刺引起的这一全套症状称为伊鲁坎吉症候群（Irukandji syndrome），这个名字来自一个可以致命的箱水母物种——“普通伊鲁坎吉水母”(*Carukia barnesi*，见154页)。

拉丁学名：*Cyanea* spp.

中文通用名：霞水母

英文俗名：Lion’s Manes（狮鬃水母）

系统发育地位：门 刺胞动物门 / 纲 钵水母纲 / 目 旗口水母目

解剖学特征：宽阔、扁平的圆盘形钟状体，数百条触手呈马蹄形簇生在钟状体下

水中位置：浅海区的光合作用带

大小：钟状体直径可达3米，触手长达30米

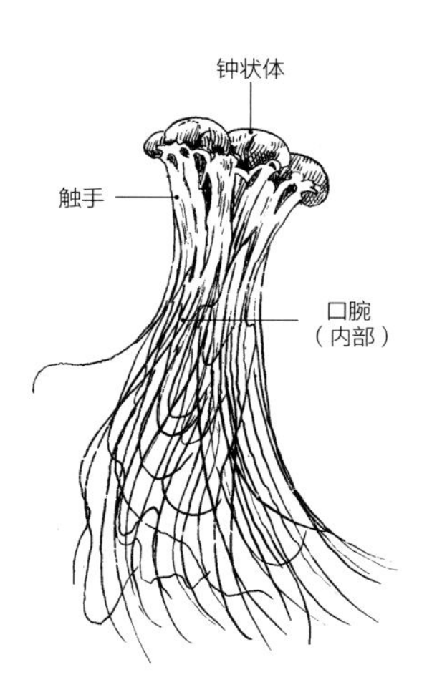

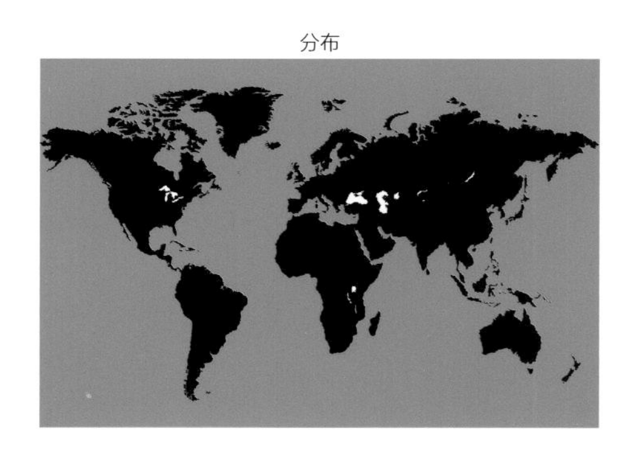

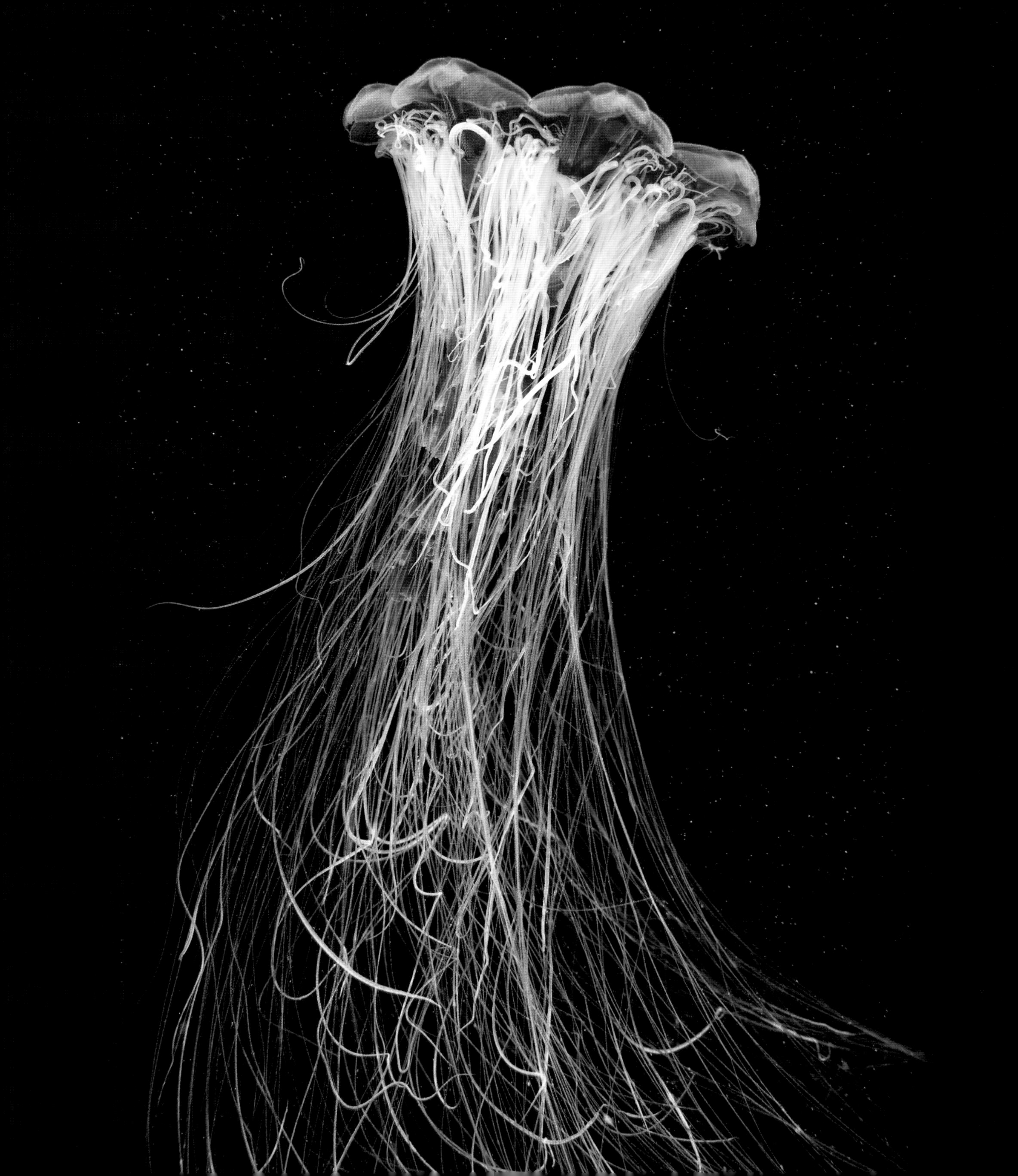

第二章

水母的生活史

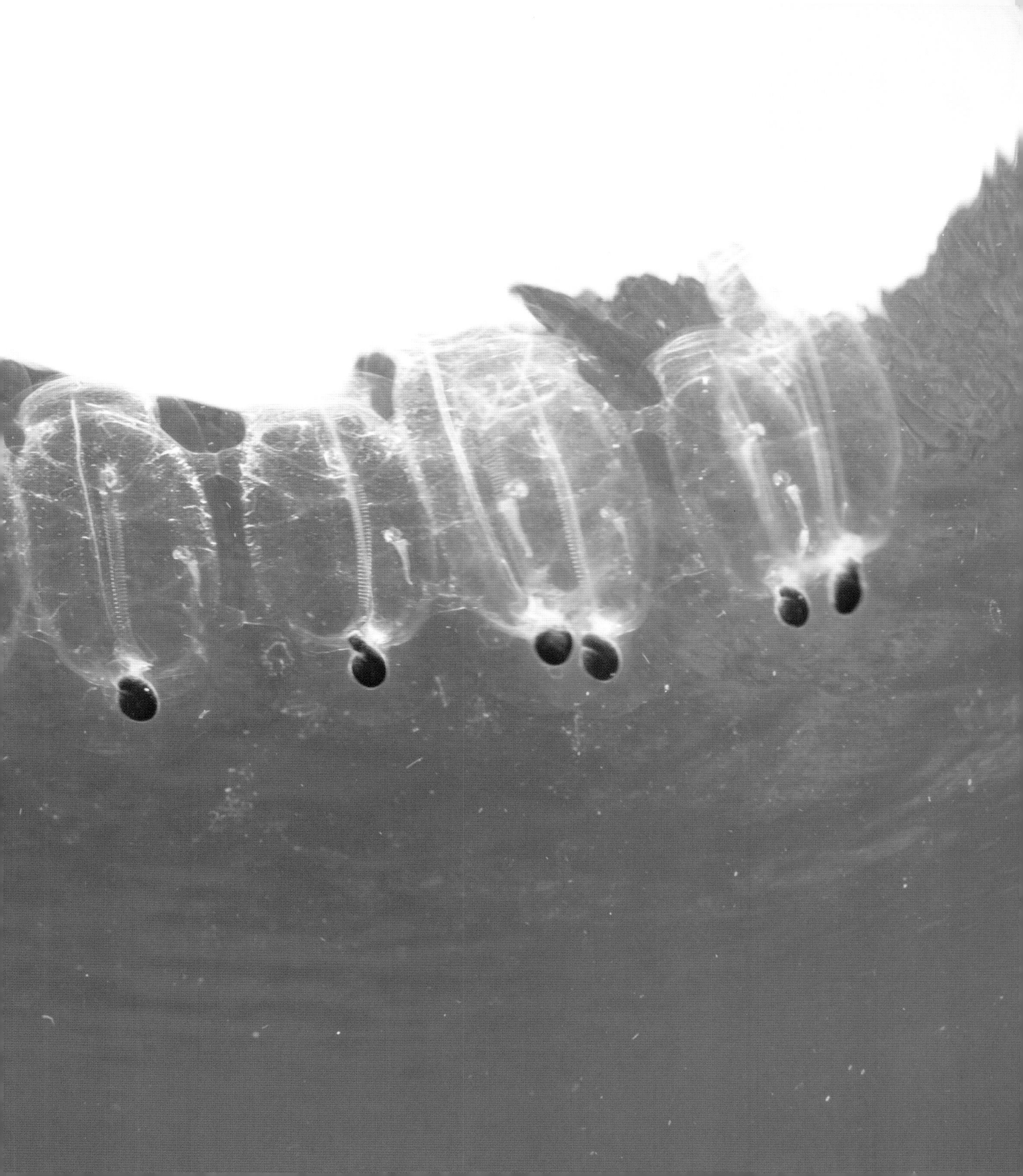

水母生活史简介

水母生活史的奇异世界既古怪又令人着迷：它完全不同于任何我们熟悉的物种的生活史。在我们的日常世界中非凡离奇的克隆和雌雄同体现象是十分少见且离奇的，但在各种水母类群中，不但广泛存在，而且高度发达，以至于出现了许多不同的形式。生活方式、生命阶段和身体部位的多样性看似复杂得毫无意义，然而却是这些简单的生物生存了亿万年的关键。

如今一共在三个动物门内发现了四个迥然不同的能自由游动的水母类群（刺胞动物门里的水母体和管水母，栉水母门的栉水母，以及脊索动物门的樽海鞘及其近缘物种，或称浮游被囊动物），此外还有两个在海底生活的类群（刺胞动物门里的十字水母和栉水母门的扁栉水母）。在这六个不同的功能性类群中，幼体和成体阶段、有性和无性阶段，以及底栖和浮游阶段的多样性复杂得令人震惊。这些水母类群一共有两三千个物种，其中的许多物种都有独一无二的生活史策略。

水母的生命阶段

大多数类型的水母体都拥有微小、能自由游动的原始幼体阶段，称为浮浪幼体（Planula larva），不过在主要类群之间，浮浪幼体在形态、功能、习性和持续时间上都有极大的差异。某些物种还有二级幼体阶段。绝大多数水母物种的生命周期是由有性阶段和无性阶段交替组成的，这种交替方式常常与众不同。在历史上，某些水母物种的交替生活阶段甚至被鉴定成了完全不同的更高等的分类学类群。例如，直到不久之前，水螅虫（刺胞动物门的水螅虫纲水母体的无性形态）还只被分成两个目，然而相应的水螅水母（它们的有性形态）却被分成了五个目。虽然这两套分类系统在生物学意义上是重叠的，但在命名法上并没有重叠。许多年来，将这些相同物种的不同生活史阶段划分成分类学上的两套目一直是标准做法。虽然这种分类系统已经被修正了，但直到今天，绝大多数相互对应的生活史阶段仍然没有得到物种层面的连接。

此外，在各个水母类群中，同样的生活史阶段——例如有性阶段和无性阶段——有着完全不相关的名字，而且相互对应的形态特征如口、肌肉、水管系统、胃和感觉器官可能也有一套不同的术语。这些术语上的差异来自过去数百年研究不同分类学类群且彼此缺少重叠交流验证的专家们。

浮游和底栖阶段

水母生活史的另一方面是它们在不同阶段的习性变化。在许多物种中，生命周期分为浮游（漂浮在海水中）和底栖（生活在海床上）两个阶段。这两个阶段会使它们的生活环境面临不同的生态条件、季节变化和捕食者 / 猎物。于是，彼此互为克隆的生物体必须应对不同的挑战，而且必须用不一样的方式处理这些压力。这些物种的不同结构性适应特征和行为反应背后的遗传机制也是一个令人着迷的研究领域。

底栖阶段的水母会产生能够黏住表面的黏性物质以便固着在海底，而浮游阶段的水母有膨大的身体或增加浮力的特殊构造以远离海底。底栖形态常常蜷缩起来躲避捕食者，或者形成包囊（用角质化保护性外层包裹微小的水螅体组织，使这些组织进入休眠）以逃避不适宜的环境条件。与之相反，浮游型的水母

体使用自己的肌肉调整自己在水中的位置，或者直接远离特定的刺激，或者趋向其他刺激。个体聚集在一起可以提升繁殖效率，而不同的生活史阶段以不同的方式解决了将个体聚集起来的问题：底栖阶段的方式是就地无性生殖（克隆）或者用某种方式吸引新的浮浪幼体固定下来，而浮游阶段则是在水流和风的作用下被动地聚集在一起，或者通过它们对特定条件的喜好主动地聚集在一起。

本章关注的是水母类群奇异的生活史，并按照复杂度的增加排列先后顺序。克隆和永生得到了特别的重视，虽然毫无疑问我们对这两种现象的理解都只是皮毛。水母体和栉水母中的永久底栖形态在第一章的“底栖形态的解剖学”（见 18—19 页）中进行了更透彻的介绍。

图注：*Phacellophora camtschatica*[俗称蛋黄水母（Egg-yolk Jelly）] 是分布于北美洲太平洋沿岸的一个大型物种。和其他水母一样，它通过一个名为横裂（Strobilation）的过程连接底栖水螅体阶段（左上）和浮游水母体阶段（右上）。水螅体的作用就像种子库，发育出一长串幼年水母体，从而形成规模庞大的水母爆发。

13 种不同的克隆方式

通常来说，当我们想起克隆时，我们会想象发生在实验室里的奇怪和神秘的事情，或许是在疯狂科学家的试管里制造弗兰肯斯坦一样的怪物。然而在某种程度上，几乎所有水母都有克隆的能力，而且有些水母的克隆方式令人惊叹。实际上，水母能够以至少 13 种不同的方式进行克隆。

水螅体的复制

最常见的水母克隆形式是水螅体的复制。水螅虫群体通常会长出生殖根（Stolon），生殖根上每隔一段固定的距离就会长出新的水螅。钵水母也经常从生殖根上出芽，但这些生殖根只是一小块伸出来的手指状组织，从上面长出一只新的水螅后就会自动脱离。更常见的情况是钵水母通过萌发侧芽制造新的水螅，后者一开始只是水螅身体上的一个凸出部分，通常位于基部附近。这个凸出部分变得越来越明显，最终长出触手并分化成水螅，然后从原来的水螅身上脱落并爬走。

另一种萌发方式通常伴随着水螅的分段。当水螅缓慢移动时，它们会在身后留下一些细小的组织，后者会长成新的水螅。在一种高度发达的分裂生殖中，这些小块组织会被包在囊内，被保护性的角质化扁圆盘覆盖，这种扁圆盘被称为足囊（Podocyst）。水螅向前移动时，身后会留下一串足囊，就像脚印一样。这些足囊可能很快孵化，或者存活许多年，直到条件适宜——那时才会萌发出水螅。

立方水母的水螅体不但会克隆自身的复制品，而且会从正在爬行的水螅上出芽。这些水螅很长，形似蠕虫，依靠纤毛四处滑动。

克隆的类型

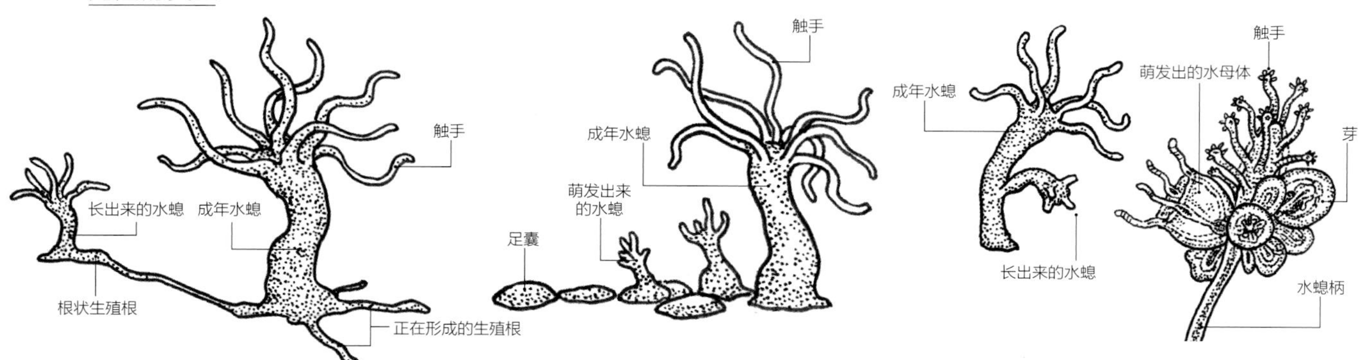

生殖根出芽 许多类型的水螅都能长出手指状的根条或走茎，称为生殖根。从这些生殖根上长出的新水螅在遗传上与亲本水螅完全相同。生殖根出芽常常是群体扩大边界的一种方式。

形成足囊 足囊是覆盖着一层角质化盖子的微小水螅组织片段。某些物种如海荨麻将它们作为一种普通的水螅复制方式，而另外一些物种如海月水母使用它们度过不利的环境。

水螅出芽 这种克隆形式常见得不可思议。简单地说，就是一个克隆从主柄的侧边萌发出来。某些物种使用这种方式产生新的水螅，而另一些物种将它作为长出幼年水母体的主要方式。

水母体的制造

对于各个纲的水母，水螅体克隆制造水母体的方式就和这些纲本身一样存在着极大的差异。在钵水母纲中，它发生在横裂过程——一个节裂和变态的过程（详情见“钵水母的生活史”，62—63 页）。在某些立方水母纲的物种中，水母体的制造会改造整个水螅体，所以它更像一个变态过程，而不是克隆过程，因为没有保留任何东西；在其他物种中，水母体制造出来之后仍然保留着水螅体，因此是一个克隆过程。在水螅虫纲中，水母体的制造一般通过出芽完成，发生在特定的出芽区。该区域的位置取决于物种，可能位于柄基部附近或者就在口下方。

在某些水螅虫纲物种中，新的水母体可以从亲本水母上出芽生长。这通常发生在生殖腺上或者垂唇（连接口与胃的组织）周围的生殖组织内，但是也可能沿着钟状体下表面的水管发生，或者沿着钟状体的边缘发生在触手基部。

在灯塔水母——也就是所谓的“永生水母”（见 74 页）中，新的水螅体和水母体都按照正常的水螅虫纲的方式制造，但有时它们会完成从水母体到水螅体的转化，这是一个独一无二的克隆过程。

一些水母体可以通过直接分裂（Fission）实现克隆。这种水母体会自动在身体中央向内收缩钟状体的边缘，然后两边开始分离。随着这个过程的继续，口分裂为两个口，每个分配到两边的小水母中。分裂的一种变型名为裂殖（Schizogony），在这样的过程中，水母体会形成多个胃，然后分配到两个子代水母体中。

虽然分裂是一个水母自动分成两个水母的过程，但大多数水母也是修复和再生的大师。对大多数物种来说，被切成两半甚至四块都没有问题：它们会在几天之内把缺失的身体部位长回来。

其他克隆方法

其他克隆方法也很常见，尤其是在管水母和樽海鞘及其近缘物种中，本章后面就会介绍（分别在 68—69 页和 70—71 页）。

另一种复制类型模糊了有性和无性的界限，那就是自交。至少有一个栉水母物种，即淡海栉水母（*Mnemiopsis leidyi*，见 196 页）能够用自己的精子给自己的卵子受精， 严格来说这是有性生殖，但是因为只有一个亲本，所以这也是克隆。然而其他管水母似乎并不会进行正常的克隆。

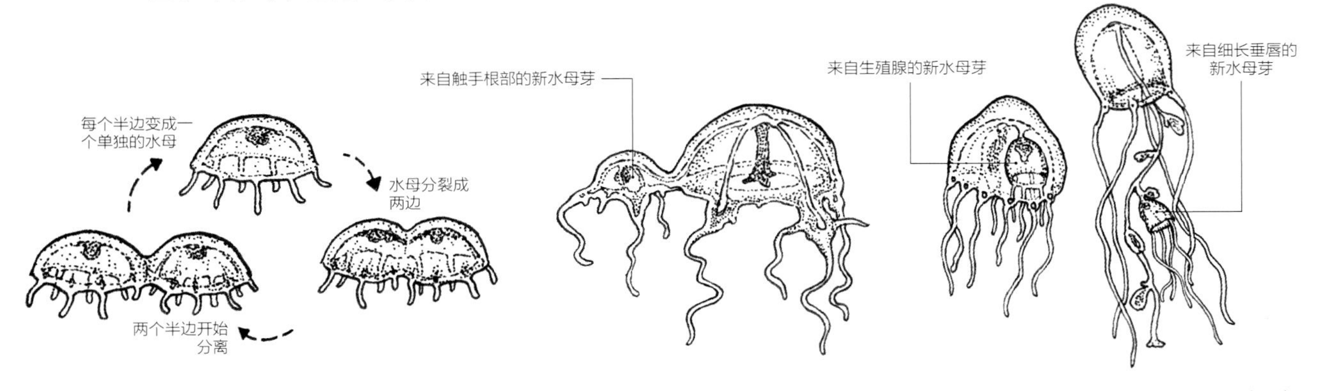

分裂 一些水母体可以用分裂的方式克隆。首先钟状体的侧壁和胃开始自动内缩，形成一个沙漏的形状。胃首先裂成两个，身体紧随其后，然后两个半边各自长成完整的水母体。

水母体的出芽 某些物种的水母体可以通过在不同的身体构造上出芽的方式克隆出其他水母体。在一些种类如*Niobia*属中，新水母体可以从触手根部出芽。在其他物种，如体型微小且具入侵性的真唇水母属（*Eucheilota*）中，新水母体会从钟状体中的生殖腺出芽。这些发育中的芽可能难以计数。还有一些种类，如*Stauridiosarsia*属可以从它们细长的垂唇上萌发新水母体。有时，这些子代水母体还能制造新的芽。

栉水母的生活史

栉水母拥有所有水母中最简单的生活史。栉水母门目前已经有超过 100 个物种得到描述，但我们对其中大多数的生物学和生态学的几乎所有方面都一无所知。尤其是那些比较易碎的物种，它们是如此轻薄精致，哪怕是轻柔的涟漪也会把它们撕成碎片，所以超过一天的实验室研究都不可能实现。对于得到足够研究的极少数物种，它们的生活史相当简单。个体通常会产下卵子和精子，受精卵发育成幼体阶段，后者转化为小型成体，很快就会长大成熟。

刺胞动物门水母体和栉水母之间一项引人注目的进化变异体现在它们的对称性上。刺胞动物辐射对称——也就是说它们可以像馅饼一样切成多块相等的部分，而栉水母则是严格的两侧对称，意味着只有一种方法可以将它们切成相等的两部分。栉水母的两侧对称性是在它们的胚胎发育中建立的，并延续到整个生命周期中。

成年栉水母拥有各种各样的奇怪身体形态：带有两只触手的球，被压扁并带有两枚大口叶的水珠，长带，一侧开口的兜，还有扁平爬行的薄膜。它们刚开始拥有生命时都是能够自由游动的微小球形生物，拥有八条短短的栉板带，通常有两只触手；它被称为球栉水母幼体（Cydippid larva），因为它很像球栉水母目，也就是海醋栗（见 44 页）的成年个体。

繁殖

大多数栉水母都是雌雄同体的，这意味着同一个体既是雄性也是雌性。在无脊椎动物中，雌雄同体常常是一种生物的生活史很正常的一部分。栉水母表现出几种不同的形式：两种性别可能同时出现在个体中（同时雌雄同体），个体也可能是依序雌雄同体，先是雌性再是雄性（雌性先熟雌雄同体），或者先是雄性再是雌性（雄性先熟雌雄同体）。

生殖腺沿着栉水母栉板带的两侧发育，卵巢在一侧，精巢在另一侧。某些栉水母会经历两个阶段的性成熟期，一个阶段在幼体形态，另一个阶段在成体形态，生殖腺在这两个阶段之间退化。这种不同寻常的过程称为两度性熟（Dissogeny）。除了底栖生活的扁栉水母之外，所有栉水母都将自己的配子（卵子和精子）注入海水，在海水中完成受精；扁栉水母在身体下面孵化幼体。

在球栉水母目中，幼体在向成体转化的过程中变化极小，只是变得更大并长出用于有性生殖的生殖腺（精巢和卵巢）。在兜水母目（Lobata，如 196 页的 *Bolinopsis* 属、淡海栉水母及 40 页的蝶水母属）和带水母目（如 132 页的带水母属和 *Velamen* 属）中，球栉水母幼体会丢失触手并拉长身体，变成复杂的形状。随着兜水母的生长，口端会发育出两枚大的口叶；带水母极度压缩并拉长，变成丝带状，长度可超过一码。在无触手纲（Nuda）——得名于在所有生命周期都没有任何触手的痕迹——的球栉水母幼体中，主要变化是胃随着动物体的生长扩张得十分巨大。

淡海栉水母的繁殖

栉水母门物种淡海栉水母在它的西大西洋自然分布区之外是一种声名狼藉的入侵性物种，对渔业有很大危害，不过它的生活史绝对令人惊诧。它是同时雌雄同体，可以自交受精，也就是自己的精子让自己

栉水母的生命周期

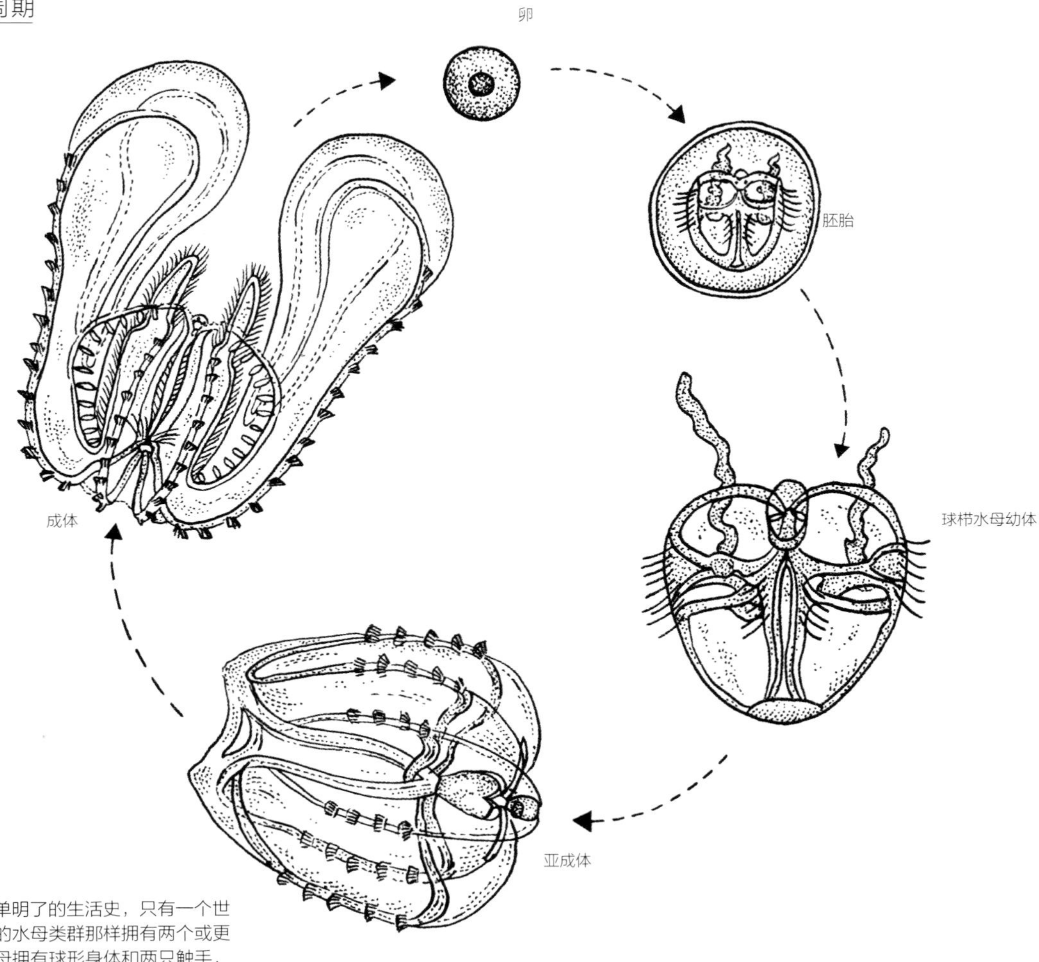

图注：栉水母拥有简单明了的生活史，只有一个世代，而不像其他主要的水母类群那样拥有两个或更多世代。年幼的栉水母拥有球形身体和两只触手，形状类似海醋栗。随着它们的生长，不同的科会发育出各具特色的结构，例如口叶或空旷的兜状身体，或者薄膜般的底栖形态。栉水母的寿命通常不到一年，而且许多是雌雄同体的。

的卵子受精。通常来说，某个物种的繁殖周期中会存在自然障碍，令自交受精不能实现。这些障碍包括时间（释放精子和卵子的时间一个是白天，一个是黑夜）或性细胞浮力（一个漂浮，一个下沉）的差异。淡海栉水母在自身出生 13 天内开始产卵，而且在数月的生命中每天可以产 10 000 颗卵。

除了生殖和克隆，栉水母还有引人注目的再生能力。针对淡海栉水母的实验发现，它即使被切成两半、三块，甚至四块，仍然可以在数天之内长出缺失的身体部位，重新开始正常生活。

钵水母的生活史

刺胞动物门钵水母纲的成员常被称为“真水母”，其生活史或许是水母体类群中最简单明了的。即便如此，它们的发育周期仍然非同寻常，对我们大多数人而言都是十分陌生的。

钵水母的生命阶段

我们见到的钵水母的水母体通常要么是雄性，要么是雌性，然而，每个水母体都属于同一批克隆，这一批克隆同时包含雄性和雌性的个体。水母体是有性生殖阶段，而且是一个传播单元。它就相当于树木的一个果实，例如苹果或梨。当果实从枝条脱落，离开树木滚落到别处时，它会把自己的种子带到新的地点。水母的水母体做的是同样的事情。

有读者可能会问，那什么相当于树木呢？是产生果实的部分吗？水母的水螅体尺寸微小，毫不起眼，但是在许多方面，它们都是生命周期中最重要的部分。就像没有树木就没有果实一样，没有水螅体也就没有水母体。

许多人认为水螅体是幼体，水母体是成体，这并不十分准确。生命周期中唯一真正的幼体阶段——精子和卵子的结合得到的幼体——是浮浪幼体。钵水母的浮浪幼体是雪茄形状的微小具纤毛生物，由雄性和雌性水母体之间的受精产生。这些幼体呈螺旋式游动数天，直到找到适宜的岩石或藻类分枝，它们才会固定下来，然后变态发育为水螅。

钵水母的水螅体

钵水母的水螅有一个正式的名字，叫作螅状体（Scyphistomae，单数为 Scyphistoma），它们一般呈葡萄酒杯状或长笛状，高度从不到 1 毫米到将近 1 厘米不等（取决于物种）。它们通过身体基部的黏性足固着在岩石、贝壳或藻类的叶片上。身体顶端边缘生长着一圈触手，触手中央是口。这些水螅体是贪婪的进食者，几乎不放过任何经过它们的浮游生物或有机物质的微小颗粒。这种非常好的胃口维持了水螅体或多或少持续不停地克隆自身的过程。

水螅体可以通过两种不同的生长和发育路线形成：初级水螅体的形成来自浮浪幼体的变态发育；二级水螅体的形成来自已经存在的亲本水螅体的出芽。出芽可以通过一系列方式完成：大多数钵水母的水螅体通过萌发侧芽的方式复制，但有些物种，例如海荨麻［金黄水母属（*Chrysaora*）物种］会长出包裹水螅体组织片段并且之后会“孵化”的足囊，这是它们的主要克隆繁殖方式（这些方法已经在“13 种不同的克隆方式”中解释过了，见 58—59 页）。

钵水母的水螅体全年生活，而且实际上可以生活许多年。目前已知年龄最大的水螅群体（位于一个实验室）可以追溯到 1935 年，而且从那时起一直在进行克隆复制。当条件适宜的时候（通常是刚到春天或秋天时），水螅体就会经历一个奇妙的过程，即用出芽的方式长出幼小的水母。在这个被称为横裂的过程中，水螅拉长并分化成一叠圆盘，就像一叠小碟子。一开始，水螅体——在这个过程中称为横裂体（Strobila）——看上去仍然像一只水螅，但是水螅的顶部和基部之间的柄状身体上开始出现一系列圆盘，一般有数个到几十个不等。每个圆盘都会发育成菊花状的碟状幼体（Ephyrae，单数为 Ephyra），它们是正在发育的水母。在横裂过程中，水螅体直接吸收了自己的触手，无法捕食；横裂后，它们重新开

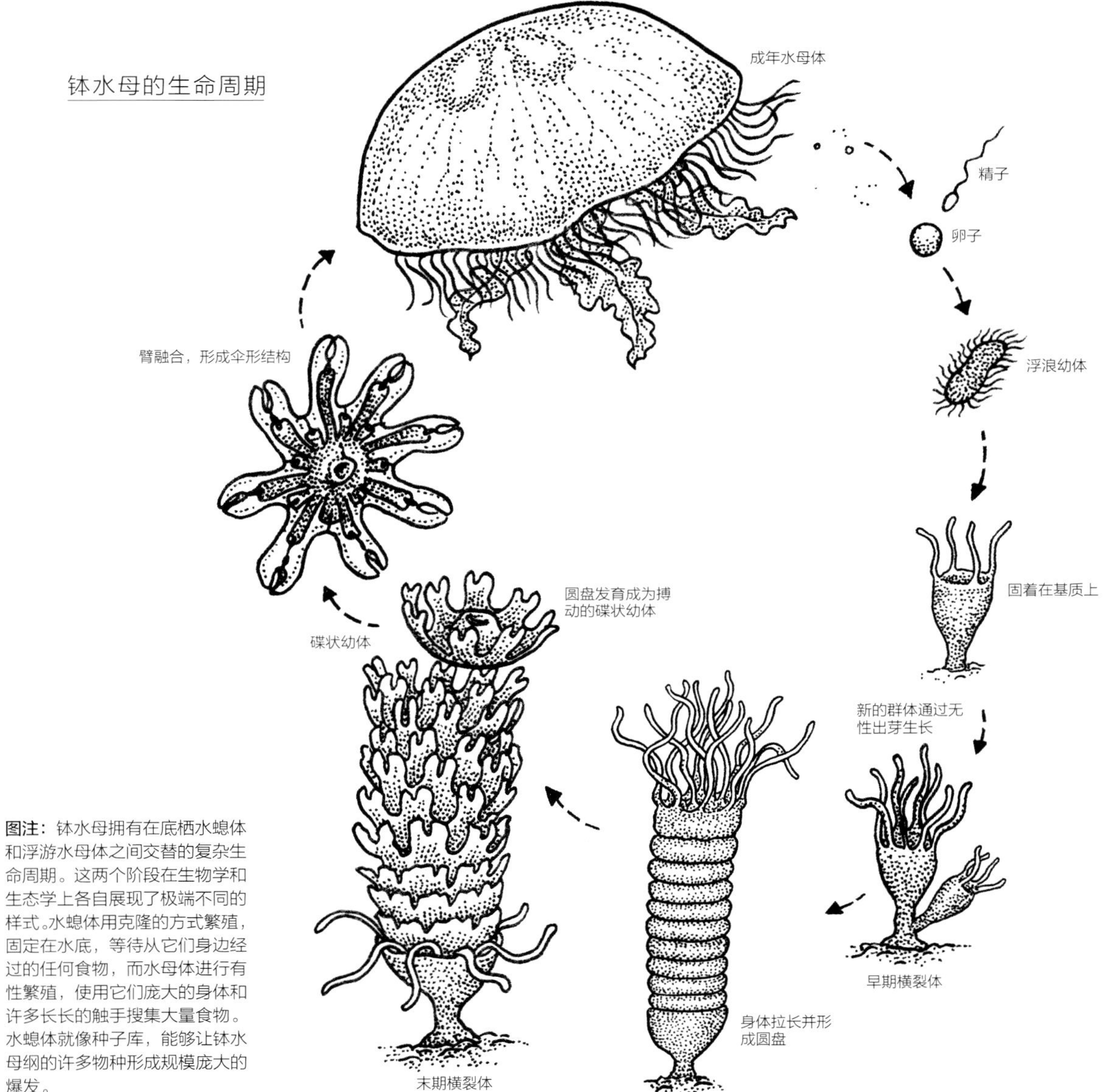

图注：钵水母拥有在底栖水螅体和浮游水母体之间交替的复杂生命周期。这两个阶段在生物学和生态学上各自展现了极端不同的样式。水螅体用克隆的方式繁殖，固定在水底，等待从它们身边经过的任何食物，而水母体进行有性繁殖，使用它们庞大的身体和许多长长的触手搜集大量食物。水螅体就像种子库，能够让钵水母纲的许多物种形成规模庞大的爆发。

始贪婪地进食浮游生物，准备进行下一次横裂和出芽。

碟状幼体通常拥有八条花瓣状的臂，每条臂的末端都有一个微小、发亮的感觉器官。随着碟状幼体在横裂体上发育出来，它们开始搏动，并在数天之后一个接一个地从横裂体上脱离游开。它们贪婪地捕食浮游生物，仅仅数天之后，那些臂之间的空隙就会融合并构成伞形，其余的结构发育成我们熟悉的水母体的身体部位。

幼年水母体不停地进食，生长迅速。许多物种在春天气候暖和的时候横裂，然后生长繁殖，到秋天就会死去。在这短短的几个月里，有些水母体可以长到不可思议的尺寸，像垃圾桶的盖子一样大。

立方水母的生活史

立方水母（或称箱水母）是刺胞动物门立方水母纲的成员，它们的生活史与许多其他纲的水母类似，表现在它们拥有固定的水螅体阶段和自由游动的水母体阶段，不过这个纲也有许多方面是独一无二的。

立方水母的生命周期

在立方水母的水母体阶段，性别总是独立的，该类群未发现雌雄同体的现象。大多数物种将卵子和精子直接注入海水，但在少数物种中，雌性会保留卵子，受精发生在身体内部。在三足箱水母（见 122 页）和疱疹水母（见 88 页）中，雌性会在受精后产下胚胎。

立方水母的浮浪幼体呈泪滴形，并且在粗端最宽阔的一圈长着许多小小的黑色眼点。浮浪幼体通过纤毛螺旋式游动，粗端朝前。游动两三天后，它会固着在坚硬物体如贝壳或岩石的下表面，然后转化为立方水母水螅。立方水母纲的水螅与其他类型的水螅很容易区分开，因为它们每个触手的末端都嵌有一个或数个刺丝囊。

水螅体的发育

初级水螅体（浮浪幼体形成的立方水母纲水螅）会产生爬行水螅。它们又细又长——长约 1 厘米，一端有口，口四周环绕着几只触手。它们通过口部向前滑动几天，最终固定并转化成二级水螅体。

二级水螅体长到 1 毫米高，并通过黏性足固着在坚硬的表面上。它们终生出芽。在特定的季节条件下（对于大部分物种，我们尚不明确这些条件是什么），二级水螅体会经历彻底的转变，整个水螅体发育成为幼年立方水母纲的水母体。这与钵水母纲的变态过程极为不同，在钵水母纲，水螅体会经历横裂的过程，形成一叠微小的盘状结构（碟状幼体）并逐个脱落，留下原来的水螅体。在极少数情况下，立方水母的水螅体会在变态过程结束后残留下来，但这似乎是例外，而不是规律。此外，大多数钵水母的一个水螅体会产生许多碟状幼体（随后变成水母体），而一个立方水母的水螅体只能产生一个立方水母的水母体。这种数量上的差异很可能对立方水母的爆发能力产生了强烈的限制效果。

变态

立方水母的转化过程非常复杂，然而只有两三个物种得到了充分的了解。当水螅体开始转化时，环绕口部的简单圆形变得更像四角形。然后，通常均匀分布在水螅体边缘的触手聚集在四个角。触手被重新吸收，它们的基部联合并加厚成瘤状，上面会长出小色素点。这些瘤会在成年水母中变成感官结构平衡棒，而色素点会发育成眼。变态中的水螅在四个平衡棒瘤之间长出四条新的触手。这四条原生触手会变成足叶（Pedalia）——它们是由软骨构成的“腿”，之后会长出触手或触手簇。在热带海域的温度下，从水螅体到水母体的变态过程需要 4 ～ 5 天，水螅体形成 10 ～ 12 周后变态过程开始。

摆脱束缚的立方水母纲水母体约有 1 毫米高。不同物种的生长速度存在差异。在实验室里，*Tripedalia* 属需要 10 ～ 12 周才能完全成熟，此时它的直径大约为 1 厘米。在自然环境中，海蜂水母（见 50 页）每天生长大约 1 毫米，完全成熟时直径可达 30 厘米左右。

立方水母的每个平衡棒中有一块大的平衡石，

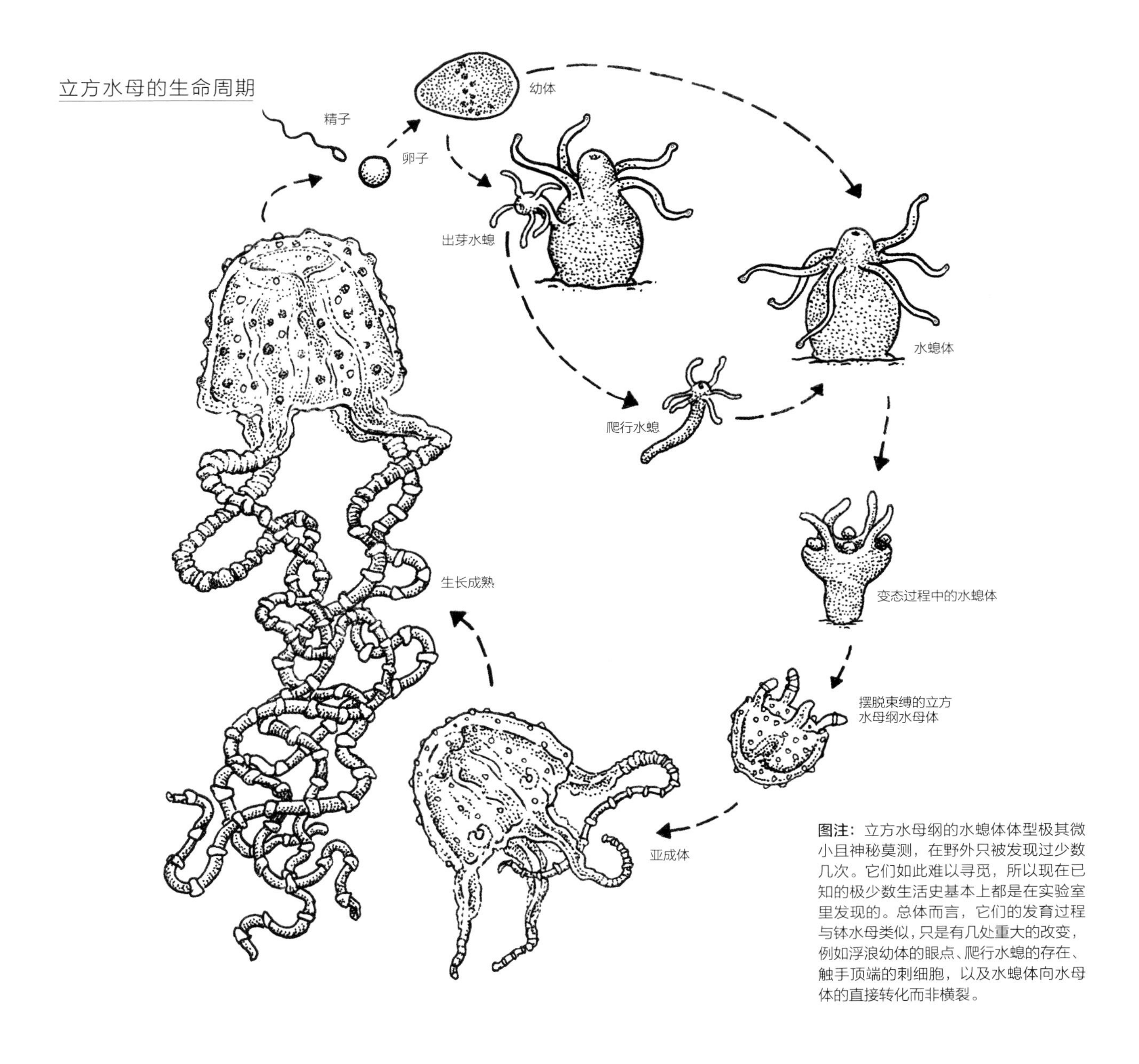

图注：立方水母纲的水螅体体型极其微小且神秘莫测，在野外只被发现过少数几次。它们如此难以寻觅，所以现在已知的极少数生活史基本上都是在实验室里发现的。总体而言，它们的发育过程与钵水母类似，只是有几处重大的改变，例如浮浪幼体的眼点、爬行水螅的存在、触手顶端的刺细胞，以及水螅体向水母体的直接转化而非横裂。

它每天都会增加一圈生长轮。在精心控制的实验室条件下，这些平衡石可以像类似宝石抛光一样被研磨，从而数清楚生长轮的数量。目前用这种方法，只有两个物种被鉴定了年龄，它们都表明立方水母可以生活大约两年，然而大部分生活在自然环境中的水母体的寿命很可能不到一年。

水螅虫纲的生活史

刺胞动物门水螅虫纲是一个极为多样的生物类群，既有单体形态，也有群体形态。部分物种同时拥有水螅虫和水母体阶段，另一些物种只有其中一种形态。有些水螅虫纲的物种生活在浅水，有些只生活在深海，还有一些完全生活在淡水中。不存在定义这个纲的单一生活史策略。

水螅虫纲主要有三大类群。其中数量最多而且最为人所熟知的是那些被称为“传统水螅类”的种类，它们属于软水母亚纲（Hydroidolina），这个亚纲的物种拥有占优势地位的水螅虫，也可能有水母体。第二个类群是硬水母亚纲（Trachylina），它的物种有占优势地位的水母体，通常没有水螅体，还包括一些非常不同寻常的物种。第三大类群是管水母，目前被归类为软水母亚纲内的管水母目（Siphonophora），不过有时也会被当作单独的亚纲处理；这些奇特生物的生活史将在 68—69 页论述。在本小节提到软水母亚纲时不包括管水母目。

在水螅虫纲中，水螅虫（或称水螅虫纲水螅）是一个无性扩增阶段，通过克隆的方式制造自身的复制品。水母体是传播生殖细胞（精子和卵子）的有性阶段。在水螅虫不出芽生长水母体的物种中，水螅虫本身同时具有无性和有性生殖能力。某些物种缺少水螅虫。有些物种的水母体同时具有有性生殖和克隆（无性）的能力。

软水母亚纲

在软水母亚纲中，最常见的情况是雄性水母和雌性水母在水中排出生殖细胞，产生的胚胎发育成能自由游动的具纤毛、无口、长泪滴状的浮浪幼体。幼体一般游动数小时至数天，然后用身体前端将自己固定在坚硬表面上，长成水螅虫。幼体的后端变成口和触手。这些初级水螅体生长并出芽，形成群体。群体还会出芽生长年幼水母体，从白天到黑夜或从黑夜到白天的变化常常诱发这一过程。

根据水螅群体上是否存在坚硬的杯状保护性结构——称为围鞘（Thecae，单数为 Theca），软水母亚纲主要可以分为两类。具鞘水螅［软水母目（Leptothecata）］拥有这样的结构，而裸鞘水螅［花水母目（Anthoathecata）］缺少它。具鞘水螅和裸鞘水螅通常都产生身体四分对称的水母体，但这两个类群在其他方面差异非常大。软水母目的水母体通常相当扁平且透明，比如维多利亚多管发光水母（*Aequorea victoria*，见 198 页）和薮枝螅属物种（*Obelia*，见 204 页）。花水母目的水母体通常更偏向钟形或角楼形，常常有鲜艳的色彩，比如灯塔水母（见 74 页）和华丽钟形水母（*Polyorchis penicillatus*，见 172 页）。

硬水母亚纲

硬水母亚纲可以分为几类，绝大多数物种属于硬水母目（Trachymedusae）和筐水母目（Narcomedusae）。这两个目的物种一般都出现在远洋或深海中，缺少常规的水螅体。硬水母呈深钟形，通常为八分对称，比如短手水母（见 46 页）。筐水母如四手筐水母（*Aegina citrea*，见 84 页）常常缺乏明确的对称性，特征是钟状体的顶端长有实心硬质触手。

在筐水母目中，浮浪幼体一般会发育进入二级

水螅虫纲水母的生命周期

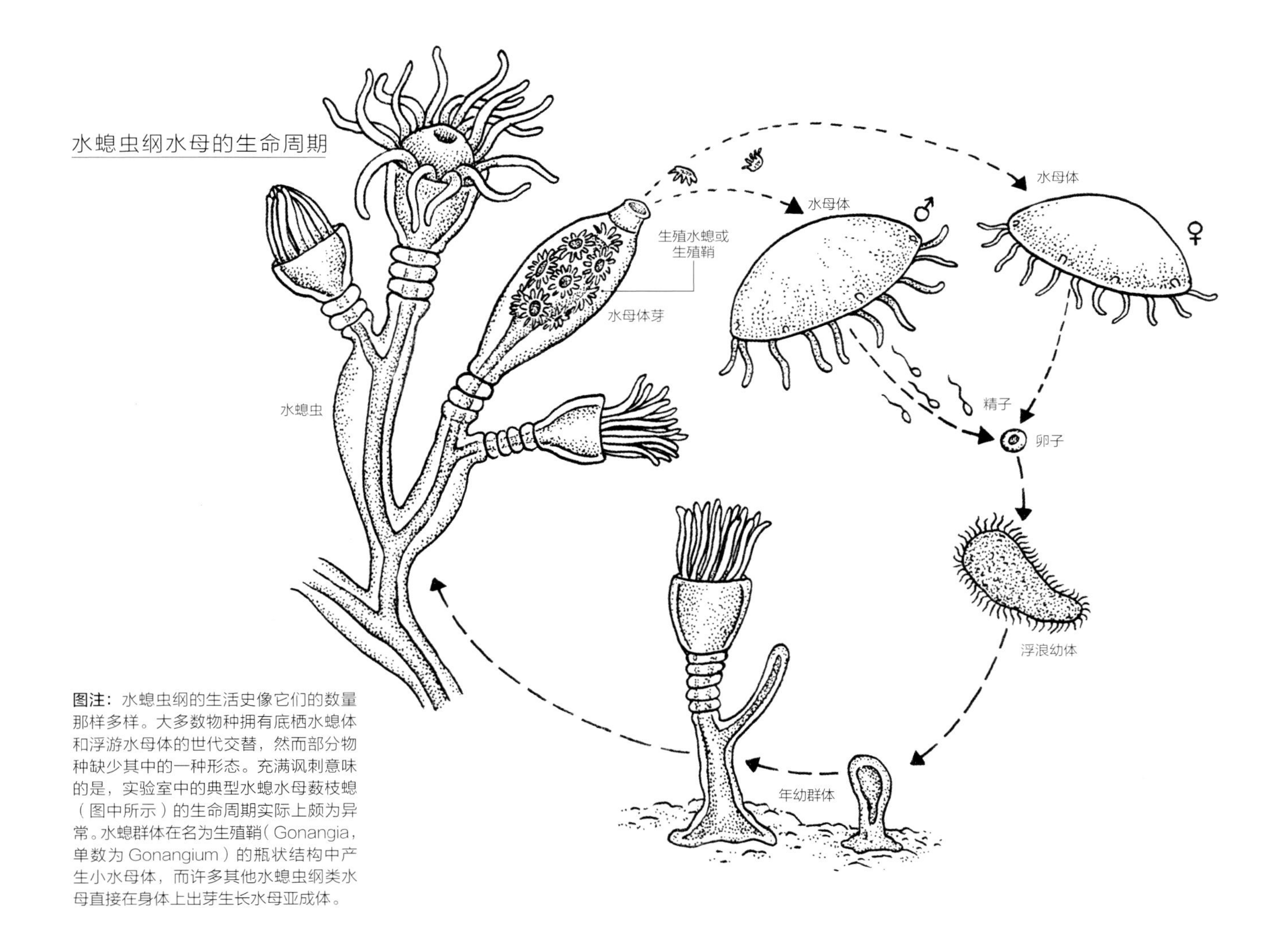

图注：水螅虫纲的生活史像它们的数量那样多样。大多数物种拥有底栖水螅体和浮游水母体的世代交替，然而部分物种缺少其中的一种形态。充满讽刺意味的是，实验室中的典型水螅水母薮枝螅（图中所示）的生命周期实际上颇为异常。水螅群体在名为生殖鞘（Gonangia，单数为 Gonangium）的瓶状结构中产生小水母体，而许多其他水螅虫纲类水母直接在身体上出芽生长水母亚成体。

幼体阶段，称为辐射幼体（Actinula larva），然后转化为水母体。辐射幼体看上去像短而无柄的水螅。在某些物种中，浮浪幼体发育成一种名为退化水母体（Degenerative medusa）的形态，然后产生寄生性幼体。筐水母目的不同物种寄生在不同的宿主水母物种上。接下来这些寄生幼体变扁形成生殖根，后者再出芽生长水母体。硬水母目的大多数物种的完整生活史都不为人知。不过那些得到研究的物种通常直接从浮浪幼体变成幼年水母体，不经过水螅体阶段。

硬水母亚纲的淡水物种——例如索氏桃花水母（*Craspedacusta sowerbii*，见 162 页）——拥有体型微小的水螅体，生长在溪流和池塘底部的水下植被与坚硬表面，如树枝或岩石上。每个水母体为雄性或雌性，然而一个水螅体常常大批滋生同一个性别的水母体。成形之后，桃花水母属（*Craspedacusta*）的浮浪幼体会游动数小时，然后脱落纤毛并沉到水底。幼体在几天后发育成小小的水螅，每个高约 1 毫米。

管水母的生活史

管水母目前被归类为水螅虫纲软水母亚纲的管水母目，它们无疑是动物界中最令人着迷的一个类群。几个世纪以来，关于管水母到底是个体还是群体的争论一直不断。两方观点都有令人信服的论据。或许管水母实在是太奇怪了，无法按照我们通常的思路给它们归类。然而为了叙述的简便，我们在提到它们时会将它们视作群体。

管水母的亚目

管水母有三个亚目。钟泳亚目（Calycophorae）的管水母有泳钟，但是缺少浮囊，不定帕腊水母（见38页）属于该类群。这些管水母的生命周期分为两部分，它们在这两个阶段的形态常常没有任何相似之处，而且这些生命阶段中的某些形态曾经被鉴定成不同的物种。在无性阶段，构造完整的动物通常被称为多营养体期（Polygastric stage），可以将它当作“充分生长的”管水母。有性阶段称为单营养体（Eudoxid，发音为 *you-DOCKS-id*）。单营养体在某些物种中是巨大而引人注目的生物，而在另一些物种中则小得多。

另外两个管水母的亚目是胞泳亚目（*Physonectae*）和囊泳亚目（*Cystonectae*），前者有充气浮囊和泳钟 [如气囊水母属（*Physophora*，见156页）和小水母属（*Nanomia*）]，后者只有充气浮囊而没有泳钟 [如僧帽水母（见34页）和根水母属物种（*Rhizophysa*，见206页）]。在这两个亚目中，单营养体期都不显著。

群体的结构

所有管水母都能自由漂浮或自由游动，因此每个群体看上去都像单个生物。组成群体的个体在形态和功能上极其特化，彼此之间几乎毫不相似。这些成员分化成所谓的“个员”——游泳个员、防卫个员、消化个员、生殖个员，等等。每个群体总共有七种不同类型的个员。这些个员的共同作用维持着群体的生存，它们不能自己单独生活或行使功能。

不同类型的个员成群出现，每一群叫作一个合体节（Cormidium，复数为 Cormidia），沿着群体的主茎排列。随着群体的生长，这些群聚合体节还会增加。

每个群体在结构和功能上都分为两部分。茎的上半部分称为泳体（Nectosome），是泳钟所在的位置，可以将它当成发育不完全的水母体。泳体支撑群体并推动它移动。茎的下半部分称为管水母下体（Siphosome），是群体成员——捕食个员、生殖个员、蜇刺个员等生活的地方。在那些拥有浮囊的物种中，浮囊位于整个群体的最顶端，在泳体的上面。

某些物种会从茎顶端的一个出芽区出芽生长额外的群体成员，而其他物种可以从茎上的多个出芽区出芽。在许多物种中，泳钟是可以替换的，如果丢失，可以很快重新长出来。然而在一些物种如五角水母属（*Muggiaea*）和球水母属（*Sphaeronectes*）中，泳钟丢失了就再也长不回来了。

管水母的繁殖

管水母在形态或结构上的多变性已经得到了长期而广泛的关注，它们的生活史同样多变。然而，我们对大多数物种的生活史都不了解，因此无法归纳出普适性的描述。

一只充分生长的管水母就像一个巨大的幼体：它本身不会变成有性成熟个体，而是出芽生长单营养

管水母的生命周期

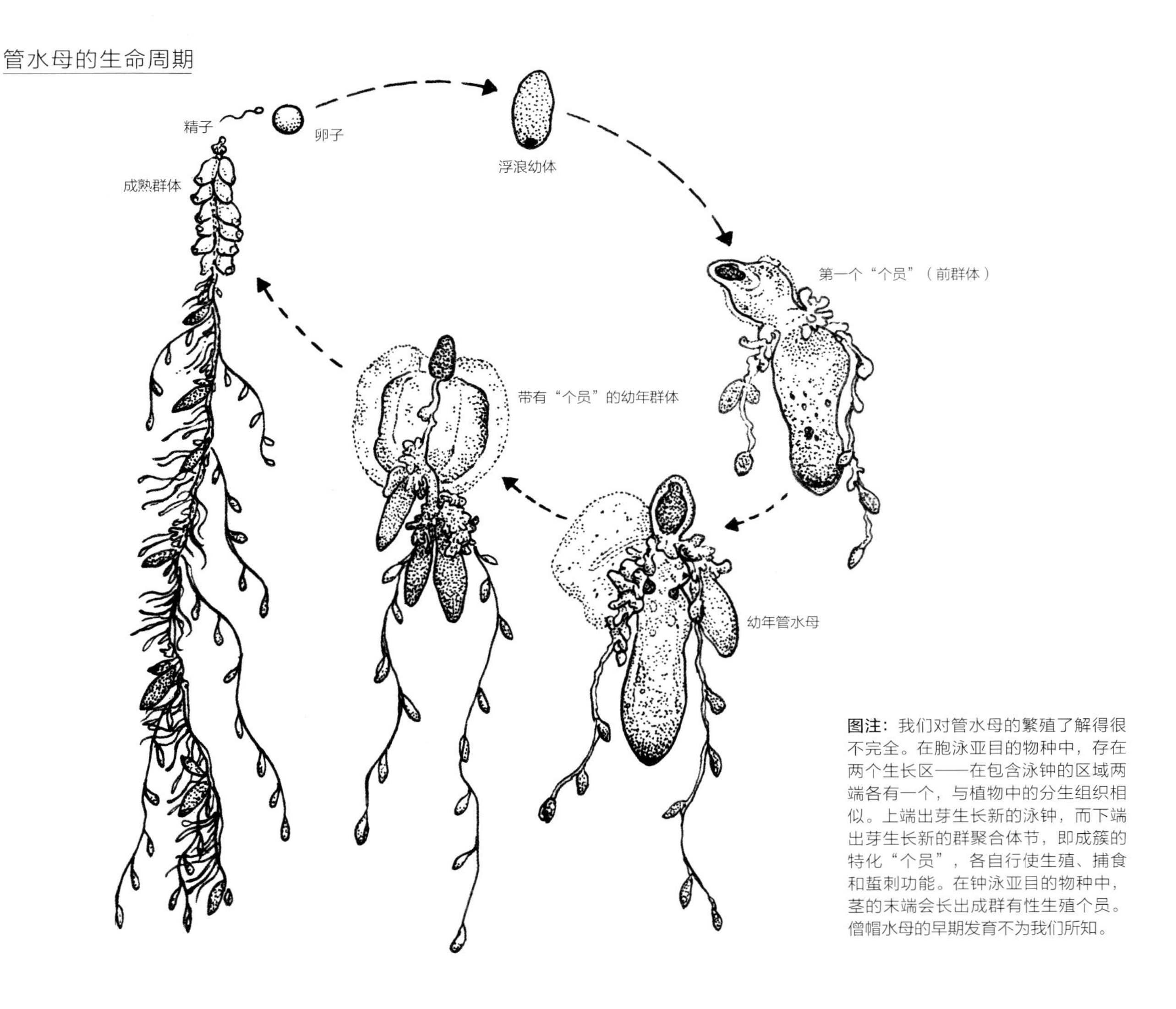

图注：我们对管水母的繁殖了解得很不完全。在胞泳亚目的物种中，存在两个生长区——在包含泳钟的区域两端各有一个，与植物中的分生组织相似。上端出芽生长新的泳钟，而下端出芽生长新的群聚合体节，即成簇的特化“个员”，各自行使生殖、捕食和螫刺功能。在钟泳亚目的物种中，茎的末端会长出成群有性生殖个员。僧帽水母的早期发育不为我们所知。

体，一种类似水母体的有性阶段，接下来后者会制造幼体，长成我们熟悉的管水母的模样。大多数物种是雌雄同体的，这意味着它们同时出芽生长雄性和雌性成员，但有些物种是雌雄异体的，每个群体只会出芽生长一种性别的成员。最常见的管水母僧帽水母就是雌雄异体的。

在管水母中，雌性个员会产出有卵黄的卵。大量卵子和精子播撒在海水中，只有少数能够相遇并实现受精，由此得到的幼体发育成无性群体。

对管水母个体寿命方面的研究非常少，不过其寿命被认为可以达到十年或更久，不过大多数个体在现实中活不过一年。

樽海鞘及其近缘物种的生活史

浮游被囊动物包括樽海鞘、火体虫，以及它们的近缘物种，这些生物拥有所有水母中最复杂的生活史。它们也是在进化上最高级的水母，和人类一样属于脊索动物门。浮游被囊动物在幼体的某个发育阶段拥有脊索，这是包括人类在内的所有脊椎动物都拥有的脊柱在进化上的前导。虽然这些生物的成体看上去像水母，但从胚胎学来说，它们与人类的关系显然比与其他水母类群的关系更为紧密。

樽海鞘

最常见的浮游被囊动物是奇异的桶装生物，名为樽海鞘，它们属于纽鳃樽目（Salpida）。大多数樽海鞘会在两个主要生命阶段之间交替：众多群体成员或称个体（Zooid）连接在一起组成的聚集阶段，以及个体单独生活的阶段。所有樽海鞘终其一生都是完全浮游的，不存在水螅体的阶段。个体阶段进行无性生殖，从出芽生殖根上发育出一条克隆链。克隆链上最年轻的成员是那些距离亲本最近的成员，最老的成员位于远端。克隆链进行有性生殖，而且是依序雌雄同体，较年轻的雌性克隆链的卵被来自其他克隆链的较老雄性产生的精子受精。胚胎在母体的桶状身体内部发育，它固定在体壁上并吸收营养。发育完成后，年幼的樽海鞘脱离母体，开始自由游动，发育出自己的生殖根和出芽克隆链。

樽海鞘的生长速度令人叹为观止。至少有一个物种——双尾纽鳃樽（*Thalia democratica*，见 208 页）的身体长度每小时可以增加 10%，在一天之内可以经历两个世代。实际上，属名 *Thalia* 这个希腊语单词的意思就是“蓬勃”。

火体虫

火体虫（见 42 页），基本上相当于群体樽海鞘，只是个体或者说群体的个体成员垂直地嵌在凝胶状矩阵中。群体同时行使有性阶段和无性阶段的功能。火体虫属于火体虫目，繁殖次序与樽海鞘类似。火体虫本身通过无性出芽生长，而每只个体通过产生自己的卵子或精子进行有性生殖。在母体个体体腔内发育的胚胎会长出四个原生芽，当发育完成的胚胎脱离母体后，最初的胚胎个体就会退化，而这四个芽会通过二次出芽的方式形成一个新的火体虫群体。

海樽

在浮游被囊动物这个类群内，海樽 [海樽目（Doliolida）] 拥有目前已知的最复杂的生命周期，在多个生命阶段呈现出六种不同的身体形态。海樽是非常小的桶形生物，与樽海鞘的亲缘关系较远。海樽和樽海鞘很容易区分开，即便是非常年幼的个体，因为海樽拥有互相平行的完整环形肌肉带，缺少樽海鞘肌肉带中的间断。孵化后，年幼的海樽无性个体（Oozooid，单只个体）形成一条细长的尾，称为背芽突（Cadophore），背芽突两边萌发出营养个体（Trophozooid），并通过摄食浮游植物为整个群体提供食物。随着营养个体的生长，无性个体（这个阶段称为 Nurse）也在生长，而且有更多营养个体出芽萌发。当营养个体的数量超过 5 时，无性个体的消化道和其他器官退化，开始完全依赖营养个体供应营养；当营养个体的数量超过 20 时，被称作育体（Phorozooid）的小型个体出芽萌发。育体在它们长约一周的生命中出芽生长数百个生殖

樽海鞘的生命周期

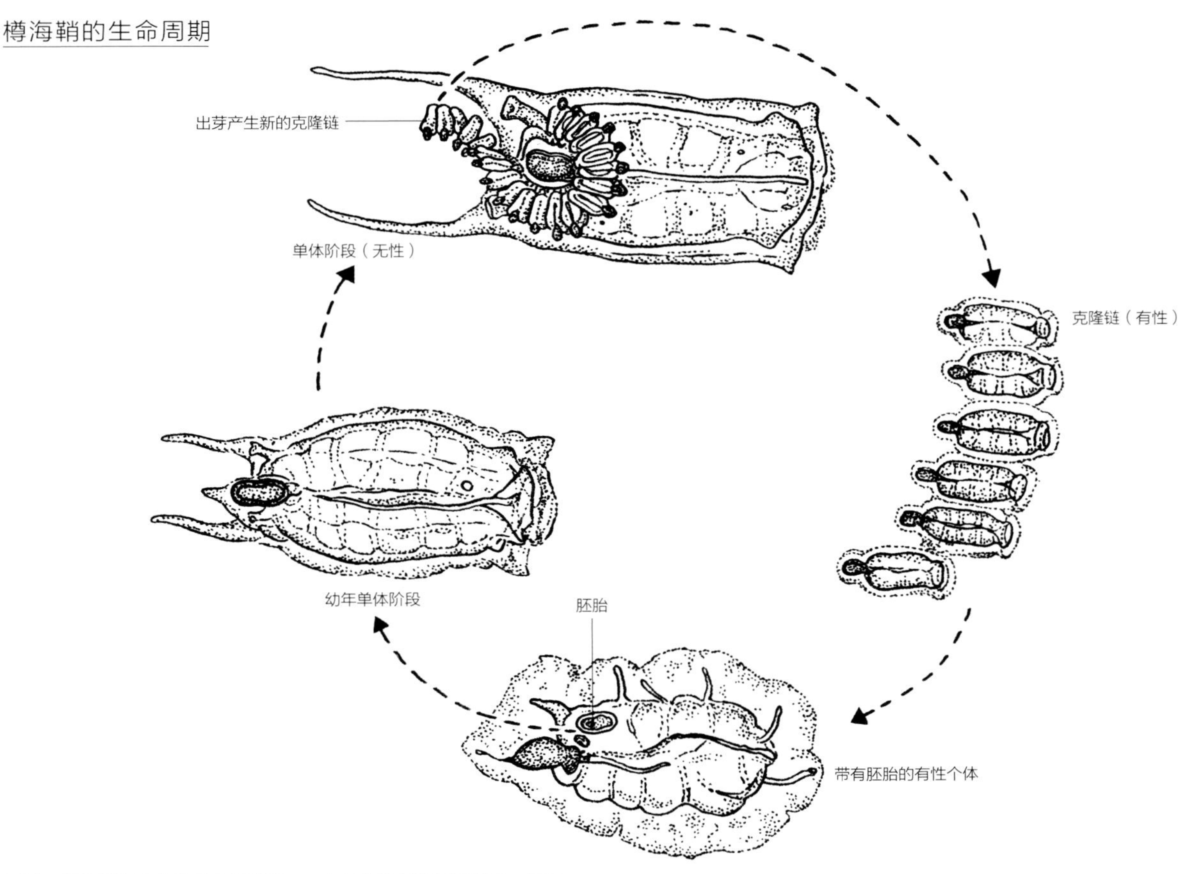

图注：樽海鞘在两个世代之间交替：一个是群体有性生殖阶段，包括一条克隆链；另一个是无性的单体阶段，并产生有性群体。这两个阶段常常看上去很不相似。年轻的克隆链全都是雌性，并随着时间的推移变成雄性。较老的雄性克隆链令年轻的雌性受精。所有樽海鞘在全部生命周期中都是完全浮游的，与水母体类群相比，樽海鞘不存在水螅体或固定生活阶段。

体（Gonozooid），即有性阶段。生殖体是雌雄同体的：大约每隔一天产一次卵，在产卵的间隔期间排出精子。和樽海鞘一样，海樽用黏性滤食网捕捉浮游植物。如果食物充足，一只海樽可以在数天之内产生几千个后代，导致每立方米海水超过 1 000 只个体的爆发。

尾海鞘类

尾海鞘纲（Appendicularia）的成员，如住囊虫属物种（*Oikopleura* spp.，见 82 页）拥有浮游被囊动物中最简单的生活史。尾海鞘类（Appendicularians，又称 Larvaceans）是幼态持续的，意思是它们的成体阶段保留着幼体阶段的特征，它们的形状像底栖被囊动物的蝌蚪状幼体。通常情况下，雄性和雌性亲本之间的繁殖形成的胚胎会直接发育为年幼的尾海鞘类。

永生的秘密

作为终有一死的生物，我们人类的寿命是有限的。我们出生，我们生活，然后我们死去。通常而言，当一个生物体死去时，微生物开始分解细胞，将分子释放出来供其他生物使用。构成我们身体的碳、氮和其他营养元素曾经被许多在我们之前的生物使用过，而且将会被我们之后的许多其他生物再次使用。这就是生命的循环，至少对大多数生物而言是这样。

对永恒生命的探索是人类一直以来孜孜不倦的追求之一。因此，当科学家们发现生活在地中海的一个水母物种灯塔水母（见 74 页）已经洞悉永生的秘密时，不能不令人感到惊讶。

在某种意义上，几乎所有水母物种都是永生的，因为它们能够在水螅体阶段克隆自身。在身体消逝很久之后，它的遗传身份仍然完好无损地保留在另一个身体中，无论它是群体中的另一个水螅，还是从群体上出芽生长的水母体。由此类推，假想一个人砍掉了自己的手，然后这只手长出了新的身体，即使原来的人已经死去,他(她)的手长出的新身体还会继续存活。

此外，许多水母因其杰出的再生能力闻名，当它们被切成两半、四块甚至八块时，它们可以重新长出缺失的部位，但是灯塔水母更进一步。当身体死亡时，它不会停止存在：它会转化，归来。

转化过程

即将死去时，灯塔水母会保留自己的营养，并将它们重新投入自己的生命周期中。当水母体承受机械损伤、温度的突然升高或面临其他压力时，它会经历一个特别的转化过程。钟状体和触手退化，似乎要消失了，但是来自钟状体和辐水管循环系统的解离细胞会在数天之内重新聚集在一起。生殖根和水螅体先后出现。换句话说，当水母体死亡且组织开始分解时，细胞并没有分解，而是重新组合成了水螅虫——这种转化过程称为转分化（Transdifferentiation）。然后新水螅体扩增成为群体并出芽生长新的水母体，就像水母通常情况下会做的那样。实验表明，这一过程发生在夏季的环境温度下（22 ℃或以上）；降低培养温度会导致该过程暂停，直到重新提高温度。

压力似乎是该过程的关键刺激因素，因为从未观察到没有受到压力的水母体经历这种转化。研究者在不到两年的时间里让灯塔水母经历了至少十次这样的循环，所以它似乎是可以无限进行下去的。此外，从刚刚释放的幼年水母体到完全成熟的水母体，所有生长阶段都能够经历这个过程。这对该物种长期以来的爆发能力提出了各种各样的问题，尤其是这种水母在压力环境下的入侵能力。

和灯塔水母亲缘关系紧密的物种在美国南卡罗来纳州、新西兰和澳大利亚南部海域也有发现，但目前还不知道这些物种是否也是永生的。

衰老逆转

灯塔水母的永生令人着迷的另一个方面是它背后的遗传机制。人类的衰老是单向的——也就是说，我们的细胞按照内在的程序，朝着从年轻到衰老这一方向生活。在我们细胞的一生和我们身体的一生中，特定的节点诱导不同的过程。

我们在一生的大约五分之一处度过青春期。我们在大约四分之一的阶段停止生长。女性在人生中会

灯塔水母的生命周期

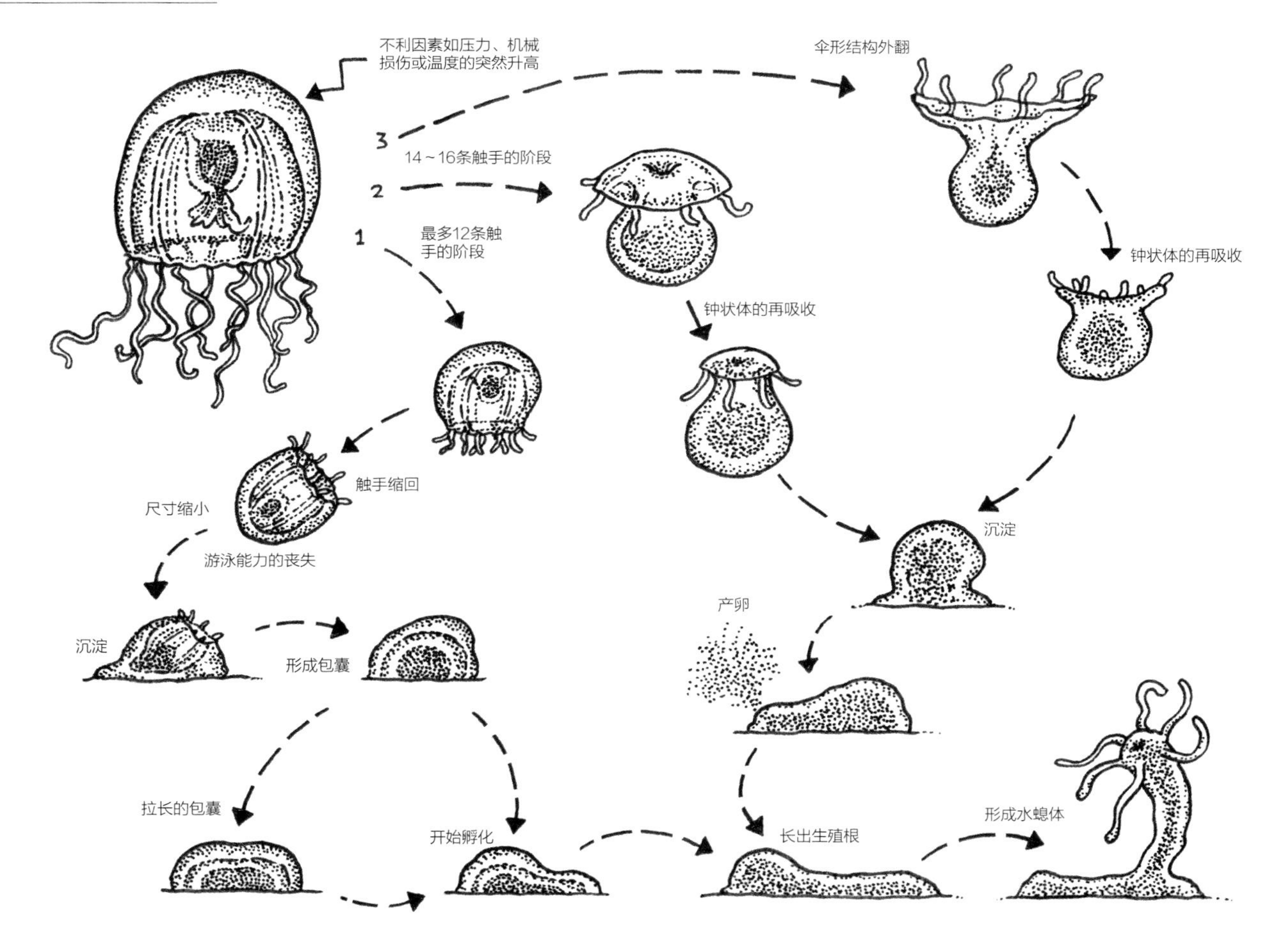

经历更年期。我们的皮肤变老，但不会从老变年轻。灯塔水母的基因经历了类似的单向过程，但是随后它们又逆转回去，再次变得年轻了。

乍看之下，灯塔水母的这种转化似乎像毛毛虫变态发育成蝴蝶，但这种相似只是表面的。毛毛虫是幼年个体，而蝴蝶是成年个体，而且蝴蝶需要交配才能制造更多毛毛虫。灯塔水母的这种发育状况相当于蝴蝶变回毛毛虫或者苹果变回苹果树。

图注：灯塔水母是首个已知真正在生物学上永生的物种。作为对（物理）环境冲击压力的回应，水母体通过三条通路之一退化，然后细胞重新聚集并再生为水螅体。细胞逆转了它们的基因程序，使它们再次变得“年轻”。

灯塔水母

我有不朽的渴望。

威廉·莎士比亚，《安东尼与克里奥佩特拉》（*Antony and Cleopatra*）

从最古老的年代以来，人类一直孜孜不倦地追寻永生的秘密。在这漫长的时间里，有那么多人思索过它，有那么多关于它的歌谣、诗歌和祈祷，但是似乎不会有人想到，这个最令人神往的秘密会在一种水母中被发现。

如何永远活下去

体型微小但令人着迷的灯塔水母（*Turritopsis dohrnii*）——也就是所谓的“永生水母”——只有一粒豌豆大小，它相当不起眼的身体呈现出顶针的形状，几十条又长又细的触手从边缘辐射出来。这种小小的生物十分特别，它是全世界发现的第一个真正在生物学上永生的范例（在“永生的秘密”一节有详细的讨论，见 72—73 页）。

和许多其他水母物种一样，灯塔水母拥有自由游动的有性水母体阶段和底栖生活的无性水螅体阶段。水母体死亡时并不像大多数其他生物那样降解和腐烂，实际上它的细胞会通过一个被称为转分化的细胞发育过程重新聚集并重组为新的水螅群体，因此它在性成熟后能够重回此前未成熟的生命阶段。然后水螅体再次开始生命周期，能够出芽生长新的水母体。这就相当于一只青蛙在垂死的时候将细胞重新聚集起来，变回了一只蝌蚪！

拉丁学名：*Turritopsis dohrnii*

中文通用名：灯塔水母

英文俗名：Immortal Jellyfish（“永生水母”）

系统发育地位：门 刺胞动物门 / 纲 水螅虫纲 / 目 花水母目

解剖学特征：小小的顶针形钟状体，有许多细触手；内部鲜红色

水中位置：浅海区的光合作用带

大小：钟状体高度不到 1 厘米

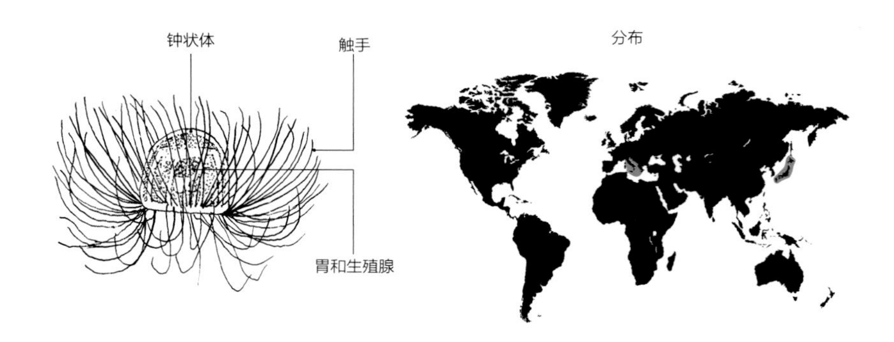

十字水母

十字水母为人所知已经有几个世纪了。它们很好辨认：身体呈喇叭状，顶端生长着八只腕，每只腕上有一簇末端带小球的触手，细长的柄状身体向下通向有黏性的足。它们让人捉摸不定，常常只在偶然的情况下被捕获，至今仍缺少研究。

十字水母是底栖生物，没有浮游水母体阶段（我们在“底栖形态的解剖学”中讨论过，见18—19页），但这并不是它们与其他水母的唯一不同之处。十字水母的浮浪幼体与钵水母的浮浪幼体极为不同。钵水母的浮浪幼体为米粒形，表面光滑，具纤毛，可自由游动，而十字水母的浮浪幼体则是分节的，一共有16个大且中空的硬币形内胚层细胞，没有纤毛，通过一系列扩张和收缩的动作爬行而不是游泳。

圣胡安岛的喇叭

我们如今所知的关于十字水母生殖生物学的大部分知识来自一个体型微小且难以寻觅的物种，它生活在普吉特海湾（Puget Sound）圣胡安岛（San Juan Island）风景如画、长满海藻的小海湾里。研究人员在那里对它的繁殖和发育进行了研究。然而令人惊讶的是，直到今天，生物学家们仍无法培育十字水母完整的生命周期。

圣胡安岛的这个得到研究的物种至少在20世纪40年代就已经为人所知了（尽管没有得到正式研究），然而它到现在也没有得到分类。对于理解一整个纲的生物学如此重要的一个物种竟然还没有被命名，这似乎令人难以置信，但这就是自然的本质。实际上根据科学家的估计，如今生活在世界上的所有物种只有不到15%得到了分类。

拉丁学名：Staurozoa（十字水母纲；该纲的所有物种）

中文通用名：十字水母

英文俗名：Stalked Jellyfish（“具柄水母”）

系统发育地位：门 刺胞动物门 / 纲 十字水母纲 / 目 Cleistocarpida 目和瓢水母目

解剖学特征：喇叭形身体，有八簇带小球的短触手

水中位置：在浅海区底栖

大小：大多数高约2.5厘米

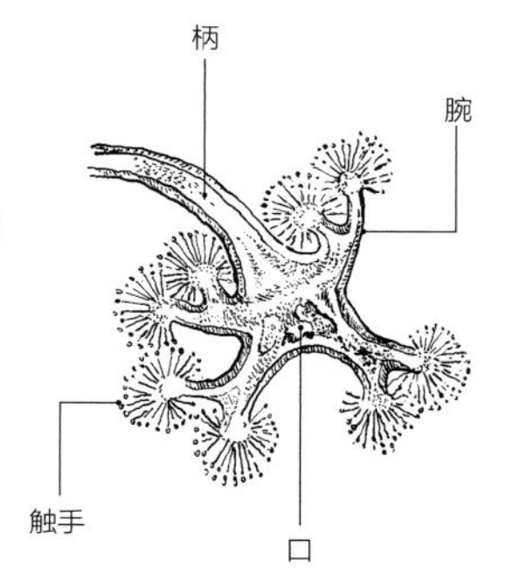

分布

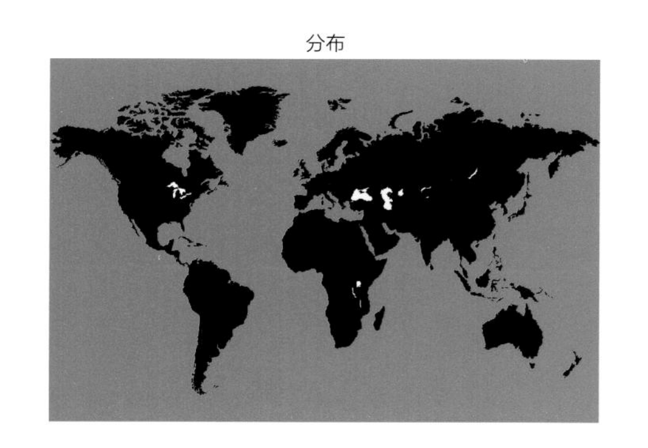

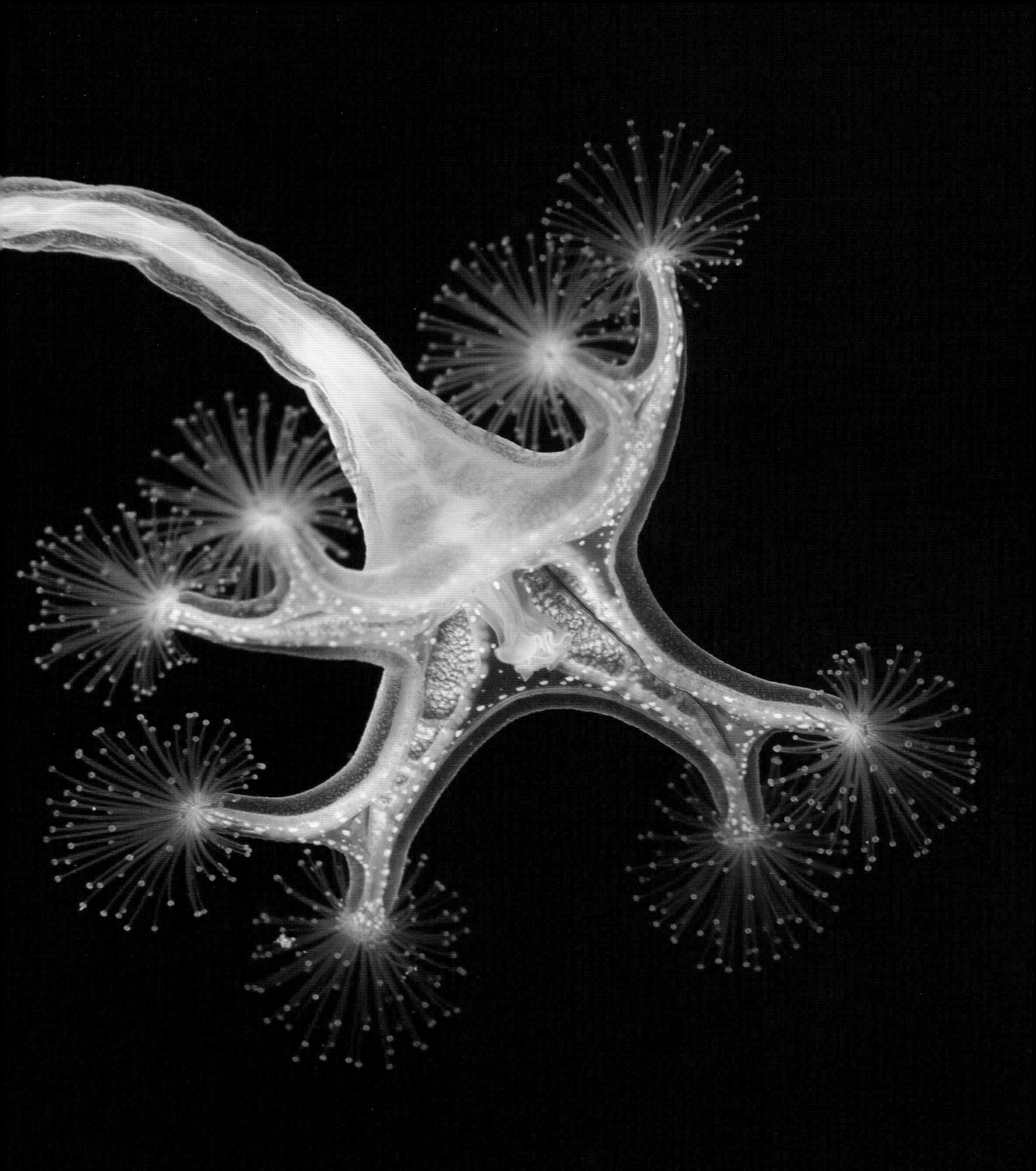

帆水母和银币水母

帆水母（*Velella velella*）和银币水母（*Porpita porpita*）是两个目前已知最迷人的水母物种。这两个物种都生活在气 – 水界面。这些生物呈现出漂亮的蓝色，随着微风在海面上优雅地旅行，它们实际上是上下颠倒的漂浮水螅群体。在持续刮向岸风时，这些旅行者会大量搁浅在海岸线上。

这些水螅虫类的身体主干是一块盘状几丁质骨骼，里面的许多同心密闭空气小室提供了浮力。在帆水母中，这块骨骼是椭圆形的，并且有一张倾斜的帆，而在银币水母中，这块骨骼是圆形的，没有帆。骨骼边缘的结构也存在差异：在帆水母中，有许多像冰柱一样的下垂短触手，而银币水母有数量众多的长触手，这些触手有瘤并向外辐射，就像儿童画里的太阳光芒一样。

表面之下

在盘状几丁质骨骼的下表面生长着繁茂的水螅群体，它们就像舌头上的味蕾一样聚集在一起。水螅群体出芽长出微小的水母体，后者构造简单，和一粒沙子差不多大。这些水母体脆弱得像花粉一样，只能存活非常短暂的时间。它们唯一的功能就是作为有性生殖的传播容器。

帆水母和银币水母的水螅都用触手捕食浮游生物。虽然它们的刺丝囊对它们微小的猎物来说是有毒的，但它们伤害不了人类。捕食它们的裸鳃类（海蛞蝓）能够将这些刺细胞集中在自己的组织上用于防卫。

银币水母通常出现在热带海域，而帆水母的分布更为广泛，会出现在温带海域。

拉丁学名：*Velella velella* 和 *Porpita porpita*

中文通用名：帆水母和银币水母

英文俗名：By-the-wind Sailor（“风帆水手”）和 Blue Button（“蓝扣子”）

系统发育地位：门 刺胞动物门 / 纲 水螅虫纲 / 目 花水母目

解剖学特征：扁平的几丁质具小室圆盘，有或没有垂直帆，水螅生长在下表面

水中位置：漂浮在气 – 水界面

大小：骨骼直径 1 ～ 6 厘米

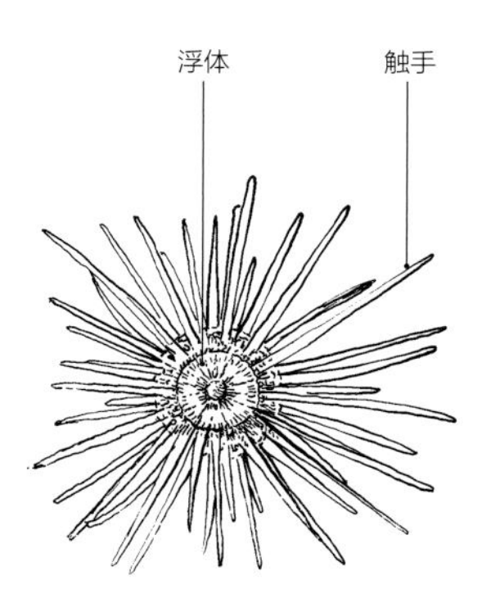

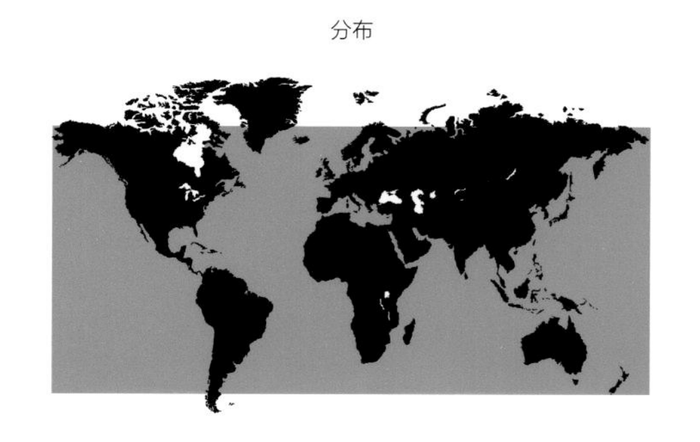

扁栉水母

凝视珊瑚礁水族箱的人经常能出乎意料地看到色彩鲜艳的椭圆形小片薄膜状生物在藻类或软珊瑚表面滑行，或者看到两只长长的羽状触手在水流中挥动。它们是底栖生活的栉水母，名为扁栉水母。它们虽然很常见，但很少有人知道它们是什么。

这些扁形虫似的水底生物是更常见的栉水母的近亲，它们在一生当中的大部分时间都只是一片薄膜，出现在海胆的棘刺表面、珊瑚的分叉处或成串海藻的末端。它们时不时将椭圆形身体的两端膨胀成烟囱状结构，从中伸展出长着细侧枝的长长触手，捕捉浮游植物或有机质颗粒为食。

生命阶段

扁栉水母是雌雄同体的，雄性和雌性生殖细胞并列出现在同一个体内。胚胎在母本的身体下孵化，直到它们发育成形似海醋栗（见 44 页）的幼体。幼体游动一段短暂的时间，然后口部朝下沉降在适宜的表面，接下来它们张开口，身体开始变得扁平。它们外翻的咽变成长有纤毛的下表面。

扁栉水母是栉水母门中唯一有底栖生活阶段的成员，而且和刺胞动物门的大多数水母不同的是，即使在成年阶段，它们也生活在水底。它们分布于世界各地的海洋生境中。

拉丁学名：Platyctenida（扁栉水母目；该目的所有物种）

中文通用名：扁栉水母

英文俗名：Platyctenes

系统发育地位：门 栉水母门 / 纲 触手亚纲 / 目 扁栉水母目

解剖学特征：椭圆形扁平薄膜状身体，有两只羽状触手

水中位置：在浅海区底栖，爬行在珊瑚、藻类或海胆上

大小：通常不到 2.5 厘米长

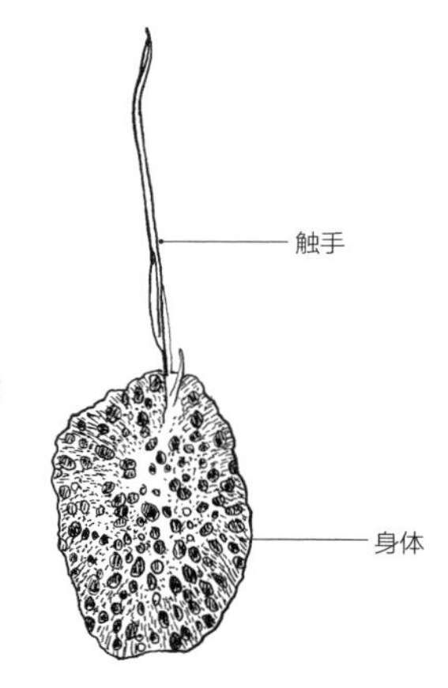

分布

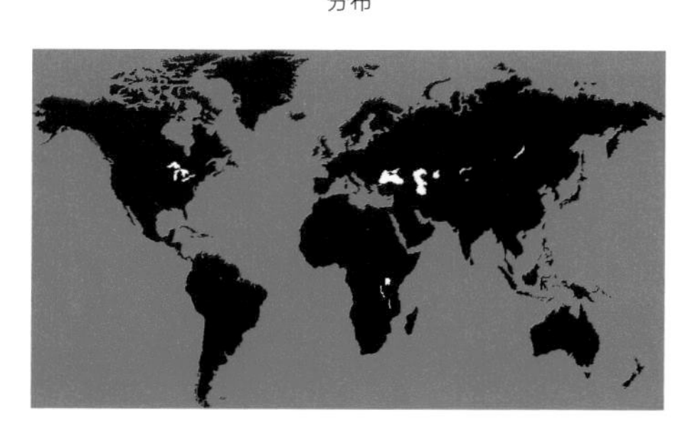

尾海鞘类

尾海鞘类（Appendicularians，或称 Larvaceans）是海洋中最不同寻常的一类生物。虽然它们常被称为 Tadpole Larvae（“蝌蚪幼虫”），但是它们实际上并不是蝌蚪这种幼虫。这个名字来自它们的外形：它们拥有蝌蚪状的身体和一条宽阔、扁平的尾。尾海鞘和我们同属一个门，因此它们拥有和我们相同的器官（心脏、脑等）的初级形态。尾海鞘类是幼态持续的，也就是说，它们在成年阶段保留着幼体的特征。这些特征包括拥有一条脊索，它是脊柱在进化和胚胎发育中的前导。

住囊虫属（*Oikopleura*）及其近缘物种会建造由黏液组成的捕食结构，看上去就像三维的蜘蛛网，食物颗粒通过一层层越来越小的孔洞被过滤出来。这种结构就像房子一样，这种动物就住在里面，通过尾部的节律性波动推动房子在海水中移动，促成滤食过程。

搬家

它们每天都会建造、丢弃并重新建造好几座这样的房子。当房子的制造者搬出去的时候，房子就会瓦解，但仍然会作为无固定形状的一团物质存在一段时间。这些房子会缓缓下降，就像“海雪”一样，将困在其中的有机质颗粒送到食物常常十分匮乏的深海。

较小的尾海鞘物种如住囊虫属和住筒虫属（*Fritillaria*）常见于海面与沿海水域，而 *Bathochordaeus* 属则生活在远洋海平面下大约 80 米。

拉丁学名：*Oikopleura* spp.

中文通用名：住囊虫

英文俗名：Tadpole Larva（“蝌蚪幼虫”）

系统发育地位：门 脊索动物门 / 亚门 被囊亚门 / 纲 尾海鞘纲 / 目 有尾目

解剖学特征：蝌蚪形状，有一条宽阔、扁平的尾，生活在易碎的黏液封闭结构中

水中位置：远洋的光合作用带至中层带

大小：身体一般为 1 ~ 2 毫米长，房子一般直径不足 1 厘米

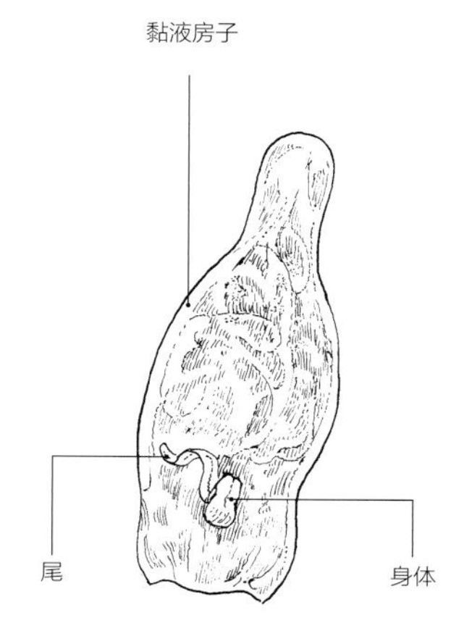

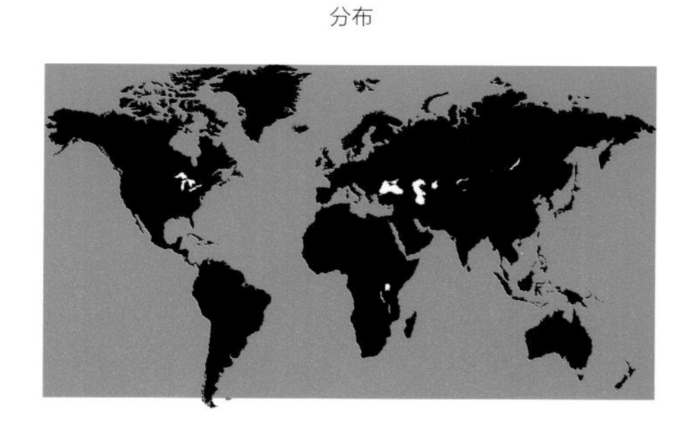

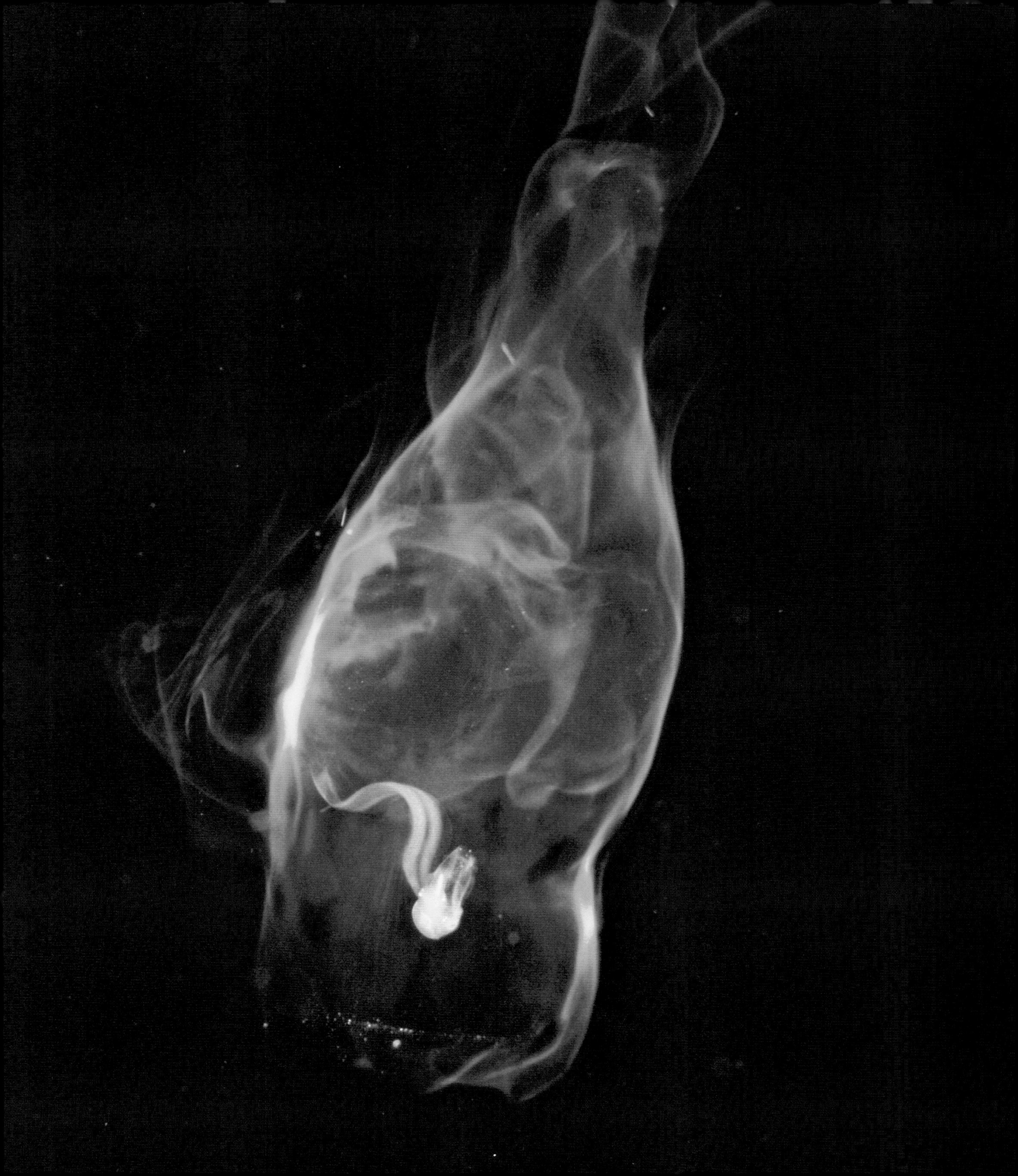

四手筐水母

生活在深海意味着面临重重挑战。食物和配偶都很难寻觅，所以在面临这些困难的生物中经常能看到奇特的适应性特征。另一个问题是找到适宜在上面生活的表面，尤其是对于那些生活在海水中层——那是海面和海底之间一片广袤、开阔的虚无之地——的物种来说。某些水母进化得没有了水螅体阶段。另一些水母则进化出了寄生性水螅体，筐水母就属于这一类生物。

生命周期的适应性改造

某些筐水母会在其他水母物种的体内或体表生长寄生性生殖根，再从这些生殖根上出芽生长年幼的水母体。另一些筐水母则在亲本或其他物种的胃中生长寄生性的水母体。还有一些种类没有寄生阶段，而是直接从浮浪幼体发育为成年形态的小型版本。部分物种还拥有能够自由游动的间型幼体形态，称为辐射幼体（Actinula），它的形状像一只无柄的水螅。大多数筐水母的生命周期不为人知。

触手

通过触手很容易将筐水母与所有其他种类的水母区分开，它们的触手布满整齐一致的细胞，看上去像一堆硬币。触手总是生长在钟状体边缘的上面。外表最奇异的物种属于间囊水母科（Aeginidae），通常有两只或四只触手。和所有筐水母一样，间囊水母科的水母在游动时触手僵硬地指向前方，就像攻城槌一样。

拉丁学名：*Aegina citrea*

中文通用名：四手筐水母

英文俗名：Battering Ram Jellies（“攻城槌水母”）

系统发育地位：门 刺胞动物门 / 纲 水螅虫纲 / 目 筐水母目

解剖学特征：小小的角椎状身体，有四只结实的触角状触手

水中位置：远洋的光合作用带至中层带

大小：钟状体直径最大 5 厘米，但常常比这小得多

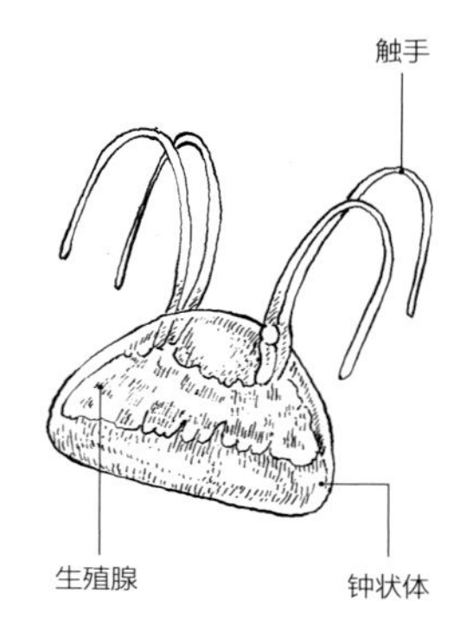

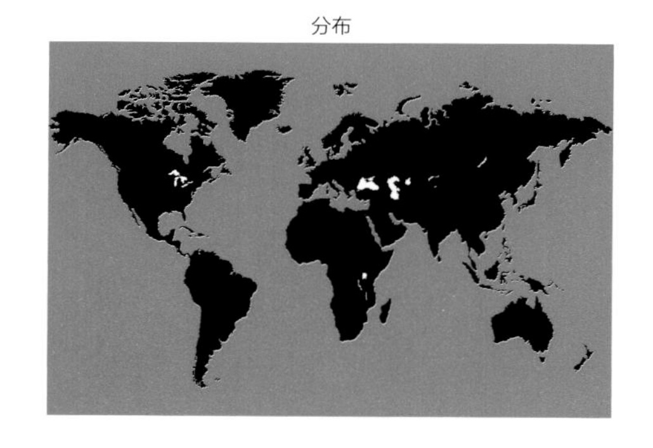

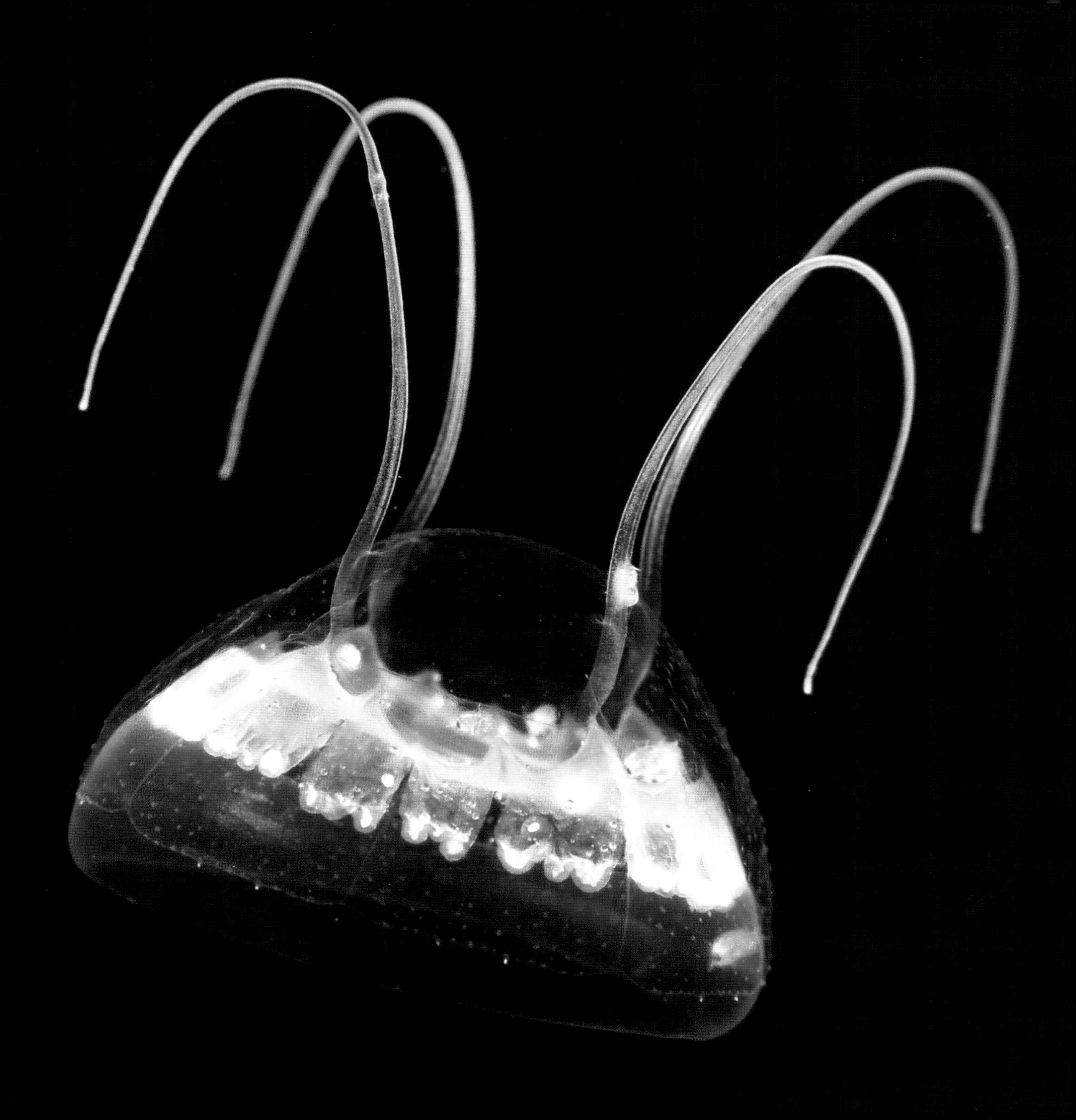

池塘里的蛇发女妖

在广义的水母类群水母亚门（Medusozoa）的所有物种类型中，有一个类型奇特无比，因为它根本就不是水母。水螅属（*Hydra*）包括 40 多个物种，全都是构造简单、体型微小的裸露水螅虫，处于无水母体阶段。无性扩增阶段和有性扩散阶段都集中在水螅中。水螅属的每一只水螅都是个体，不会像大多数水螅虫那样与其他个体相连形成群体。

水螅属还有一个不同寻常之处：它只生活在淡水中。大多数水母和水螅虫都是海洋生物。尽管存在这些特异之处，但是几个世纪以来，水螅属一直被认为是水螅虫纲的植物状动物和水中胶状生物的模式类群。

水螅属常见于世界上的淡水池塘和湖泊，附着在那里的岩石和落叶上。它们的身体呈长管状，未附着一端的顶部长有触手，通常为 5 条或 6 条。其长度取决于物种，有的可以长到大约 1.5 厘米。它通过克隆的方式繁殖，在基部附近的一个特殊区域出芽产生子代水螅。水螅属的有性生殖更为复杂：大多数物种是雌雄异体（每只个体要么是雄性，要么是雌性）的，但有些物种是雌雄同体的。精巢和卵巢通常沿着外侧体表分布，但可能局限在特定区域。

好胃口

水螅属物种主要捕食小型甲壳类、蠕虫和昆虫的幼虫，但也会吃刚孵化的鱼和蝌蚪。它们的胃可以扩张得非常大，以容纳尺寸较大的食物。至少有一个水螅属物种据估计已经生活了 1 400 年。

拉丁学名：*Hydra* spp.

中文通用名：水螅属

英文俗名：无

系统发育地位：门 刺胞动物门 / 纲 水螅虫纲 / 目 花水母目

解剖学特征：只有个体水螅，小且细长，裸露，顶端长有触手

水中位置：底栖或悬挂在淡水水面薄膜下

大小：最长 1.5 厘米

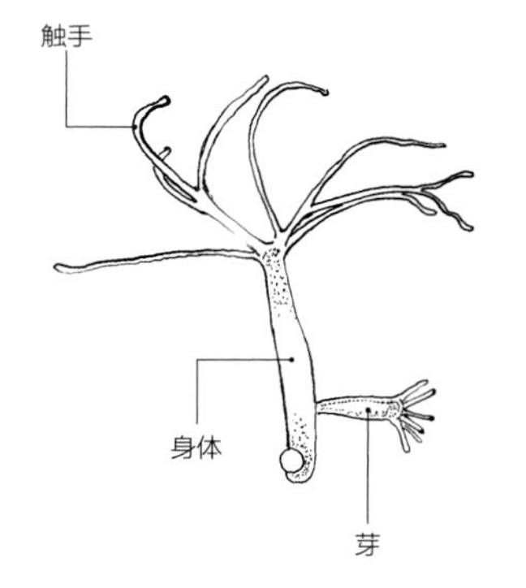

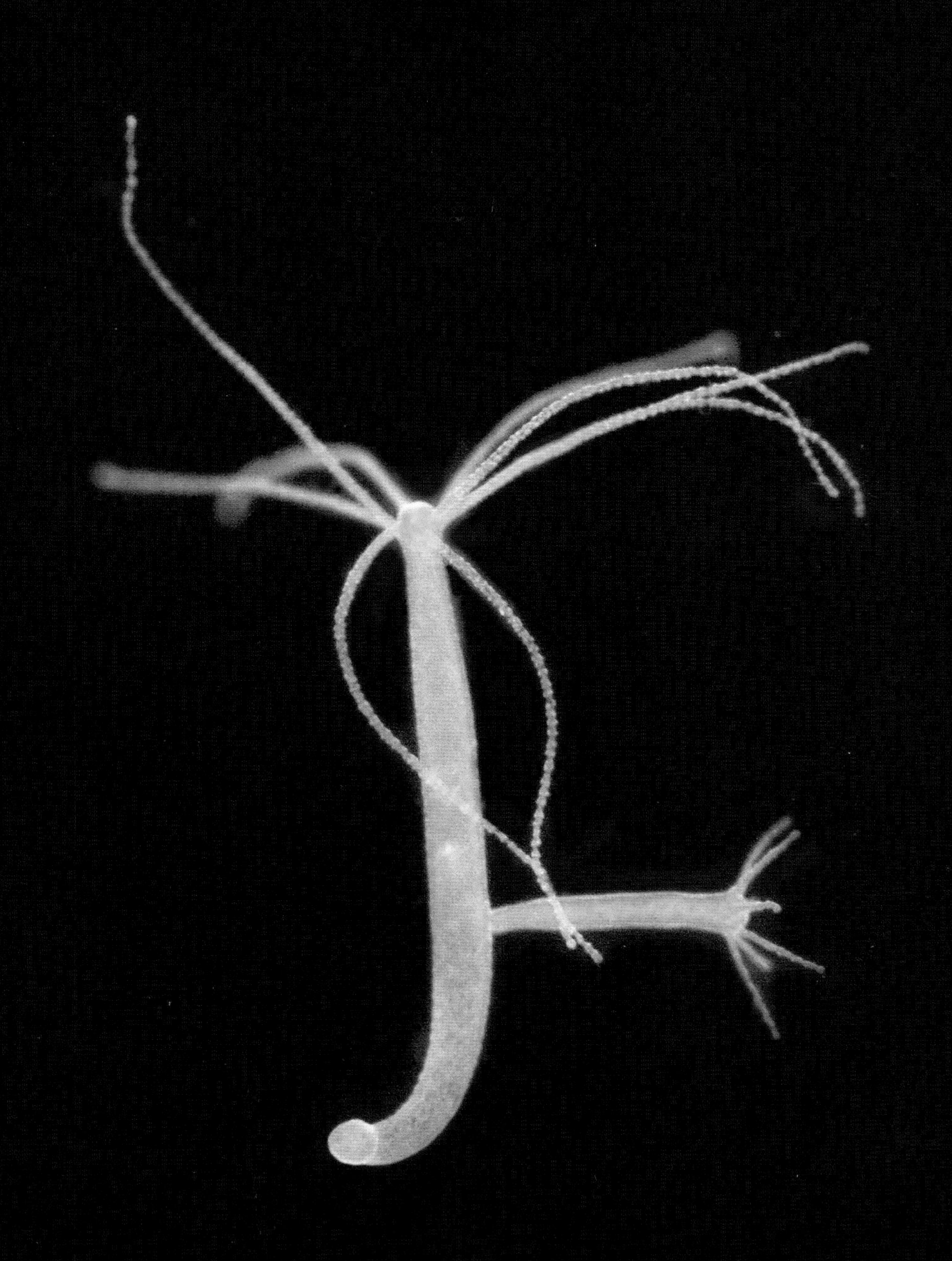

疱疹水母

这种水母的英文名字（Herpes Jellyfish，“疱疹水母”）来得有些牵强——被它蜇了的人会产生类似疱疹的反应。它实际上并不传播疱疹病毒，但它留下的伤口无论看上去还是感觉上都很像热病性疱疹，而且会在许多年里周期性地重复出现。这种生物的醒目的色彩图案是对自己剧毒蜇刺的警告：触手呈横纹状的黄色和棕色。

底栖生活

体型微小的疱疹水母在其他方面也非比寻常。它在生命周期的每一个阶段或多或少都是底栖生活的。这个小小的箱形物种只有 8 毫米高，它能游泳，但是大部分时间都停在物体边上休息，用身体顶部的粘盘固定自己的位置。在这种姿态下，它向外伸出一或两只触手在水流中摆动，被动地捕捉经过的小鱼或浮游生物。

交配

疱疹水母的繁殖过程也很不同寻常。当雌性准备好进行交配时，它们会在钟状体的边缘长出黑点。雄性察觉到这些黑点，便开始向雌性求偶。最终雄性会将一个精子束放置在雌性的触手上，雌性咽下精子后，可以从外面看到它胃腔里的多个受精卵，呈亮橙色。数小时后，雌性找到一片适宜的海藻，在那里产下一条黏液带，里面充满正在发育的浮浪幼体。

疱疹水母主要是暖水性物种，常见于热带地区和亚热带地区，包括加勒比海、夏威夷、日本和澳大利亚的大堡礁，也有少数分布在温带地区，包括塔斯马尼亚和新西兰的惠灵顿。

拉丁学名：*Copula sivickisi*

中文通用名：疱疹水母

英文俗名：Herpes Jellyfish（“疱疹水母”）

系统发育地位：门 刺胞动物门 / 纲 立方水母纲 / 目 灯水母目

解剖学特征：身体小，呈箱形；身体的每个角垂下一只触手

水中位置：一般在浅水域，有些为底栖性

大小：钟状体高 8 毫米

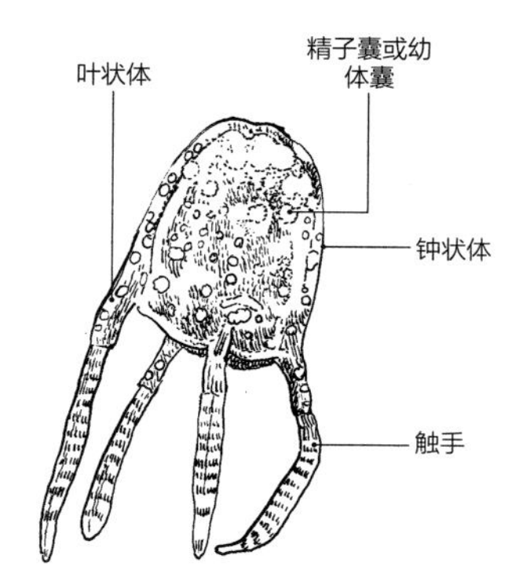

夜光游水母

夜光游水母（*Pelagia noctiluca*）这个拉丁学名（译为“漂流的夜光”）来自该物种在黑夜中发出明亮的生物荧光。当这个物种在17世纪和18世纪被发现时，发出幽幽蓝绿色荧光的大批游水母属（*Pelagia*）动物一定让水手们深感惊奇。

紫色的爆发

夜光游水母在英语中俗称Purple People Eater（“紫色食人者”）或Mauve Stinger（“淡紫蛰刺者”），是热带和亚热带沿海的一种常见害虫，尤其是在地中海及周边海域。它是个漂亮的物种，淡紫色半球形身体长着八只又长又细的触手和四条带褶饰边的口腕。它们会成群出行，其蜇刺十分猛烈。近些年来，它们的爆发造成西班牙和法国整条海岸线都无法游泳，还迫使爱尔兰的三文鱼养殖场歇业。

游水母属拥有广泛的食谱和贪婪的胃口。它的猎物包括水螅水母、栉水母、小型甲壳类、鱼卵以及其他浮游生物。密集的成群游水母可以迅速吃掉水里的每一种生物。

除了如此熟悉且令人恐惧之外，夜光游水母的生活史还是所有水母中最反常和有趣的一种。它没有水螅形态。在大多数钵水母中，浮浪幼体都会降落在海床上并转化为水螅，然后通过横裂过程制造水母体，但夜光游水母的浮浪幼体会变扁并直接转化为一个碟状幼体，即幼年水母体。整个过程需要大约92个小时：它在前48个小时是用纤毛游泳的浮浪幼体，然后用44个小时变态发育成用肌肉游泳的碟状幼体。

拉丁学名：*Pelagia noctiluca*

中文通用名：夜光游水母

英文俗名：Purple People Eater（“紫色食人者”）、Mauve Stinger（“淡紫蛰刺者”）

系统发育地位：门 刺胞动物门 / 纲 钵水母纲 / 目 旗口水母目

解剖学特征：穹顶状身体长有八只触手和四条带褶皱的口腕；漂亮的淡紫色

水中位置：光合作用带，通常在浅海区，也会出现在远洋

大小：钟状体直径可达6.5厘米

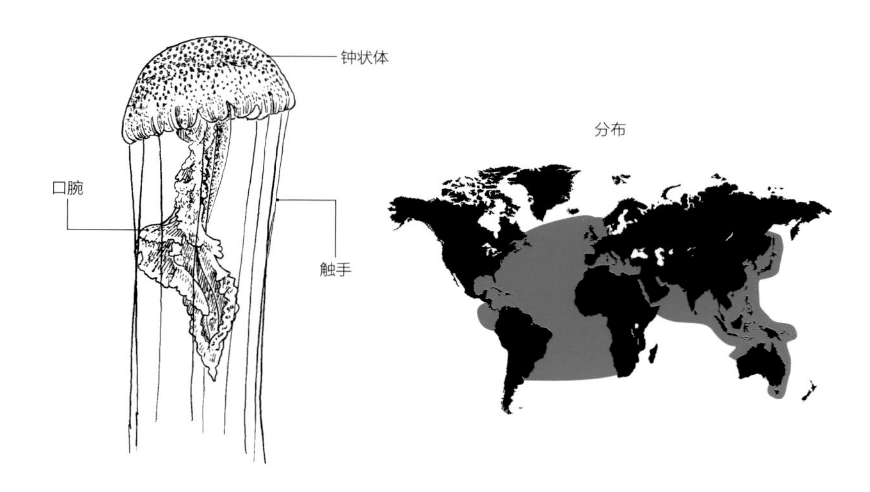

咸水女神

我们通常会认为入侵物种是丑陋的，长着一副险恶的样子。然而咸水女神（*Maeotias marginata*）挑战了这种思维定式。*Maeotias* 属是所有水母中最灿烂、狂野、美丽的种类之一。其钟状体对于一种水螅水母来说算是大的，而且呈几乎完美的半球形——大小和形状都很像半个乒乓球，身体边缘还长着一圈细细的触手，有数百条之多。

伺机而动

它平时趴在水底，用长长的垂唇和敏捷的唇探查水底沉积物，寻找食物。时不时地，出于只有这种水母才知道的原因，它会跳起来并搏动着四处游动。然后在水的中层或者水面附近，它突然停止搏动并开始缓缓下降，所有触手都张开。在恰当的时候，它看上去就像是在空中定格的烟花。

偷渡者

Maeotias 原产里海和黑海，通过船只的压舱水扩散到遥远的地方，包括中国、西欧的地中海和波罗的海，以及美国的切萨皮克湾（Chesapeake Bay）和旧金山湾（San Francisco Bay）。实际上，旧金山河口的上游坐落着一个名叫休松城（Suisun City）的小城。在吉力贝（Jelly Belly）软心豆糖工厂附近的水域，一到夏天就会出现大量这种水母。

考虑到它的入侵性和惊人的美丽，令人惊讶的是，我们对 *Maeotias* 的生物学和生态学仍然知之甚少。不过有趣的是，它常常和其他两种外来水螅虫纲水母一起出现，它们是没那么显眼的指突水母属（*Blackfordia*）和体型微小的米勒氏水母（*Moerisia*）。

拉丁学名：*Maeotias marginata*

中文通用名：咸水女神

英文俗名：Brackish Goddess（“咸水女神”）

系统发育地位：门 刺胞动物门 / 纲 水螅虫纲 / 目 淡水水母目

解剖学特征：半球形，钟状体边缘有许多细触手

水中位置：封闭咸水湾中的浅水区

大小：钟状体直径可达 5 厘米左右

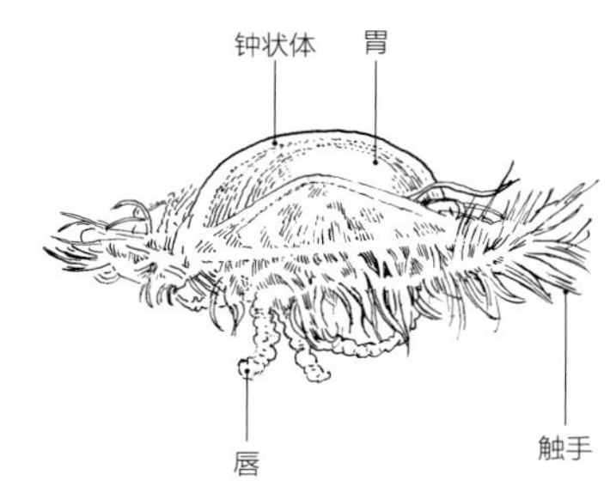

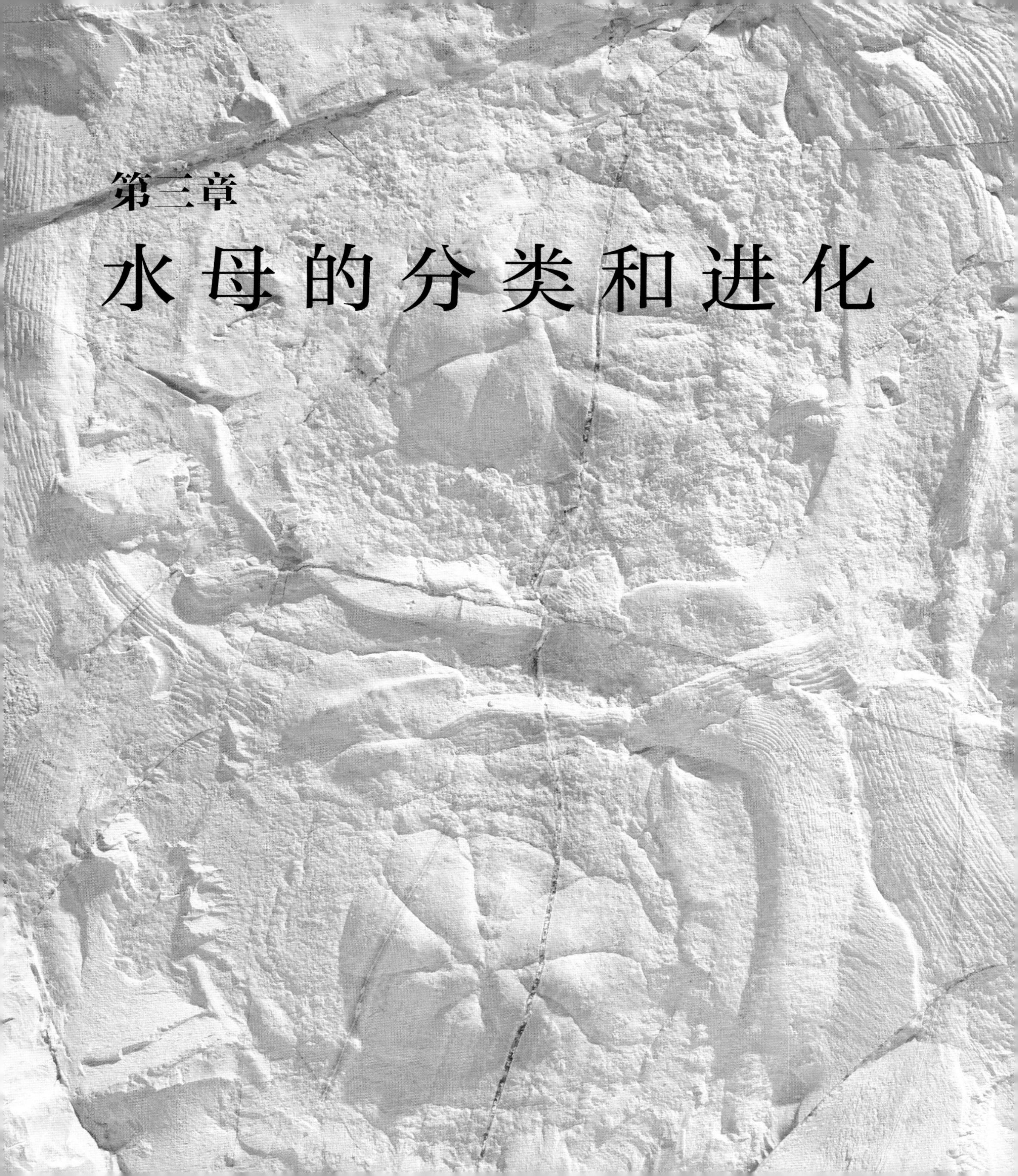

第三章

水母的分类和进化

分类和进化简介

在这一章，我们将通过时间的脉络观察水母的多样性。这个主题包括两个主要研究领域，不但关注这些生物是什么，还关注它们之间的关系。分类学家（Taxonomist）是对物种进行鉴定和分类的科学家，他们解决的是第一个问题。系统分类学家（Systematist）或系统发育学家（Phylogeneticist）解决的是第二个问题，使用DNA和其他比较分析工具理解不同分类群（Taxa，单数为Taxon，某种分类单元如种、属或科）之间的关系，从而确定物种之间是如何相关的。研究人员使用名为进化分支图（Cladogram）或系统发育树（Phylogenetic tree）的分支图（与家族树类似）形象地表示物种之间的假设关系，这个研究领域称为分支分类学（Cladistics）。

凝胶状的透明形态

我们统称为“水母”的生物并不像它们看上去那样相像，尽管这些动物全都有凝胶状的身体，通常是透明的，并漂浮在水中。无论是与鸟和青蛙，或者人和蜥蜴，还是昆虫和龙虾相比，水母在分类地位上（以及生物学和生态学上）的差异要大得多。它们的透明胶状形态是在相似的环境中表现出来的适应性进化，而不是来自共同的祖先。

透明身体被认为是一种进化出来的伪装手段。它也有可能是作为代替色素的更加节省能量的方式进化出来的，因为色素和使用色素的伪装在这样的生存环境中并不重要。远洋中没有角落和裂缝供生物藏匿，尤其是在光线无法穿透的深海。与水母没有亲缘关系的其他海洋生物也会进化出透明的身体，包括甲壳类、乌贼、蠕虫，甚至还有鱼类。

凝胶状身体被认为是一种进化出来的浮力和防卫方式，而且对这些生活在能量来源有限的环境中的动物来说，这是一种更加经济的方式。沉重的骨头或者结实的肉体需要投入额外的能量才能保持漂浮状态，而水母的浮力和自身重力相当，因此非常节省能量。此外，对这种动物而言，制造胶质需要的能量比制造肌肉或骨头少，所以它能制造更多组织而不用耗费太多能量，从而达到更大的尺寸，更不容易被捕食。因此，凝胶状身体不但让水母在它们贫瘠的漂流世界中生存，还能让它们在其中占据优势地位。

科学研究的重要性

我们还在本章探讨了水母的古生物学背景和发展历史。这些生物的化石——虽然它们的存在令人意想不到——实际上构成了我们理解它们进化史的引人入胜的证据库。水母的进化还可以为我们自身的进化提供具有对比意义的视角，比如我们的大脑是如何发育的，以及作为生物体的我们是如何从远古祖先进化而来的。

随着我们对水母的物种和它们在海洋动态中的作用有了更多了解，我们越来越清楚地认识到，分类学和系统发育学是所有其他类型的研究的基础，包括生物学、生态学，以及对水母爆发和蜇刺的防治。分类学能让我们可靠并一致地鉴定和管控问题物种，针对它们进行有意义的交流，而系统发育学让我们在面对尚不了解的物种时，能够根据它们与我们更加熟悉的物种的关系预测它们的特征和行为。

分类学还是科学家与普通大众产生联系的一种独特方式。科学家非常喜欢新物种（他们会很兴奋），而且通过良好的鉴定工具，科学家可以为非科学家提供一种以熟悉且充满意义的方式体验自然及观察其栖居者的方法。这对科学家来说并不是完全无偿的公共服务，作为业余科学家的民众常常成为奇妙发现的耳目。

当我们对水母了解得更多时，另一件或许从根本上更重要的事情也变得越来越清晰：关于这些怪异而神奇的动物，实际上我们知道的东西是那么少。仅仅在过去的20年里，就有数百个新物种及其亲缘关系得到揭示，而且其中的一些发现绝对令人震惊：新的物种，新的科，新的目。在20世纪，最大的无脊椎动物（幽冥金黄水母，见114页）被发现。低等分类群被提升到更高的位置。生命周期的研究将一些本来毫不相干的分类群合而为一，而另一些分类群在进化树上的位置发生了变化。蜇刺可能对人造成致命伤害的已知水母物种的数量从3个增加到20个。然而对于水母和它们的奇异世界，我们只是触及了皮毛，毫无疑问，作出不可思议的发现的机会正等待着好奇的研究者。

图注：分类学和系统发育学研究有助于我们理解并预测复杂的生物学与生态学特征，例如灯水母属（*Carybdea*）的季节性变化以及它的蜇刺的相对严重性。

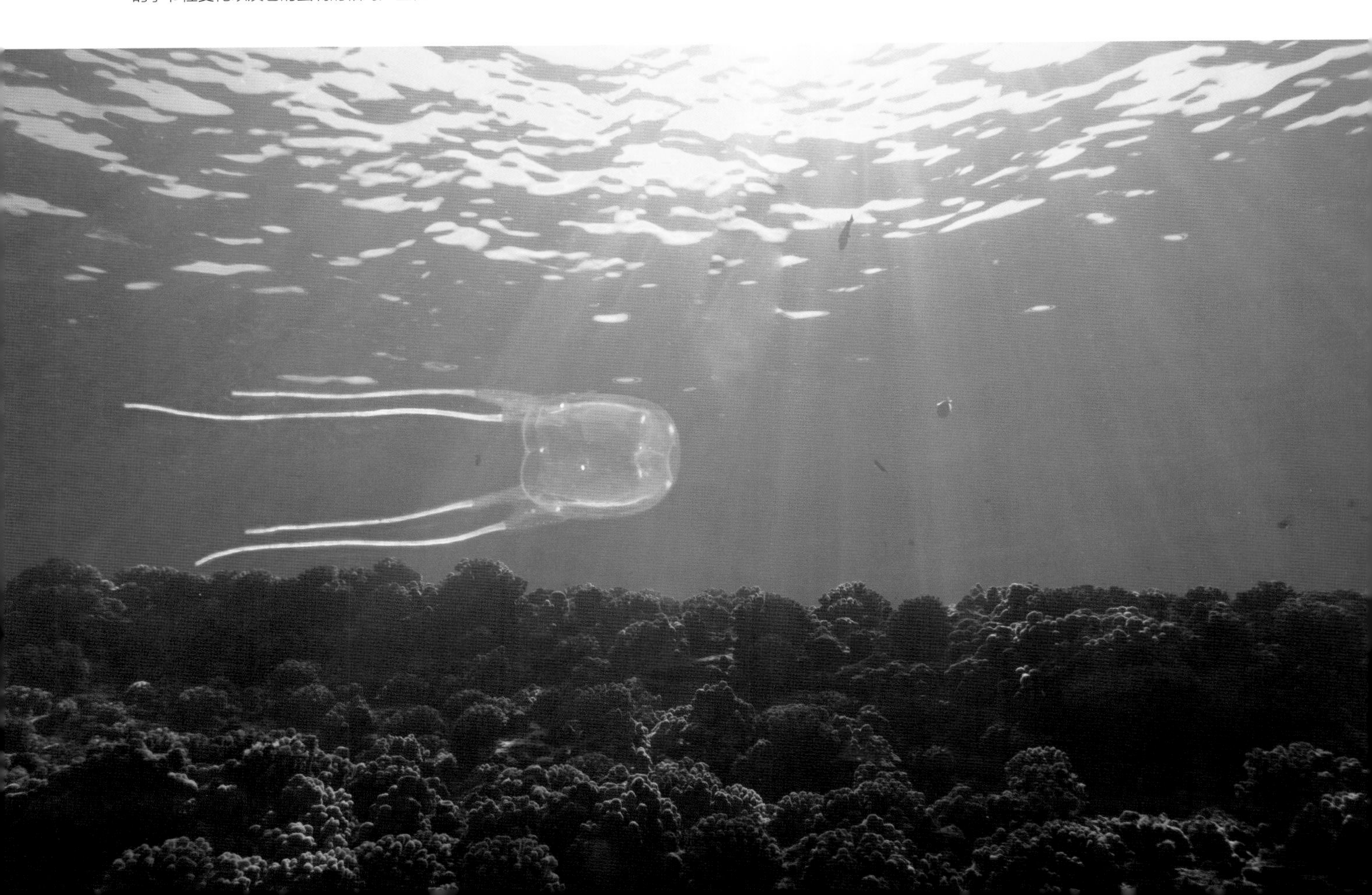

化石记录中的水母

当我们想到化石时，我们会立刻想起巨大、沉重的恐龙骨骼或者石化的树干。很难想象水母这种身体柔软的生物竟然能留下化石，但只要条件适宜，它们的确可以留下化石。水母的化石不会像骨头那样留下自身，相反，它们会留下一个浅浅的印迹，类似脚印。

在化石记录中解读水母的存在需要它们简单身体的某些特征被保留下来。辐射对称性是一个强有力的证据，因为有时候口或生殖器官会留下化石。同心对称性也是一个证据，不过有时它可能源自其他类型的动物或植物。有时在超精细的沉积结构中会留下触手或栉板带的化石。不过令人惊讶的是，至今尚未发现樽海鞘的化石。

前寒武纪的水母

被广泛接受的最古老的水母化石来自埃迪卡拉纪（Ediacaran），前寒武纪（Precambrian Era）最后的一段时期，持续到大约5.85亿年前。这段时期的名字来自这些化石首先被发现的地点，即澳大利亚的埃迪卡拉山（Ediacara Hills）。此后，俄罗斯白海沿线、纽芬兰的海滨断崖以及纳米比亚的山区都陆续发现了类似的化石。比埃迪卡拉纪更早的化石仍然处于争论当中（见126页）。

当埃迪卡拉纪化石在1946年被发现时，它们当中有许多一开始就被解读为水母。其中的一些后来被重新解读为其他生命形式。不过仍然有一些是早期水母的精彩范例。

两个物种尤其值得一提。*Conomedusites lobatus*是一种小型化石，和生活在今天的冠水母如盖缘水母属（*Periphylla*，见166页）和环冠水母属

图注：化石的解读并不总是直截了当的。这块令人惊叹的化石名为*Paleophragmodictya*，被认为是一种海绵。它与海绵、水母拥有共同的特征，这说明我们对早期动物进化方面的理解仍然十分粗浅。

图注： 威斯康星州的一个砂岩采石场（左上）是一个未命名且未分类的化石水母物种（右上）出土的地方。数千只水母搁浅在 7 个连续的层理面上，为远古水母的爆发提供了独一无二的视角。它们为了逃走，用它们的肌肉拼命挖掘身体下的沙子，因而创造出了一种独特的图案——一个填满沙子的口环绕着多个同心圆，让我们能够在大约 5 亿年后认出它们。

（*Atolla*，见168页）极为相似 。*Albumares brunsae* 是另一种小型化石，它与海月水母（见130页）相似，拥有几乎相同的辐水管分支，然而，*Albumares* 的身体表现为三分对称而不是四分对称。

寒武纪的水母

前寒武纪结束得非常突然，接踵而至的就是进化中的一次“大爆炸”，即寒武纪大爆发。经过地质学上不算长的一段时间之后就进入了晚寒武世（Late Cambrian Period），在这一时期，大量水母在如今的威斯康星州（Wisconsin）的砂岩层叠面中搁浅并形成化石。

20 世纪 80 年代，古生物学家在中国云南省有了令人震惊的发现——澄江泥页岩地层，形成于大约 5.2 亿年前从早寒武世（Early Cambrian Period）到中寒武世（Middle Cambrian Period）的一个地层。这个非凡的化石遗址以发掘出的极为精细的软体动物化石闻名。虽然栉水母在其他地方也偶有发现，但仅是这里目前就发现了三个栉水母物种。其他几处保存状况非常完好的化石遗址中也有水母。

距今更近年代的水母

寒武纪大爆发 2 亿多年之后，箱水母和其他软体动物开始在细腻的铁矿石沉积结构中留下化石。位于如今的伊利诺伊州（Illinois）北部的马荣溪（Mazon Creek）地层含有的物种来自大约 3 亿年前的石炭纪（Carboniferous Period）的中宾夕法尼亚世（Mid-Pennsylvanian Epoch）。这些水母体在形成化石时保留了许多精致的细节，使我们能看出它们的许多结构。如果它们活到现在，会被认为和任何其他水母都一样。

位于西班牙东北部加泰罗尼亚地区的 Montral-Alcover 地层是另一个保存得非常完好的化石遗址，它来自大约 2.35 亿年前的中三叠世（Middle Triassic）至晚三叠世（Upper Triassic）的晚拉丁期（Late Ladinian Age）。其中有两个物种和生活在今天的水螅虫纲水母（例如维多利亚多管发光水母，见 198 页）拥有惊人的相似性，而 1/3 的物种没有与之相当的现代物种，但仍被解读为水母。

更年轻的是德国巴伐利亚州的索伦霍芬（Solnhöfen）地层，这处遗址因发现了已知最早的鸟类化石始祖鸟（*Archaeopteryx*）而闻名。这个遗址还包含几个水母物种，包括与今天的鲸脂水母十分相似的结构完好的大型种类。这些水母是在大约 1.55 亿年前的晚侏罗世（Late Jurassic Period）被掩埋于此的。

有趣的是，所有这些形态都和生活在今天的水母物种几乎别无二致，这说明水母作为一种成功的生命形式，在将近 6 亿年的时间里都没有发生太大的变化。

对称性变异

水母亚门的重要特征之一是它的成员的身体都是四分对称的。然而，正如自然界的众多事物一样，规则总是存在例外。某些物种和科以六分对称或八分对称为常态。即便是通常为四分对称的物种，在大多数野生种群中也有大约 2% 的个体在对称性上表现出差异，通常是一分对称到八分对称的任意形态。关于水母的一件非常奇怪的事情是，它们的克隆不总是完全相同的：我们观察到的自由游动的“个体”是其他类型“个体”的同一批克隆，因为有这些差异表达，所以自身克隆的概念就变得含糊起来了。

在实验室进行的饲养实验表明，水母的一只水螅可以出芽长出不同对称性的水母体。某个水母体的对称性会在它的发育过程中决定下来，但并不会在克隆中保持一致。因此，一只水螅可以同时产生四分对称、五分对称和六分对称的水母体。这些属于同一批克隆的个体拥有相同的遗传背景，但是在形态学上却绝不相同。实际上它们的样子是如此不同，以至于表现出对称性变异的个体有时会被错误地分类为不同的物种。更有趣的是，随着一些水螅体继续出芽生长新的水螅体和水母体，它们的对称性表达会越来越不稳定，在后来的连续克隆中制造更高比例的非四分对称水母体。

我们通常认为克隆保持原貌，有性生殖导致变异发生，然而在水母中却不是这么回事。当这些水母进行有性生殖时，越来越不稳定的对称性表达会重置到更典型的比例。隐藏在这种现象背后的遗传机制目前尚不明确。

图注：水母的同一批克隆可能表现为不同的对称性和性别。例如，在海月水母属物种（*Aurelia* spp.）中，一次横裂（一种特殊的出芽方式）克隆事件会产生从一分到八分的对称性，例如这里展示的三分、四分和七分。

对称性和生存

对称性的变异还蕴含着有趣的潜在进化意义。在野生种群中，最常见的非四分对称性表达是六分对称，然后依次是五分对称和三分对称。许多前寒武纪的辐射对称生物都是三分对称的。含氧量是与这种现象有关的一个可能的原因。

在前寒武纪晚期，氧气水平——无论是大气中的还是溶解在海洋中的——比现在低得多。活体生物需要氧气驱动自身细胞的生命过程。对水母的研究提供了看待早期对称性表达的生态学的视角。在实验室进行的观察表明，对称性较高的水母的搏动频率比对称性较低的水母更高。换句话说，与拥有四个胃和八个感觉器官（平衡棒）的水母体相比，拥有六个胃和十二个感觉器官（平衡棒）的水母体搏动的次数多得多，因此会消耗更多的能量。消耗更多能量需要摄入更多氧气，而在氧气有限的环境下，这种需求可能意味着死亡。

不过较低的对称性也会带来劣势。对称性较高的水母拥有更多生殖器官。更多生殖腺意味着更多精子或卵子，在其他条件都一样的情况下，制造它们需要消耗更多的能量，但是也意味着留下大量后代的可能性变得更大。

如今氧气不是问题，但食物是。在食物有限的环境中，消耗太多能量的水母体很容易饿死，而它消耗能量较少的同胞则会生存下来。在食物充足的环境中，与繁殖能力较弱的水母体相比，拥有更强繁殖能力的水母体拥有更大的进化优势。

物种生存面临的重大挑战之一是应对未来可能出现的生态环境变化。形态学或行为模式上的微小差异背后的遗传变异会让某一个体在生存竞争中胜过另一个体。那些生存下来的个体才会留下后代。

通过出芽一系列不同的对称性，水母似乎解决了这个关于不确定未来的两难困境——无论这种不确定性表现在氧气上还是食物供应上。由于来自同一水螅的克隆拥有同样的遗传基因，因此哪些个体留下后代并不重要，只要有个体留下后代就可以。

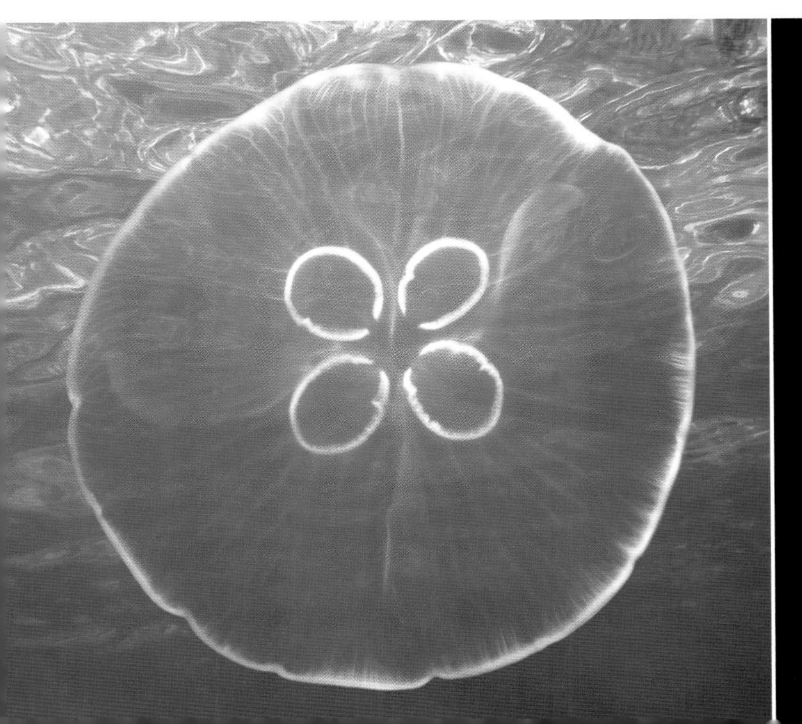

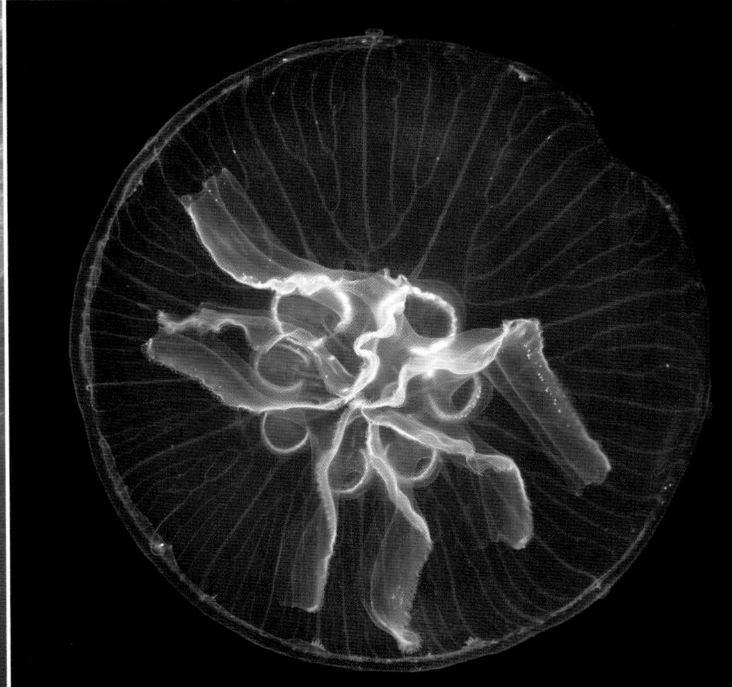

进化关系

在理解进化的科学探索中，水母提供了通向早期动物生命的重要链条。通过理解水母类群的内部和外部关系，我们可以更好地解决某些悬而未决的进化问题。其中一个问题集中于刺胞动物门的进化。先出现的是水螅体还是水母体？这个问题已经被争论了一百多年，直到最近才在 DNA 分析的帮助下变得可以解决。

刺胞动物门的内部关系

在很长一段时间里，刺胞动物门由三个在进化上平等的纲构成：包括海葵和珊瑚的珊瑚纲（Anthozoa），包括水水母和管水母在内的水螅虫纲，以及被称为真水母的钵水母纲。珊瑚纲成员在整个生命周期里都是水螅，而水母亚门的水螅虫纲和钵水母纲一般拥有水螅体与水母体两个阶段。一些研究者提出，水母体的神经系统比珊瑚和海葵更复杂，这是珊瑚纲处于更原始状态的证据。另外一些学者提出了反对意见，他们认为大多数水母亚门的成员拥有大的水母体和小的水螅体，而且在整体形态上比珊瑚纲成员简单，这是水母体更原始的证据。最近的基因组研究支持先有珊瑚纲的假设，从而认为先有水螅体，再有水母体。

这个进化学结论有很大一部分来自对从前规定的这三个纲内部关系的厘清。在过去两百年科学史中的大部分时间里，钵水母纲都被规定为除了水螅虫纲之外所有拥有水母体的类群。箱水母曾经属于钵水母纲，但是由于其独特的水螅体特征和变态发育过程，它们在 1975 年被抽离出来，放入独立的立方水母纲。十字水母之前也在钵水母纲中，但是在经过形态学和 DNA 分析之后，它们在 2004 年被放入自己专有的类群——十字水母纲。最近，有学者建议将冠水母[冠水母目（Coronatae），目前属于钵水母纲]也拿出来成立一个纲。

这样的话，钵水母纲里就只剩下了旗口水母目

（Semaeostomeae；海月水母、海荨麻及其近缘物种）和根口水母目（Rhizostomeae；鲸脂水母），然而根口水母目的分类也是脆弱的，该目下属的两个主要类群如今看起来是人工分类的结果，它们看上去很相似，但实际上并不是彼此亲缘关系最近的类群。这种类群是多源的（Polyphyletic；poly = “多个”，phyletic = 进化起源）。其他我们更熟悉的多源类群包括飞行动物（鸟类、蝙蝠和昆虫），甚至是“水母”这个类群（包括三个本来不相关的门的成员）。

水母和其他生命形式之间的关系

另一个长期存在的进化学问题是低等动物类群的分支次序，如刺胞动物、栉水母、海绵和蠕虫等。根据历史传统，动物进化树以海绵作为基础，先分支出刺胞动物，然后依次是栉水母、蠕虫等。人类被认为处于这棵进化树的顶端，是进化的顶点。

然而不同的 DNA 研究将栉水母门放置到了与刺胞动物门不同的相对位置上。一些研究将栉水母和刺胞动物归为一大类，是两侧对称动物（身体两侧对称的动物，即从蠕虫到人类的所有比较高等的动物）的姊妹群。另外一些研究将栉水母与两侧对称动物归为一大类，是刺胞动物的分支。最近的一项研究表明栉水母门比刺胞动物门更古老，这有些难以理解，因为与后者相比，前者拥有更复杂的结构和发育过程。这说明仅仅通过一些片段理解全面情况是很困难的：一个基因得到的结果可能和另一个基因完全不同。未来针对全基因组的研究会为这些问题提供更令人满意的答案。

各门内的纲、目和科的关系也正在得到重新解读。例如传统观念认为一个目内所有科在等级上都是平等的，如今这种观念正在消除。对 DNA 的比较使我们能够比较哪些类群比其他类群更古老，而比较高级的研究往往让情况变得更复杂：一个基因给出的答案往往和另一个基因的完全不同。不过在通往彻底理解与我们共享一个地球的生物的关系的道路上，每个研究都让我们向前走了一步。

图注（左）： 这幅平版印刷的水母插图的原始草稿是恩斯特·海克尔（Ernst Haeckel）绘制的，他提出了著名的个体发育概括系统发育的观点，就是说一种生物的发育阶段会经历自己祖先的形态。

图注（右上）： 19 世纪的伟大探索远征发现了数量庞大的新物种，促成了许多新的理解。英国皇家舰艇“挑战者号”上的这些人正在为分类学家和进化哲学家恩斯特·海克尔采集水母。

樽海鞘及其近缘物种的进化模式

虽然我们将樽海鞘或者说浮游被囊动物以及它们的一些近亲归入“水母”这个类群，但这是一个完全非自然的分类，或者说是多源的分类。我们统称为水母的物种是通过类似的生活方式进化得彼此相似的，而不是因为拥有共同的祖先。与其他我们更熟悉的水母如水母体、栉水母和管水母一样，樽海鞘通常是透明的，拥有柔软的凝胶状身体，但相似之处仅此而已。

脊索动物门

我们在前面已经提到，樽海鞘和我们同属一个门（脊索动物门），所以它们和人类的关系比和其他水母类群的关系更近。我们和樽海鞘拥有一些关键的共同胚胎特征，例如脊索、脊椎的进化和发育前导。因为身体上覆盖着被膜状的纤维素结构，所以它们属于被囊亚门（Tunicata），这个亚门包括尾海鞘类、海鞘类、海樽、樽海鞘和火体虫。被囊亚门似乎是脊椎动物亚门（Vertebrata；有脊椎的动物）的姊妹群，后者包括人类。这意味着被囊动物和脊椎动物拥有最近的共同祖先。然而，如果只是将樽海鞘视为我们的祖先或表亲，那么我们对这个最复杂且有趣的类群的看法就太简单化了。

被囊亚门的内部关系

虽然固着（而非自由漂浮）海鞘类最先出现在早寒武世的化石记录中，但其中没有发现显著的被囊形态——樽海鞘和火体虫。这一点特别奇怪，因为樽海鞘和火体虫的身体往往比水母体更结实，而这一时期发现了许多水母体的化石。更令人惊讶的是，在中国的早寒武世页岩层中已经发现了微小且易碎的尾海鞘类的化石。俗称蝌蚪被囊动物（Tadpole tunicates，见 82 页）的尾海鞘类是进化中的异端。顾名思义，它们的身体是蝌蚪形的。实际上，成熟尾海鞘类拥有和大多数其他被囊动物的幼体类似的外

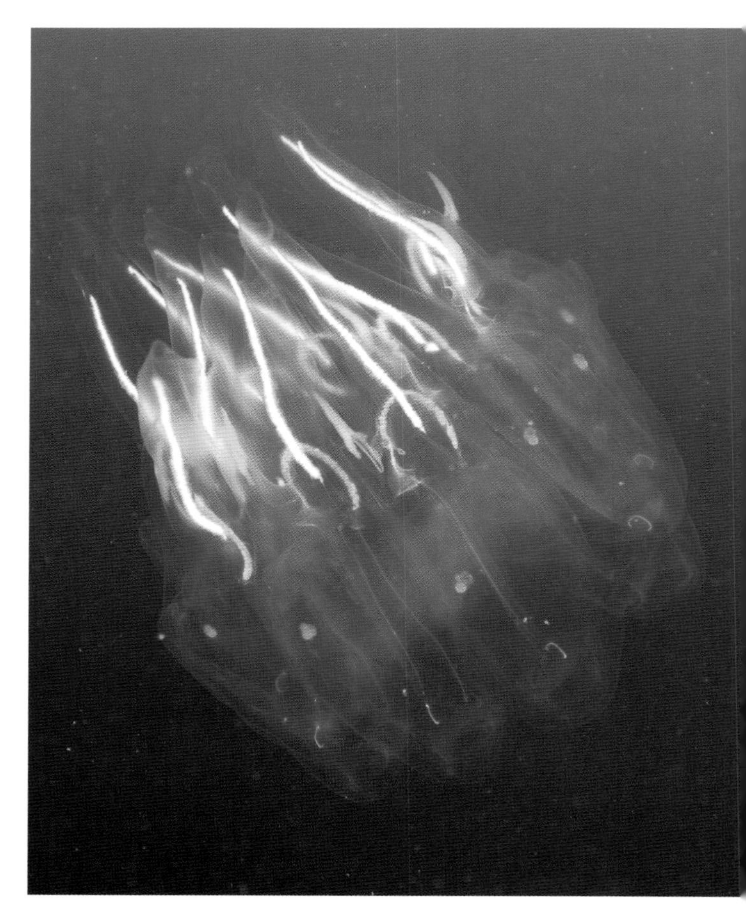

图注：看着樽海鞘的样子，可能很难想象它们与我们的关系比与其他水母的关系更近，但它们的胚胎特征、微小的脑和原始的心脏出卖了它们。

貌。这种幼体特征在成年形态中的保留称为幼态持续。

最近的 DNA 分析显示，尾海鞘类是被囊亚门中最古老的形态，而且是所有其他被囊动物的姊妹群。沿着进化树向上，海鞘类比其他群体浮游形态——如樽海鞘、火体虫和海樽类——都古老。樽海鞘似乎是所有被囊动物中进化程度最高的。

图注：*Pegea* 属樽海鞘的聚集阶段形成一条旋涡状长链，与轮式樽海鞘的轮状群体不同（左）。大多数其他樽海鞘物种形成的是更简单的直链。

樽海鞘的群体形态

樽海鞘进化中的另一个有趣的模式是两种截然不同的群体生长形态的区别：线性樽海鞘和轮式樽海鞘（见 128 页）。大多数樽海鞘物种会在群体聚集阶段形成线性链条。这些个体（群体的成员）有的并排相连，而在其他物种中个体通常头尾相连或者呈人字形相连，在中轴两侧分支生长。轮式樽海鞘则由个体组合成轮状，个体有长柄或茎，就像辐条一样连接在车轮的中心。

即使只有独立个体，也很容易区分这两种形态的樽海鞘，因为线性樽海鞘的独立形态和聚集形态都有明显的球形肠胃，位于身体后端附近，而在轮式樽海鞘中，肠胃要么沿着身体排列成长条状（个体阶段），要么呈马蹄状出现在身体后端附近（聚集阶段）。最近的研究比较了这两个类群的 DNA，显示轮式樽海鞘是从其他樽海鞘中分离出来的，这意味着它们是比其他樽海鞘的进化程度更高的形态。

樽海鞘研究

由于在系统发育关系上是距离脊椎动物最近的常见无脊椎动物祖先，樽海鞘及其近缘物种同时引起了进化生物学家和发育生物学家的强烈兴趣。对我们的大脑和脊柱等重要结构的形成以及关键发育阶段如胚胎阶段的研究，可以帮助我们更好地理解我们是如何成为我们的。樽海鞘的脑并没有那么原始，虽然看上去不过是一个小小的神经节或者一团神经细胞，然而它是对称的，并且表现出高度分区，在一定程度上类似其他脊索动物的中枢神经系统结构。因此，对这些生物的发育研究对了解我们自身的进化很有参考意义。

水母中的物种概念

我们一般认为一个物种是一群长相类似的动物，它们之间可以自然交配繁殖，但无法和自身类群之外的其他动物繁殖。对于拥有大量特征和很容易观察的繁殖习性的动物，如鸟类和哺乳动物，这个概念可能非常适用，但是水母挑战了这些想法。水母是形态特征很少的简单生物，同时由于其起源非常古老，所以其隐藏多样性的潜力很大。如何使用相对较少的信息划分类群是数百年来分类学家们一直在追问的问题。

为了划分和识别物种，一系列的物种概念已经得到定义。在一个类群内建立起的概念框架常常不适用于另一个类群。以群内交配为指标的方法称为生物学物种概念（Biological Species Concept，简称 BSC），这种概念极少用于杂交现象十分普遍的低等动物和植物。在区分大多数无脊椎动物时，采用的标准是形态学物种概念（Morphological Species Concept，简称 MSC）。

形态学物种概念

在形态学物种概念中，物种的鉴定和识别标准基于生物体的结构特征。对不同特征的强调会随时间发生变化（见“分类学趋势”，110—111 页），但统一的观念是，鉴定以可观测的形态性状为基础。形态学物种概念的一大优势在于操纵简单，不需要昂贵的设备或者幸运的时机。

形态学物种概念来自历史实践，传统上是分类学家唯一可用的工具。在 18 世纪和 19 世纪，物种通常被认为拥有某种“本质”，而这些本质是由一或两个关键特征决定的。任何拥有相同本质的动物都会被认为是同一个物种，而缺乏这种本质的会被认为是别的物种。这种本质依据的特征在我们今天看来常常

是属或科级别的特征，甚至是没有任何分类学意义的特征。如今，形态学物种概念仍在使用，但受到关注的焦点已经扩展到了整个动物体的全部特征。

然而，形态学物种概念存在固有的深刻局限，尤其是对于构造简单的生物，如许多水母。在形态性状非常少的物种中，遗传和生态多样性的很大一部分会被忽视。本书涉及的许多物种的多样性都比此前人们意识到的复杂得多。

遗传学物种概念

在过去的几十年里，遗传学已经成为理解物种之间进化关系和帮助寻找隐蔽物种的强有力的工具。根据遗传组成区分物种的遗传学物种概念（Genetic Species Concept，简称 GSC）似乎是解决隐藏多样性的显而易见的答案。然而，对于许多水母的属和科，我们所知的太少，不足以得到任何有意义的结论。水螅虫纲的薮枝螅属（见 204 页）包含大约 100 个得到描述的种，但一位 20 世纪末的研究人员认为只有 4 个是有效的，因为他无法区分剩余的种。这种情况很明显是遗传学的用武之地。然而，所有水母中超过 90% 的物种无法提取到 DNA，包括薮枝螅属。对 DNA 进行采集和测序需要付出很高的成本。

最近学术界在推动使用短基因标记构建物种鉴定“条形码”系统。就像超市的扫码机能够检测出每件商品独一无二的条形码一样，物种条形码也能够实现对物种的快速鉴定。条形码技术在形态学失效的情况下特别有用，例如在识别胃内容物或粪便样本中的物种时，以及在鉴定形态简单的物种如水母时。然而，如果被检测的物种与已知“条形码”都对不上的话，检测就失败了。

遗传学物种概念也有它的局限性，这种局限性表现得更有哲学意味。物种概念的实用性体现在，一旦某个物种根据这个概念得到描述，其他人就能使用这种描述鉴定它。想象一下我们走进一片森林四处观看时的体验，看到我们认识的松树、蕨类、松鼠、鸫鹟和其他生物时，我们会体验到一种令人愉悦的熟悉之感。无论我们使用俗名还是拉丁学名鉴定这些生物，它们对我们来说都是熟悉的，是可识别的实体。如果走进一片森林需要使用 DNA 测序才能鉴别生物种类的话，我们大多数人会很快失去兴趣。遗传鉴定超出了大多数人甚至大多数科学家的能力，所以它在操作上的可用性较低。

图注：历史上，不同形态的海月水母都被当作同一个物种。来自欧洲的海月水母（*Aurelia aurita*；最左）是形态最简单，也是最先被发现的。来自北美太平洋海岸的 *Aurelia labiata*（中）的不同之处是拥有大且呈肉质的垂唇（相当于咽），钟状体边缘的扇形边也更精致。来自北极地区的棕缘海月水母（*Aurelia limbata*；左）在钟状体边缘长着一圈绝不会认错的棕色色素。

生命阶段和分类学

刺胞动物门和栉水母门的水母都拥有浮游（漂流在水中）与底栖（固着在水底）形态。在有些情况下，这些形态是不同的物种，但是在刺胞动物门内，它们在很多时候是同一物种的不同生命阶段。虽然这听上去似乎非常陌生，但是有一类熟悉的动物与之类似，那就是蝴蝶。蝴蝶会飞，但是在毛虫阶段，它们只会爬行。这种底栖/浮游双重形态的存在让水母成为有趣且富于挑战的研究对象。

水螅体和水母体的分类

从科学史的发端直到最近，刺胞动物门的水螅体和水母体都是单独分类的，尽管它们是相同物种的不同形态。水螅虫纲使用的是两套完全不同的分类系统：水螅虫纲的水母体被划分为五个纲，而水螅虫则只有两个纲。专家们有的研究底栖形态，有的研究浮游形态，很少有人同时研究两者。虽然这两套系统近些年来融合成了一套，但是由此带来的惯例和非惯例做法仍然给我们留下了一些异常之处。

例如，按照惯例，动物学家只给成年（性成熟）形态分类。这是说得通的，因为许多物种有多个幼体阶段，这些阶段彼此之间以及与成年形态之间常常并不相似。然而，动物学家还有一条优先性原则，即如果同一个物种得到了两次命名，那么最早提出的学名才是有效学名。不幸的是，对于水螅体和水母体，这有时候意味着确立已久的水母体的名字会被相对少有人知但更早的水螅体名字取代，从而造成混乱。

另一个不同寻常的做法是有意设计名为 Bucket

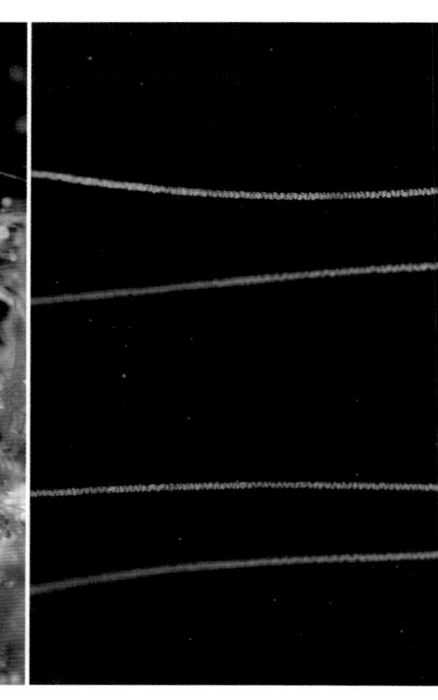

（“桶”）的分类群，将生活史尚不明确的水螅体或年幼水母体放在里面，等待确认它们成熟个体的身份。这个分类单位的确立本来应该以某种真实且持久的东西作为基础，然而，这种暂时搁置的做法在分类学上就相当于厨房里的杂物抽屉，不管什么都一股脑往里放。

对水螅体和水母体的管控

水螅体和水母体之间的功能划分还表现在对它们的管控上。例如，我们关于水母爆发的知识、数据和目前的研究全都集中在水母体上，几乎没有例外。我们观察在特定的时间和地点出现多少水母体，水母体导致什么问题，以及如何清除这些水母体。当然，危机发生的时候我们观察到的就是水母体阶段。然而现在越来越明显的是，水螅体阶段不仅在水母爆发时起到种子库的作用，也是短命的水母体死亡之后的长期组成部分。

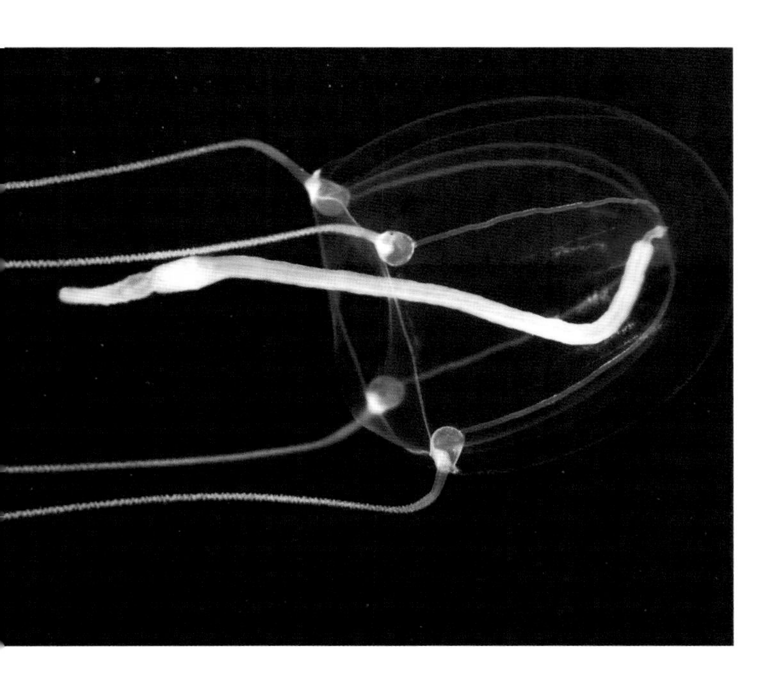

理解水母物种需要理解所有生命阶段，就像老生常谈中的鸡和蛋一样，任何分离水母体与水螅体的尝试都是毫无帮助的。虽然水母体可以比作鸡，但水螅体却相当于好多蛋，而不是一个蛋。一个水螅虫（水螅虫纲的水螅体）的一小块片段就能滋生出一个全新的群体。每个水螅体都可以产生许多水母体。与此同时，一个水母体也能释放数千个后代，而且可以漂流到新的地点，扩大水母爆发的范围。实际上，水母在某个区域的每次连续爆发都能扩张它们自己的地理覆盖范围。

水螅体对水母爆发的贡献还存在有趣的另一面。由于水螅体的存在，从可收获性上看，水母是一种非常完美的渔业资源。当一条鱼、一只海龟或一头鲸从某个生态系统中消失的时候——无论是因为自然因素还是因为渔业捕捞，故事就结束了，它的所有繁殖能力（它的全部潜在后代）都将不复存在。对于这些脊椎动物，身体离开海洋和繁殖能力终止之间是一对一的关系，但水母并非如此。由于水母体来自水螅体，而水螅体一直存在并出芽产生更多基因完全相同的水母体——当然还有更多相同的水螅体，后者又会出芽产生更多水母体，所以将一只水母体从海洋中取出并不与繁殖能力的损失构成一对一的关系。让它们成为可再生资源的不是它们的繁殖，而是它们的克隆。我们将在第四章和第五章详细讨论水母的爆发。

图注：许多水母物种拥有形态极为不同的底栖和浮游阶段，曾被归入不同的物种、科和目。长管水母属（*Sarsia*）就是个很好的例子。水螅体（最左）会在珊瑚礁和人造结构上密集群居，而水母体（左）会形成短暂的爆发。近几十年来，对生命周期的研究将水螅体和水母体连接了起来。

分类学趋势

250 年前，人类只认识 15 个水母物种。它们被归入两个属：一个是 *Medusa* 属，里面放入了 11 个水母体和栉水母物种；另一个是 *Holothuria* 属，里面是僧帽水母和 3 个樽海鞘物种。它们全都被归入软体动物。如今，我们认识大约 4 000 个水母亚门（钵水母纲、立方水母纲、十字水母纲和包括管水母在内的水螅虫纲）的物种，此外还有大约 100 个栉水母物种和 110 个樽海鞘及其近缘物种。这些生物横跨 3 个门、8 个纲和 27 个目。

历史趋势

按照约定俗成的说法，所有动物学分类都始于 1758 年。瑞典植物学家、内科医生和动物学家卡尔·冯·林奈（Carl von Linné）创造了我们至今仍在使用的双名法分类系统——他还将自己的名字拉丁化成了 Carolus Linnaeus，并且据说他根据他本人描述了智人（*Homo sapiens*）。在将属名和种加词这两个名字安在每种生物身上之前，生物的学术名称都是描述性的，长而笨重。例如俗称地中海箱水母（Mediterranean Box Jellyfish）的物种现在的学名是 *Carybdea marsupialis*，而它此前的学名是 *Urtica soluta marsupium referens*。有些名字甚至更长。从 15 个物种到数千个物种的发展途径充满了迂回曲折之处。

林奈之后的 150 年是大探险的时代，人们纷纷踏上远征，四处开辟旅行路线，占领土地，攫取财富。它还是分类学大发展的时代。数千个物种得到描述，其中有许多此后再也没有被发现，至今仍未被认可。有些已经不再被承认为有效物种了。许多物种被重复描述。重复的部分原因是缺乏交流，在世界某个角落的某个人对一个物种进行了分类，却不知道它已经在别的地方得到了别人的分类。

在这个发现的时代，让情况变得更复杂的另一个因素与物种的确认和定义的标准有关。“什么是物

图注：在如今已知的将近 4 000 个水母物种中，有许多物种彼此一点也不相像。水螅虫纲就是一个例子。多管水母属（*Aequorea*；下）呈圆盘形，生殖腺长在循环系统上。灯塔水母属（*Turritopsis*；中左）呈顶针状，生殖腺长在胃上。银币水母属（*Porpita*；中右）是一个生长在漂浮角质化圆盘下面的水螅群体。筐水母属（*Solmundella*；最右）拥有小囊里的生殖腺和两只昆虫触角般的触手。

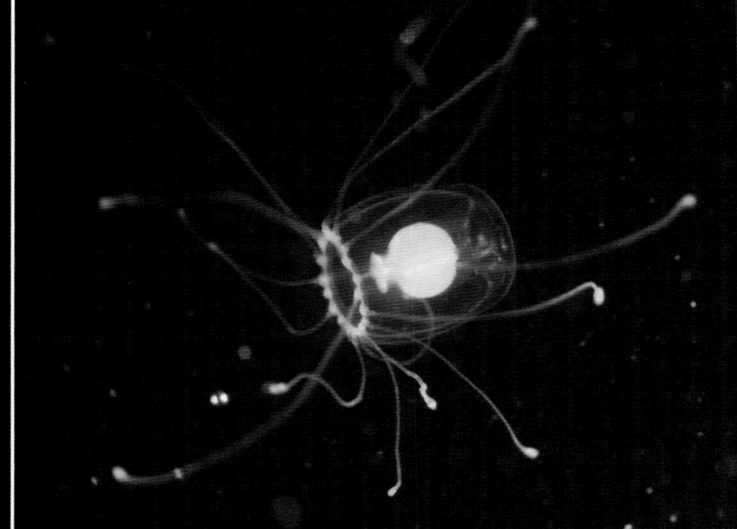

种？”这个问题看上去直截了当，但历史证明并非如此（见“水母中的物种概念”，106—107 页）。在过去的 250 年的大部分时间里，人们关注的焦点是所谓的物种的本质，这种方法常常忽视真正的多样性。虽然现在使用的是不同的标准，但是此前的基础给了我们许多如今我们十分了解的物种，而更多物种正在出现。

后林奈时代蓬勃发展的对水母的兴趣和关注还产生了另一个重要的作用：细致谨慎的观察带来了数百卷出版信息。哪怕是解剖学中最小的方面也得到了研究。生理学得到了大力发展。繁殖和生长得到了详细的观察。我们今天所知道的关于水母——以及许多其他生物——的知识有很大一部分来自这个时代的认真研究。遗憾的是，研究者们极少有时间、有学术自由或者能得到足够的资助，让这些关于物种或它们的生物学的详细观察更长久一些。

20 世纪初，这种趋势发生了转向，许多物种由于拥有特定关键性状而被合并。这些关键性状是专家定义的性状。许多此前命名的物种由于描述不足或模糊而无法识别，也在这个时期被清除了。

现代水母分类学研究

20 世纪中期标志着水母分类学现代时代的开始。如今的趋势是根据整体特征识别物种，而且某些特征的权重比其他特征大。例如，在某些水母类群中，触手的数量具有特征性，而在其他类群中，触手数量变化很大，因此不是可靠的鉴定特征。类似地，生殖器官的形状通常被认为拥有高度分类学价值，而体表质感常常不那么重要——除非它是某种复杂而独特的形态。

虽然分类学趋势起起伏伏，物种时聚时散，但物种那令人着迷的多样性一直没变。水母穷尽了想象力的范围：它们可能很大，也可能很小；呈现蔚蓝色、柠檬黄色、各种红色、紫色或银色；致命或无害；碟形，箱形，又长又黏又刺人，或者像蝙蝠侠的标志。然而，通过包括分支分类学和分子分析在内的现代分析方法，可以很清楚地看出水母真正的多样性被严重低估了。许多令人惊讶的新物种的发现——甚至是在人口稠密的滨海区域——说明在理解这些不同寻常的动物上，我们才刚刚触及皮毛。只要发现并进行分类，我们就可以开始探索它们各自的特征和习性。

分类学和系统发育学的整合

出于本能，我们想要鉴定物种；出于科学，我们想要理解它们的进化关系。然而即便是如今有了分子分析这样的工具，这两种活动仍然存在着固有的不协调之处。当我们在野外指南中查看物种，或者使用二叉式检索表鉴定它们，或者给它们分类的时候，我们作决定的基础是一个物种如何区别于另一个物种。但是当我们试图比较它们的 DNA 或者理解它们的进化关系时，我们的决定基于它们共同拥有的特点。这两种不同的方法会导致混乱。

每个物种在它最早的阶段都源自另一个物种。随着物种的进化，有时会产生重大的变化，使它们的外表和功能不再类似自己的祖先。于是它们就成了我们今天所说的更高等的分类类群。达尔文在《物种起源》中写道："生命如是之观，何等壮丽恢宏。"如果所有后代都和先辈完全一样，那么今天的我们就和细菌长得一样了。

两套系统

系统发育学家——研究物种和它们的关系的科学家——使用两种基本工具表达这些概念。分类系统使用等级列表追踪物种的名字和身份，而系统发育系统使用家谱树理解物种之间的关系。这两个系统并不是彼此竞争的关系，它们告诉我们不同的事情，是相辅相成的。查尔斯・达尔文将进化描述为"经过修饰的继承"。我们在来自共同基因的相似性上看到了继承的部分，而在来自突变和其他改变的差异中看到了修饰的部分。

大多数学者致力于构建"自然的"生物名称层级，这些名称应该能够反映进化起源和关系。遗憾的是，我们至今仍对众多的生物类群的进化史知之甚少，因此，我们目前使用的命名层级仍然是且无可避免地是"人工的"。例如，如果一个目的生物被发现起源自另一个目或科，那么分类系统会进行相应的调整，将祖先提升到更高的分类学等级，或者将后代降低到更低的等级。

一个常见的例子是爬行动物和鸟类。很久之前，爬行动物在动物学研究中被认为是一个冠群——也就是说，它们没有进化出其他"有重大差异的类群"。它们全都趴在地上爬行，而它们之所以进化成这样，是因为它们有共同的祖先。鸟类也是从这个类群中进化出来的，但是和它们的祖先全然不同。有人会说，那么"爬行动物"必须包括鸟类，因为它们是同一类群的自然后代。

虽然交配和世代更替发生的速度相当稳定，但变化的反映——或者说进化——并没有这么稳定。有时在很长的时期里一切都平静如初。某种剧烈的灿烂的变化偶尔会发生，从根本上改变后代相对于祖先的整体性质。例如，脊椎、多细胞性和中枢神经系统都是不仅继承而且进行重大修饰的例子。

水母拥有和爬行动物类似的问题：管水母在生物学和形态学上与"水母亚门水母"如此不同，以至于长期以来都有专家专门研究它们的分类系统，而 Siphonophora 这个类群曾被不同的观点认为是目或纲的级别（本书使用的是管水母目），然而，现在学者认为这个类群起源于花水母目。

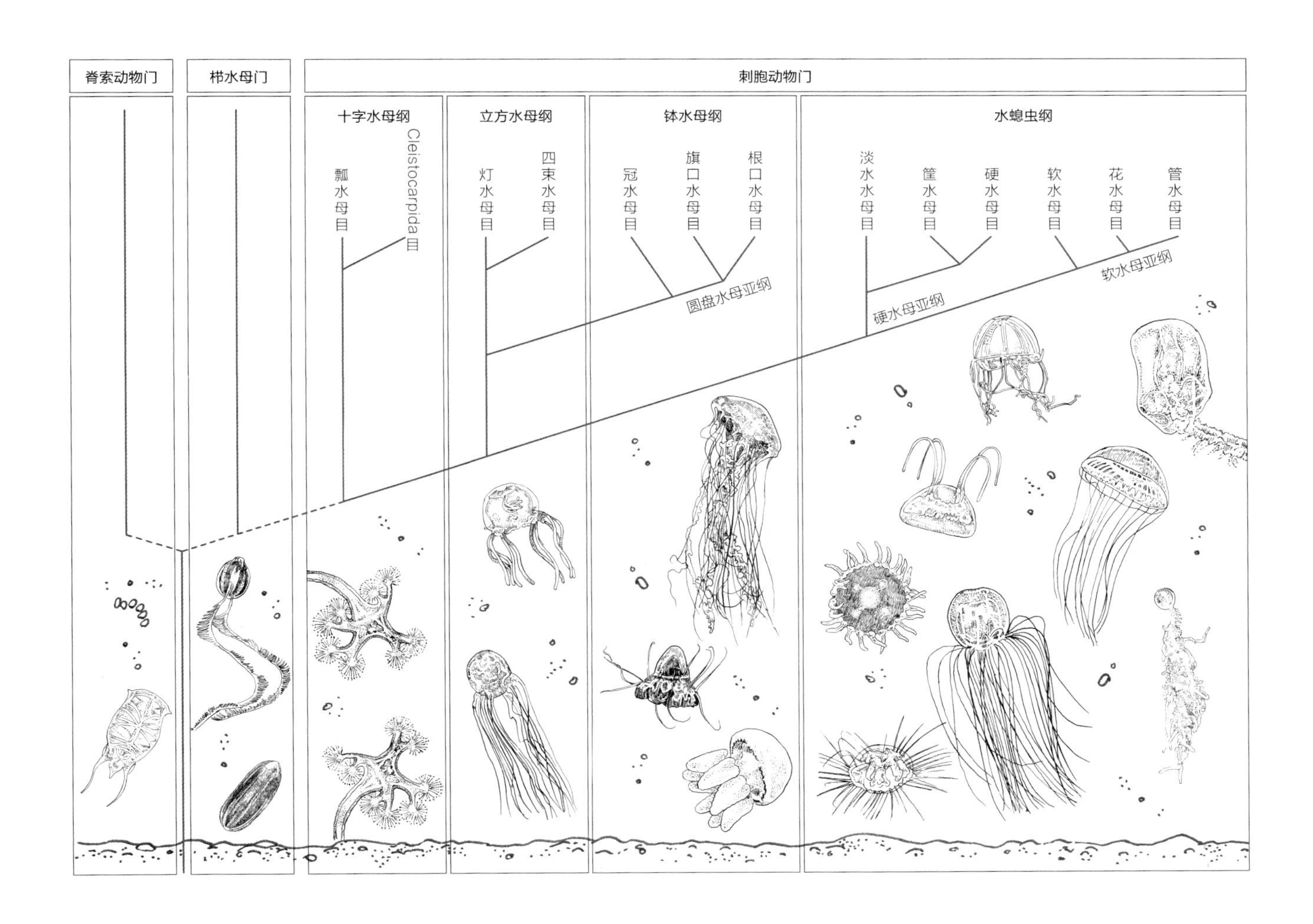

一个纲或目可以起源于另一个纲或目吗？这似乎会否认我们关于进化的线性观念，但管水母目是如此超凡脱俗的怪异生物类群，它似乎蔑视任何正常的解释！对遗传学以及变异和遗传机制的越来越多的研究或许会让我们重新评估我们理解进化过程的方式。

图注：我们通常称为“水母”的生物包括一系列不可思议的物种，它们来自亲缘关系遥远的 3 个门和 27 个目。我们如何认识它们常常取决于我们关注的是它们的相似性还是差异。对它们的 DNA 的研究让我们能够理解它们的进化关系。然而，形态和功能不可思议的跃迁——例如管水母从它们的水螅虫祖先中进化而来——挑战了我们的分类概念的边界。

幽冥金黄水母

伴随着如今关于 DNA 研究、气候变化和医学研究等科学进展受到的强烈关注，有人可能会觉得我们已经认识了自然界中的大多数物种，并且已经了解了它们的大部分生物学知识，有待发现的东西已经不多了。这种认识错得离谱。据估计，仍然有数百万个物种等待发现，其中的许多注定会在被分类之前灭绝。这些物种大多数是微小的生物，或者藏身于难以寻觅的地方，例如偏远的雨林丛林。

身躯庞大却未被看见

因此，当幽冥金黄水母（*Chrysaora achlyos*；希腊语的意思是“幽深而神秘的太阳神”）在 1997 年得到分类的时候，不能不令人吃惊。它很大：直径 1 米，长 8 米。它很显眼：深紫色，勃艮第葡萄酒的颜色。它绝对没有隐藏在什么偏僻的地方：这个物种就在加利福尼亚州南部的海洋生物学家和海洋研究机构旁边漂流而过，还被冲上了洛杉矶港海滩（Los Angeles Harbor Beach）。

这种水母不仅是科学上新发现的物种，在它身上还发现了一种全新的结构。幽冥金黄水母进化出了大型内部锚定结构，让它可以头部朝前游进强烈的洋流，与此同时口腕不会被撕掉。

许多年来，这个物种一直被无数在海滩上玩乐的人看到，还有美丽的照片得到过发表。为什么如此庞大且鲜艳的东西逃过了专家学者的注意呢？答案很简单：缺少认出它是科学上的新物种的专业技能。这不禁让人想知道，还有多少这样醒目的物种正在全世界遭到忽视。

拉丁学名：*Chrysaora achlyos*

中文通用名：幽冥金黄水母

英文俗名：Black Sea Nettle（“黑色海荨麻”）

系统发育地位：门 刺胞动物门 / 纲 钵水母纲 / 目 旗口水母目

解剖学特征：穹顶状身体，24 条触手分为 8 组，每组 3 条，还有 4 条长长的、互相缠绕且有褶的口腕

水中位置：浅海区的光合作用带

大小：钟状体直径达 1 米，口腕长约 8 米

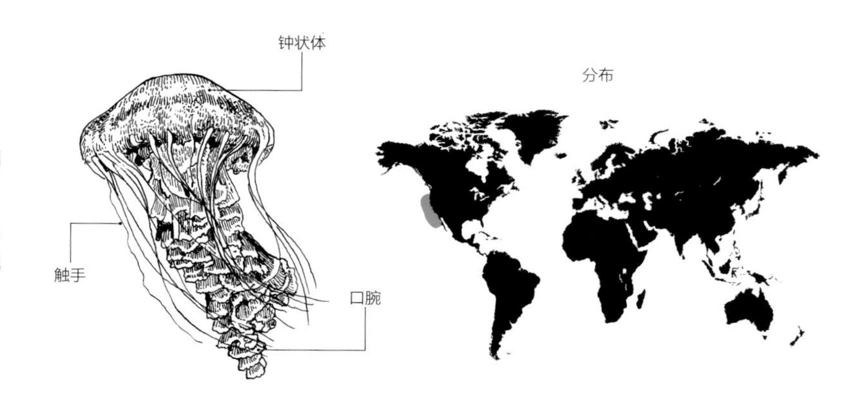

灵气水母

虽然每个新物种都是奇妙的，但有一些新物种比其他的更不同寻常一些。直到 2013 年才发现的灵气水母（*Bazinga rieki*）——目前已知最小的鲸脂水母，就是这样一种值得注意的生物。灵气水母与所有其他物种都如此不同，以至于它立即被承认为新种，并被划分到新的属、新的科和新的亚目中。

一种不同的鲸脂水母

和其他鲸脂水母一样，灵气水母没有真正的触手，使用数百个小口而不是位于中央的主口进食。然而，它在几个重要的特征上与其他鲸脂水母不同，包括它形似窗帘的口腕、兜帽状的感觉器官、不分支的水管系统，以及硕大的胃。它表面上似乎和其他鲸脂水母一样，但相似之处止于表面。

灵气水母每分钟搏动超过 200 次，但并不会游多远，这说明它的运动是为了调整自己在海水中的垂直位置而不是为了移动自己。它的组织生长着大量共生藻类，后者供应它需要的能量。对于它的习性，目前我们只能进行有根据的猜测。因为是最近才发现的，所以超凡脱俗的小小的灵气水母得到的研究非常少。

发现这样一个与其他物种都不同的新物种已经很不同寻常了，然而更令人吃惊的是灵气水母被发现的地点。它是在澳大利亚的悉尼附近被发现的，那片区域很受游泳者和潜水者的青睐，而且这个物种在这个区域似乎很常见。很显然，由于它微小的体型，灵气水母肯定曾经被误认为是其他物种的亚成体。

拉丁学名：*Bazinga rieki*

中文通用名：无

英文俗名：无

系统发育地位：门 刺胞动物门 / 纲 钵水母纲 / 目 根口水母目

显著解剖学特征：身体小，上表面布满小瘤；辐水管不分支且平行

水中位置：浅海区的光合作用带

大小：钟状体直径约 2.5 厘米

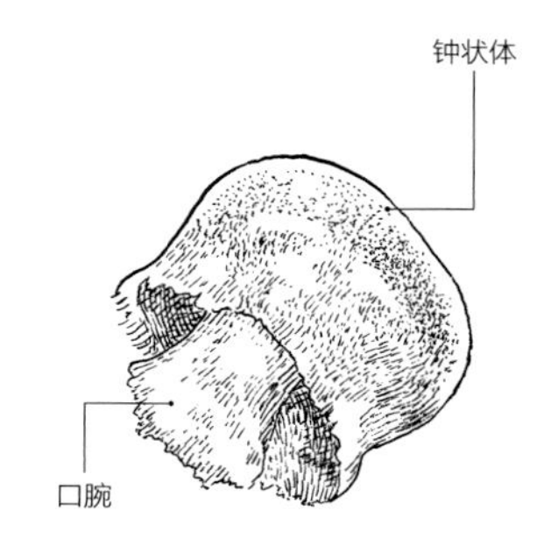

博奈尔岛条纹箱水母

虽然新物种的发现比大多数人想象的更普遍，但是某个外形显眼的物种被发现还没有科学记录并不是经常发生的事。当这种情况发生时，它的发现者自然十分激动，也会引起普通大众强烈的兴趣。

教师—科学家

生活在加勒比海博奈尔岛（Bonaire）周围海域的一种硕大而且显然十分危险的箱水母就是这样一个神奇的发现。它吸引了佛罗里达（Florida）一位高中老师的注意，后者确信它很可能是个新物种。

这位老师汇集了这种未知箱水母在加勒比海各个地点的50次目击记录。他还让它得到了华盛顿特区史密森学会（Smithsonian Institution）的科学家们的注意，后者立刻就被它迷住了。

除了通常在白天观察到它觅食之外，人们目前对于这种新的箱水母的生态学知之甚少。目前只知道它蜇过三个人，其中一人需要住院治疗。

给这个物种命名

在为这个新物种寻找名字时，科学家们决定鼓励大众参与命名过程。他们邀请大众在线提交想法，以此作为2009科学年（Year of Science）纪念活动的一部分。

这个物种已经被放在火水母属（*Tamoya*），因为它在遗传上与该属的其他物种关系很近。在提交的种加词中，被选中的是*ohboya*，理由是发现它的人大概都会发出“oh boy”（噢，天啊！）的惊叹。*Tamoya ohboya* 是个很棒的名字，这个物种的故事也是普通公民参与科学的极好范例。

拉丁学名：*Tamoya ohboya*

中文通用名：无

英文俗名：Bonaire Banded Box Jelly（“博奈尔岛条纹箱水母”）

系统发育地位：门　刺胞动物门 / 纲　立方水母纲 / 目　灯水母目

显著解剖学特征：钟状体高，箱形，有四条扁平的绦虫状触手；触手有深棕色至橙红色横纹

水中位置：浅海区的光合作用带

大小：钟状体高达15厘米

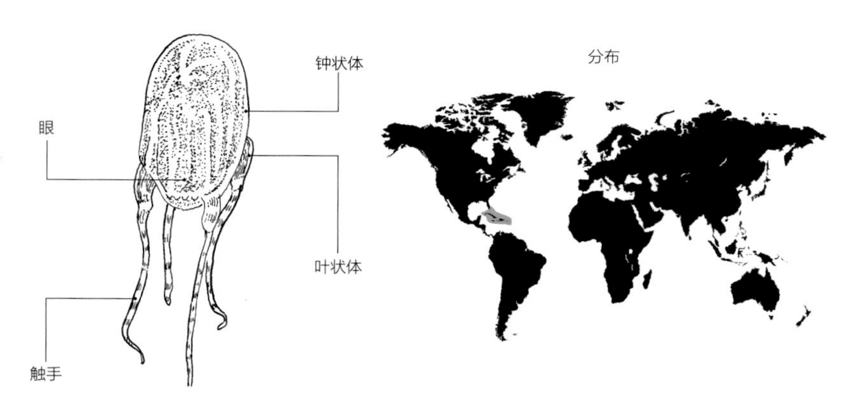

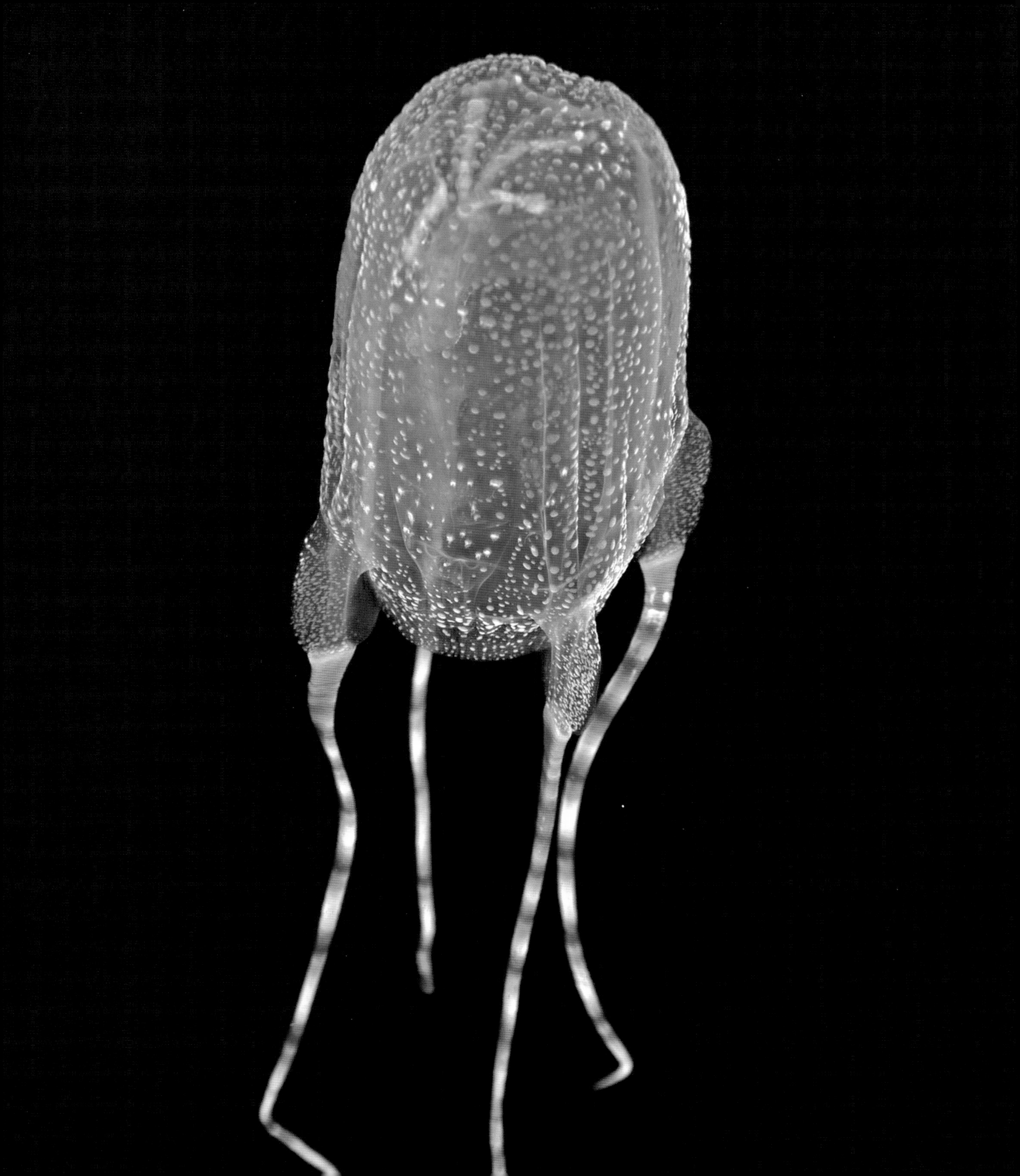

紫色绳状水母

2014 年夏天，一个奇丽的水母物种被冲上了澳大利亚的一个人气很高的游泳海滩。这种动物呈鲜艳的紫色——几乎像霓虹灯一样明亮，而且有四条像绳子一样的长长的口腕。它的身体呈半球形，直径几乎有一英尺。

身份未知

这种神秘的水母立刻被认出是 *Thysanostoma* 属的某个物种，但它此前从未在澳大利亚海域得到报道。发现它的故事在全世界得到报道，这种曝光度导致澳大利亚东海岸各地纷纷出现这个物种的目击报告。很显然，这个物种并不罕见，只是很少得到报道。然而，鉴定它的身份就麻烦多了。

在 *Thysanostoma* 属，它的身份的可能性被缩小到两个物种，一个来自马来西亚，另一个来自红海。它也可能是个新物种。两个有可能的物种都是在 19 世纪初被命名和分类的。它们的参考样本早就丢失了，而关于它们的书面描述缺少对于今天使用的特征的关注，因此很难确认这种澳大利亚水母是不是已知物种之一。

如今人们对这个美丽的物种几乎一无所知，许多新发现的物种都是这种情况。在已知的极少数事情中，包括它为什么用了这么长的时间才得到报道：许多给它拍过照的人说只是因为它非常美丽才得到了他们的注意，他们从未想过自己的发现在科学上有重要意义。

拉丁学名：*Thysanostoma* spp.

中文通用名：无

英文俗名：Purple Ropy Jelly

系统发育地位：门 刺胞动物门 / 纲 钵水母纲 / 目 根口水母目

显著解剖学特征：半球形身体，有四条长长的绳状口腕；亮紫色

水中位置：浅海区的光合作用带

大小：钟状体直径约 25 厘米

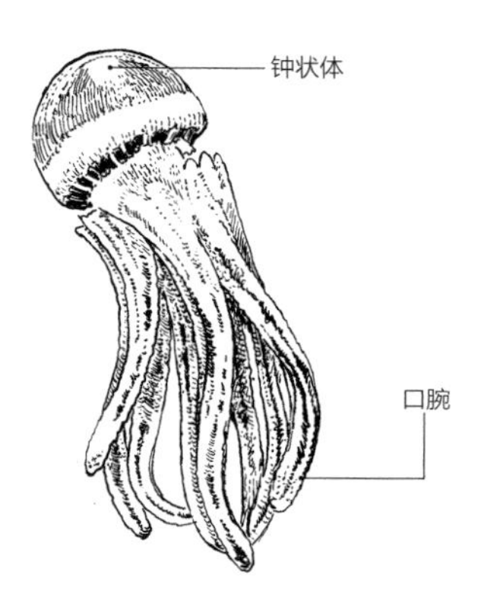

三足箱水母

三足箱水母（*Tripedalia cystophora*）的历史充满了沉痛的损失，也有大胆的全球旅行。它最初是在牙买加的金斯敦港（Kingston Harbor）被发现的，在那里，它勇敢的发现者在研究这个物种时不幸死于黄热病。后来以发展的名义，它们生活的红树林被连根拔起，填平，建起了酒店。这个物种如今被认为已经在牙买加灭绝了。

环球旅行者

但是随后三足箱水母开始出现在世界各地。它很容易辨认，小小的箱形身体有四个角，每个角上都长着三条触手——每条触手都有单独的不分支叶状体（触手基部）。据推测，它是随着船只的压舱水扩散的——船舶在一个港口抽取压舱水，来到另一个港口将压舱水排出。

三足箱水母是已知的唯一一种真正对人类无害的水母。它缺乏毒性不是因为体型太小：其他和它一样小的水母也可以十分危险，例如"普通伊鲁坎吉水母"，它的蜇刺会导致伊鲁坎吉综合征（见 154 页）；还有"疱疹水母"，它的蜇刺会导致类似疱疹的反应（见 88 页）。三足箱水母不会对脊椎动物造成危险，因为它主要在红树林的光柱之间捕食微小的桡足类动物。三足箱水母用它高度发达的眼在红树林的根系中辨别方向，绕过岩石和珊瑚礁，远离捕食者。

我们今天所知的箱水母视力和交配的相关知识大部分来自对三足箱水母的研究——它在水母的世界中是名副其实的实验室小白鼠。

拉丁学名：*Tripedalia cystophora*

中文通用名：三足箱水母

英文俗名：Three-legged Box Jelly

系统发育地位：门 刺胞动物门 / 纲 立方水母纲 / 目 灯水母目

显著解剖学特征：小小的箱形身体，每个角有三条彼此分离的触手

水中位置：红树林沼泽中的浅水

大小：钟状体直径不到 1 厘米

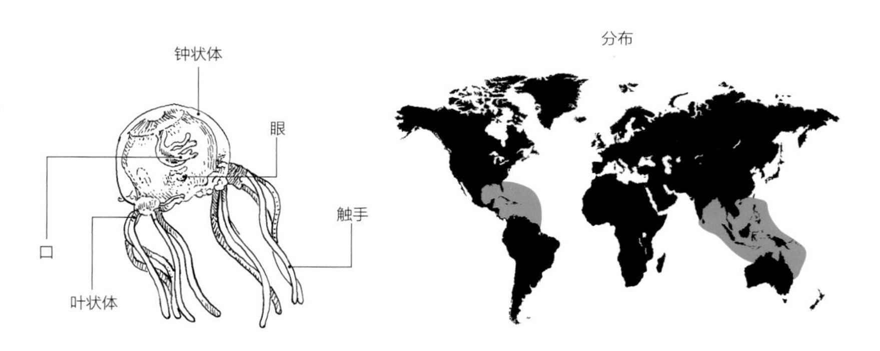

一种浮游十字水母

十字水母通常被认为是一种完全底栖的水母——也就是说，它们在整个生命周期中都居住在海底，将身体附着在某种基质表面，没有浮游阶段。但有一个物种挑战了这种观念。*Tesserantha connectens* 就被认为是一种浮游性十字水母。

发现又失去

Tesserantha 是在 19 世纪末得到分类的，当时使用的四个标本来自执行长途海洋考察任务的英国皇家海军舰艇“挑战者号”，它们是在智利附近的深海被捕捞上来的。此后这个物种再也没有被发现。

这些标本据说高不足 1 厘米，宽度半厘米多一点，特点是钟状体顶端有一个又高又尖的突起。钟状体的边缘长着十六条简单的触手，而不像更典型的十字水母那样长着八只腕，每只腕上都有一簇短且带小球的触手。目前尚不明确这个物种为什么会被归类为十字水母，但对它的描述十分透彻，如果再次被发现，肯定会被认出来。

关于 *Tesserantha*，最令人惊讶的一件事是 20 世纪的科学家们认为它是虚构的。他们提出了一个非常奇怪的假设，认为远征队的一名成员捏造了这个物种，却不考虑更为合理的可能性，即它真的存在，只是它的发现者错误地将它归入了十字水母。由于怀疑它本身的存在，他们把它从物种清单上剔除了。从一方面看，忽视它可以消除此后为什么再也没有找到浮游性十字水母的谜团。但是另一方面，这也降低了这个物种如再次被发现，其重要性得到足够认识以及它的身份之谜得到真正解决的可能。

拉丁学名：*Tesserantha connectens*

中文通用名：无

英文俗名：无

系统发育地位：门　刺胞动物门 / 纲　十字水母纲 / 目 Tesseranthida 目

显著解剖学特征：身体小而圆，顶端有中空突出结构；十六条实心触手

水中位置：远洋深渊带，发现于海平面下 4 200 米

大小：钟状体高 9 毫米，直径 6 毫米

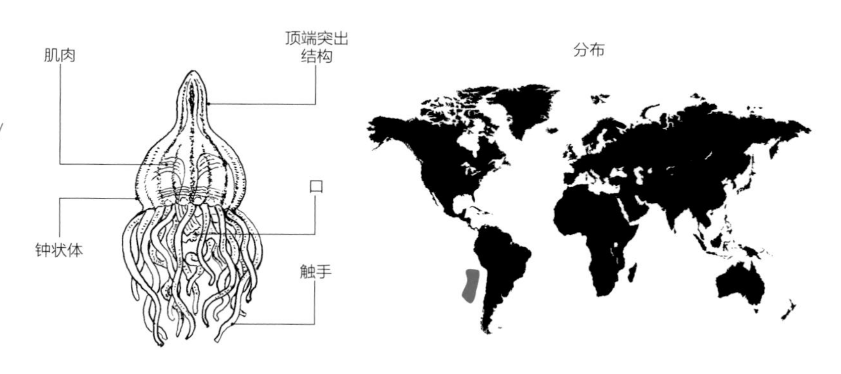

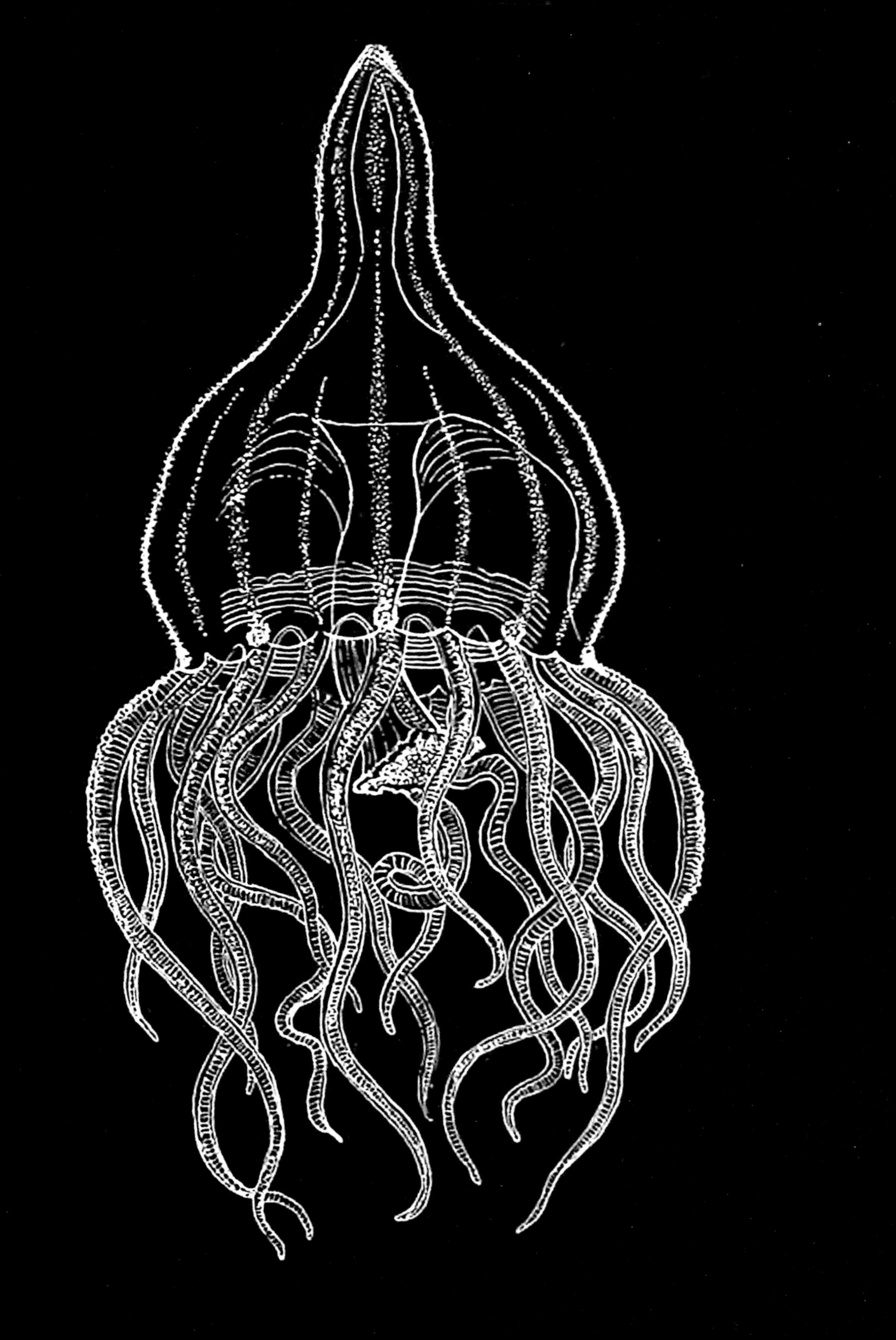

神秘的化石“水母体”

四面都是陆地的砂岩采石场很难说是有希望发现水母的地方，但是在世界各地的许多这样的地方，人们有了大量精彩的发现。其中一些显然是水母，而另一些就没那么确定了，如今还在合理的争论之中。

搁浅在威斯康星

例如，在威斯康星州中部一个开采路面铺装和厨房台面石材的采石场，曾经发现过不可思议的水母体化石（见 99 页）。它们不止是寥寥的几只——大片带有波纹的平整砂岩上点缀着石化的隆起，每个隆起都是被冲上古代沙滩并集中葬身此地的水母形成的。此外，这些变成化石的水母爆发被连续固定在七个连续的岩层中，就像历史书里堆叠的书页一样，可以追溯到大约 5.1 亿年前。

兰福化石

有些化石的起源更加含糊不清，比如来自澳大利亚西部的星状化石。它们的发现地点是兰福组（Ranford Formation），这里更出名的是条带岩——一种令人难忘的独特沉积岩，是红棕色和白色条带相间的粉砂岩。这种沉积岩中有大量碟状印迹，这些印迹呈辐射状，很有质感，边缘笔直。一些专家认为这些类似水母体的化石并不是来源于生物，也就是说，不是生物体造成了它们。另一些专家说它们就是生物化石，因为它们呈现出均匀一致的大小和结构性图案。他们还进一步提出这些图案与银币水母（见 78 页）的角质化圆盘相似的观点。这些化石来自前寒武纪的一个名叫成冰系（Cryogenian）的冰川时代，如果是来源于生物，它们将重新设定动物生命的起源时间。

拉丁学名：未分类

中文通用名：无

英文俗名：无

系统发育地位：门　刺胞动物门／纲　水螅虫纲／目　花水母目

显著解剖学特征：小型碟状体，具有辐射结构及锐利状分区

水中位置：未知

大小：直径约 2.5 厘米

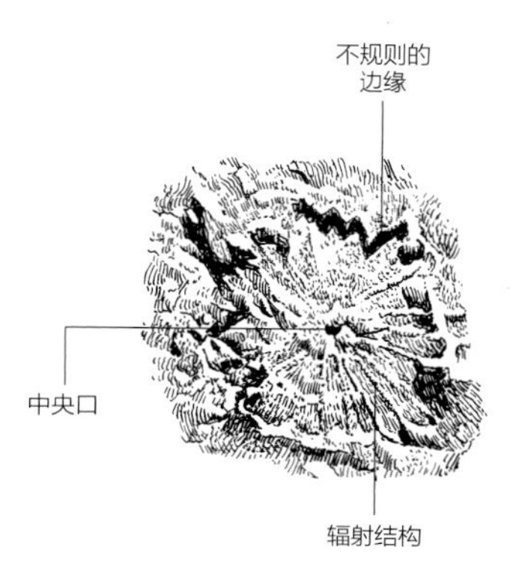

轮式樽海鞘

大多数樽海鞘在聚集成群体时会排列成链状，并根据物种的不同采取首尾相接、人字形等多种方式。然而环纽鳃樽和它们都不一样，它们通过身上的柄汇聚于一点，这些柄就像车轮的辐条一样。另外，这些轮子还可以并列连接，形成长链，就像一串看上去非常滑稽的珠子。

不同寻常的特征

除了轮子状的形态，环纽鳃樽还和“正常”樽海鞘有着显著的结构性差异，即使无意间看到也能区分开。在普通樽海鞘中，无论是单独形态还是聚集形态，肠胃都是球形的，并位于身体一侧。但是在环纽鳃樽单独形态的个体中，肠胃呈长条状，而在聚集阶段的个体中，肠胃呈 U 形。

环纽鳃樽在普通生态学上与正常樽海鞘相似。它们都是贪婪的浮游植物捕食者，通过一张它们不断制造的黏液网滤食这些生物。这些黏液像传送带一样进入口中，带来捕获的食物颗粒。

环纽鳃樽在生物学上也与正常樽海鞘相似。独立个体无性生殖，出芽长出一系列年幼环纽鳃樽。它们都是雌性，随着年龄的增长变成雄性。年幼的雌性群体得到较老的雄性群体的受精。成功的交配在受精雌性体内产生一个胚胎。

生物荧光在火体虫和尾海鞘类（环纽鳃樽的远亲）中很著名，也有报道称环纽鳃樽会发出生物荧光。然而这些报道似乎搞错了，因为通常它们被认为不能自己制造光。

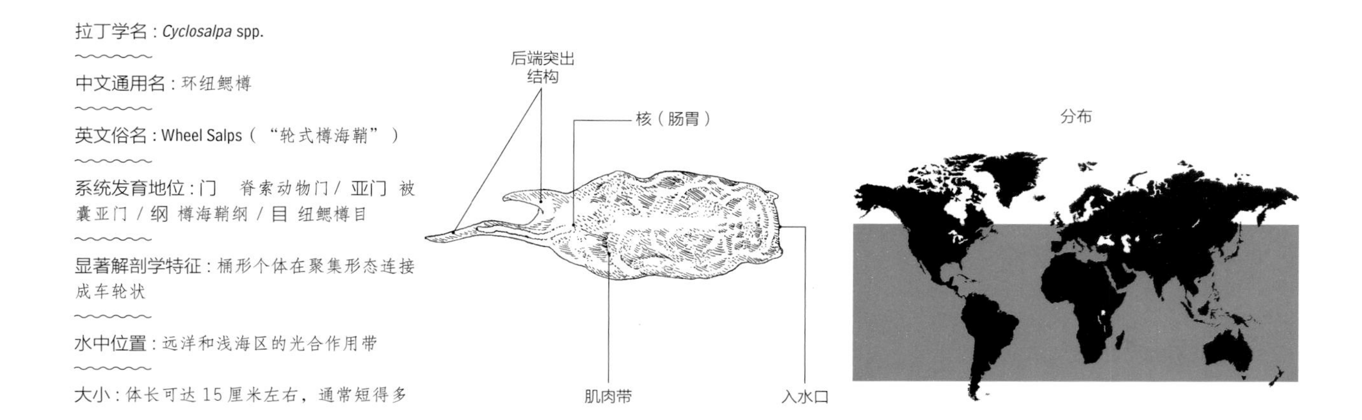

拉丁学名：*Cyclosalpa* spp.

中文通用名：环纽鳃樽

英文俗名：Wheel Salps（“轮式樽海鞘”）

系统发育地位：门　脊索动物门 / 亚门　被囊亚门 / 纲　樽海鞘纲 / 目　纽鳃樽目

显著解剖学特征：桶形个体在聚集形态连接成车轮状

水中位置：远洋和浅海区的光合作用带

大小：体长可达 15 厘米左右，通常短得多

海月水母

直到最近，海月水母属（*Aurelia*）还被认为只有一个物种，也就是几乎分布于全世界所有沿海水域的海月水母（*Aurelia aurita*）。然而现在越来越清楚的是，海月水母属存在许多地方性的变异，仍然将它视为一种全球性物种的看法正在遭到质疑。实际上，这个属似乎有几十个乃至数百个物种。

独特的外形

海月水母属是所有水母中最容易识别的一类：身体相当扁平，通常呈幽灵般的白色，中心附近一般有四个马蹄形状的醒目的环。这些环是生殖器官，每个环内的区域是一个胃。身体边缘有褶皱饰边，生长着数百条短而细的触手，用来捕食微小的浮游生物。

虽然拥有这么多触手，但海月水母对人类通常是无害或近乎无害的。大多数人几乎察觉不到它的蜇刺；如果察觉到了，那种感觉就像被温暖的毛毯盖住。这种蜇刺甚至被当作医疗手段治疗关节炎，因为人们相信这种微小的蜇刺可以刺激血液流动。

人类对海月水母可以说是爱恨交织。爱是因为它如此美丽，实际上它是全世界公共水族馆里人气非常高的展览动物之一。但它也会遭到人们的厌恶，因为它的爆发会造成浩劫，导致发电厂被关闭和三文鱼养殖场的大量鱼类被杀。

拉丁学名：*Aurelia* spp.

中文通用名：海月水母

英文俗名：Moon Jellyfish（“海月水母”）

系统发育地位：门 刺胞动物门 / 纲 钵水母纲 / 目 旗口水母目

显著解剖学特征：身体扁平，有褶皱饰边和数百条短而细的触手；钟状体内部有四个醒目的环

水中位置：岸边浅水，通常出现在海湾和港口

大小：成熟钟状体直径为 30 ~ 50 厘米

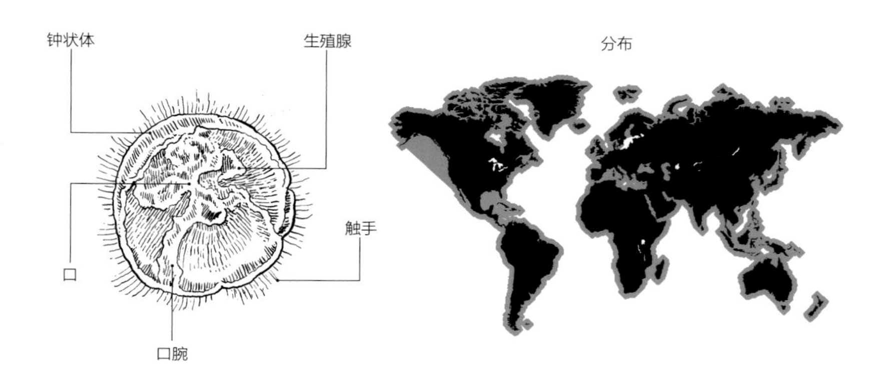

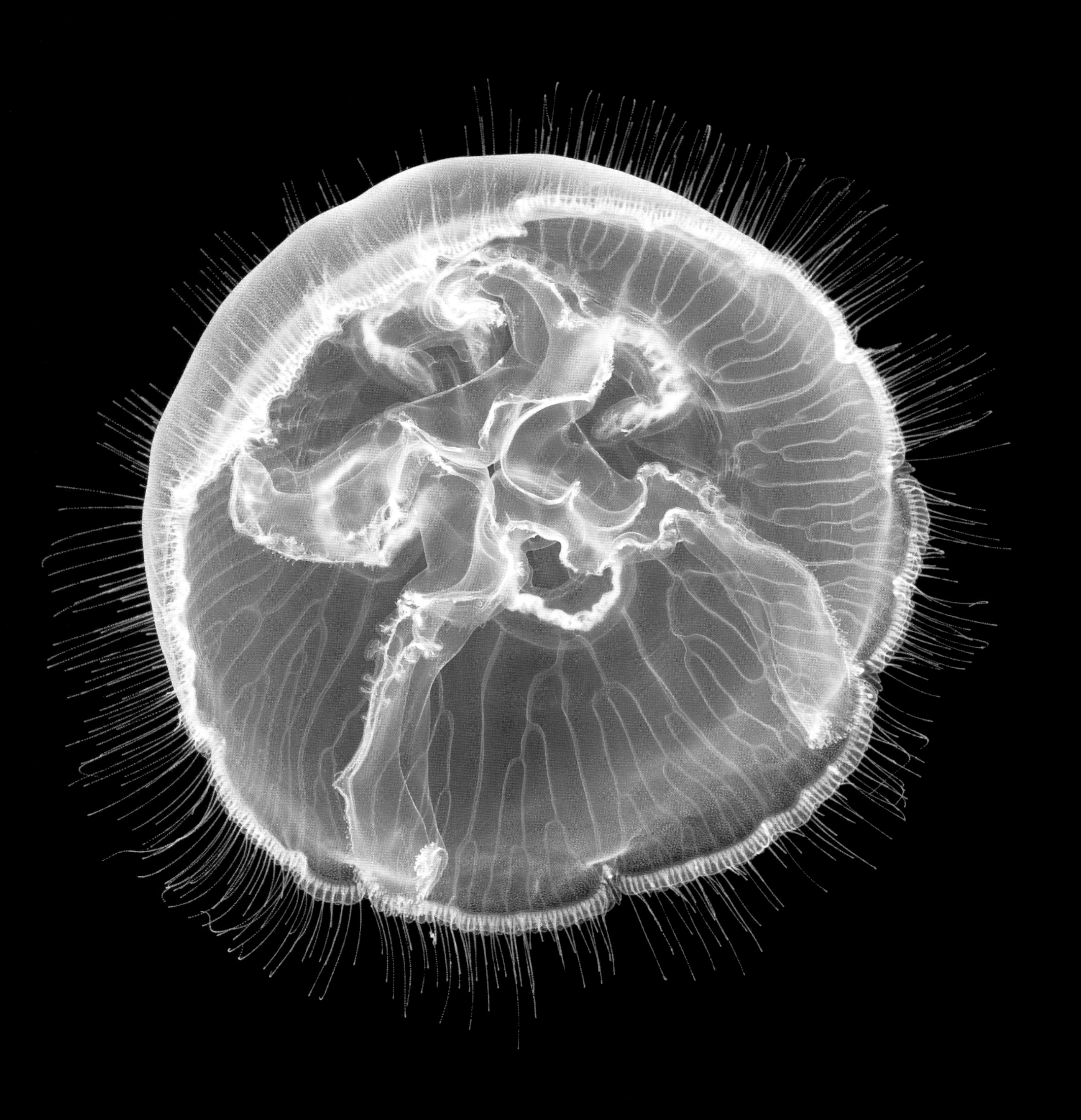

爱神带水母

虽然大多数栉水母都十分奇怪，仿佛来自外星球，但其中最奇怪、最像天外来客的毫无疑问是带水母属（*Cestum*）和它的小表亲 *Velamen* 属。这两个属的物种在英文中都叫 Venus’s girdles（意为“维纳斯的腰带”，即中文名“爱神带水母”的来源），它们与其他栉水母是如此不同，以至于被放入了自己专属的目，带水母目（Cestida）。

爱神带水母的身体极度扁平化，口位于长边一侧的中央，而且身体的绝大部分向外拉伸形成两枚很长的口叶，就像一条带子。八条栉板带中的四条已经退化，其他四条沿着口叶离口一侧（有口一侧的对面长边一侧）的边缘排列。

成年的带水母属和 *Velamen* 属很容易区分：在带水母属中，生殖腺是离口一侧边缘的连续条形结构；而在 *Velamen* 属中，生殖腺是一根时断时续的虚线。

不同的游泳姿态

带状生物在水中的运动方式似乎应该像鳗鱼那样一端朝前才符合情理，但爱神带水母只在逃走时才这样运动。在正常游动时，它们会口部朝前地移动。在沿着口部边缘的沟槽里，长着两排细小的触手，它们是用来捕捉小型食物颗粒（如桡足类）的。

非常罕见

爱神带水母分布于所有远洋水域，偶尔会被向岸水流带到近海。它们脆弱得不可思议，身体碰到捕捞网就会变成碎片。因此，它们通常只能被少数幸运儿就地看到。

拉丁学名：*Cestum veneris* 和 *Velamen parallelum*

中文通用名：爱神带水母

英文俗名：Venus’s girdles（“维纳斯的腰带”）

系统发育地位：门 栉水母门 / 纲 触手纲 / 目 带水母目

显著解剖学特征：长长的带状身体

水中位置：光合作用带、中层带、远洋深层带

大小：带水母属体长可达 1.5 米，*Velamen* 属体长 20 厘米

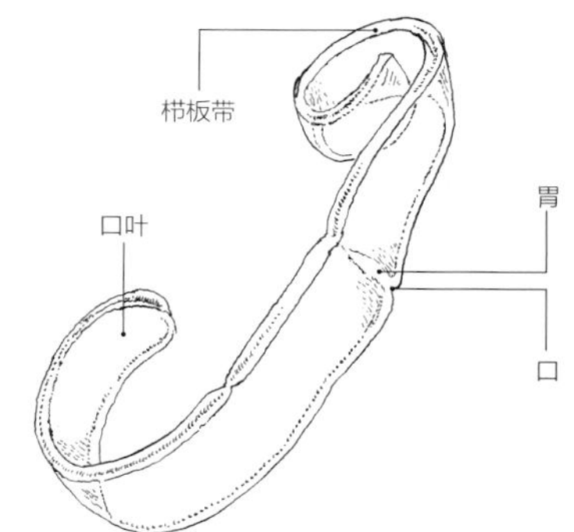

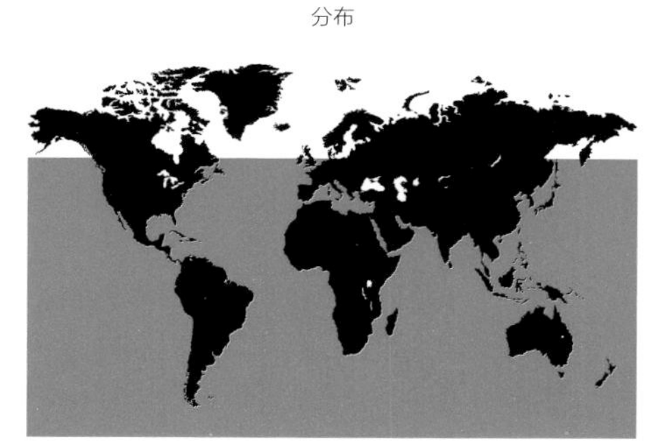

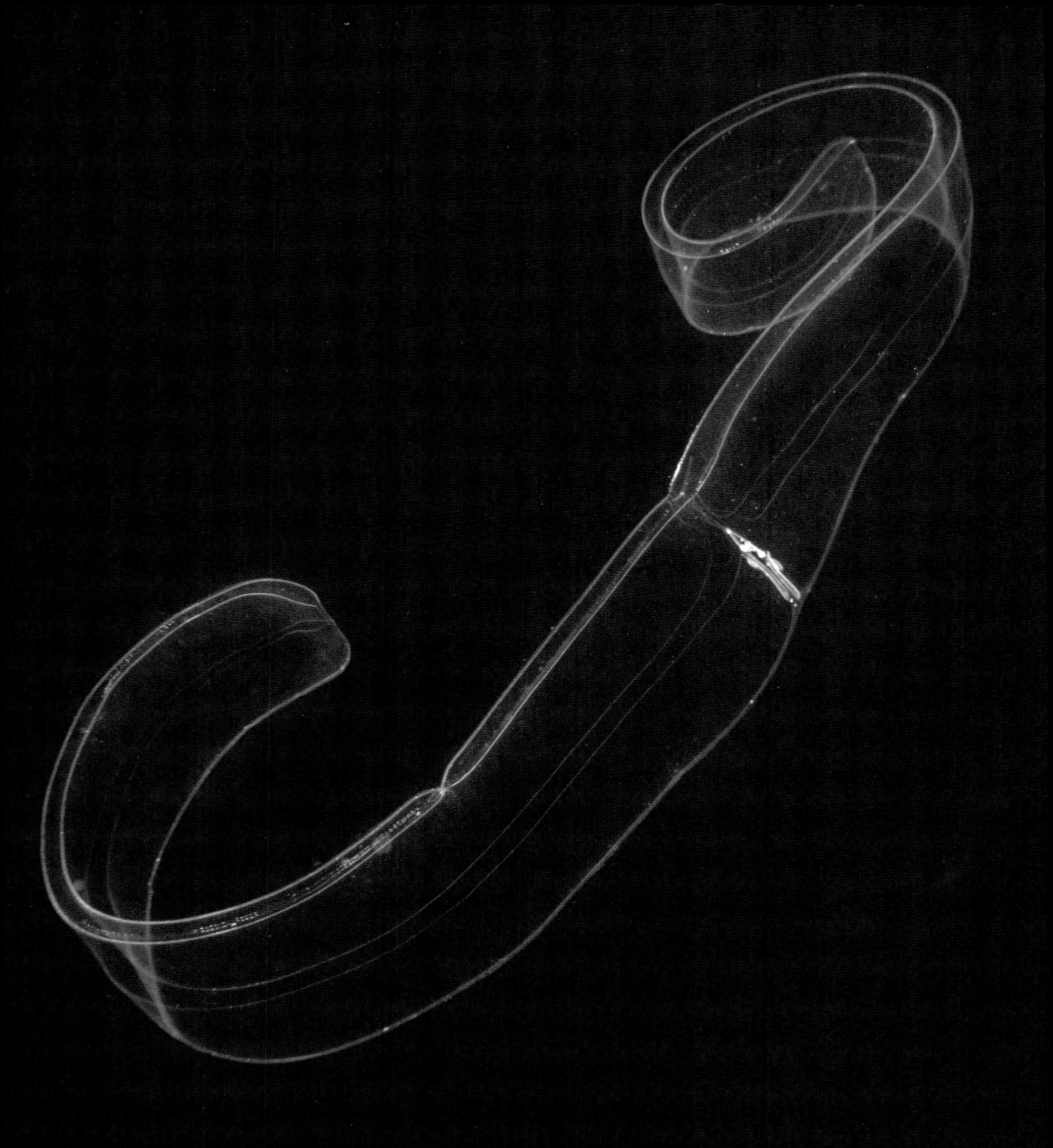

第四章
水母的生态学

水母生态学简介

生态学这门学科研究的是生物彼此之间以及它们与环境的相互作用。水母是一种构造简单的生物，它们已经在地球上生存了很久，久得不可思议——大约 6 亿年或者更久。在这段时间里，尽管其他物种来来去去，进化出了肺、腿或翅膀，学会了如何走路或者飞翔，水母却始终如一，没有改变。它们不需要改变，因为它们所做的（以及它们这样做的方式）很管用。它们的生态学和生物学，它们的捕食者—猎物关系，以及驱动它们行为的环境提示，已经在数百万代的漫长岁月中打磨得十分完美。

水母的成功故事

我们常常只是把水母当作害虫。在我们去海滩的时候，它们蛰我们。它们淹没渔网，堵塞核电站和海水淡化厂的冷却进水管。它们与鱼类、海鸟、海洋哺乳动物以及我们竞争食物。有时它们会促使生态系统发生改变。然而，如果我们只盯着水母造成的问题，那么我们的目光就太短浅了。这些美丽而神秘的生物还有更多值得关注而我们才刚刚开始了解的东西，包括使它们成为如此成功的害虫的特质。实际上，它们的适应性、韧性和持久性都令人钦佩。

被我们归入“水母”这个类群的生物拥有令人惊叹的多样性，并且在海洋中共同占据着独一无二的地位：水母是几乎每一种海洋生物的捕食者、猎物、竞争者或伴生生物。有些水母只吃浮游植物，有些水母只吃浮游动物，还有一些水母会互相捕食。很多水母可以吃任何东西。它们作为一个整体，在生态系统中发挥着举足轻重的作用。在这一章，我们将探讨让水母生存、繁盛并占据统治地位的一些生态关系、行为和特化作用，从它们的季节性和爆发动态到它们每天表现出的复杂的洄游模式，再到它们捕食或者避免

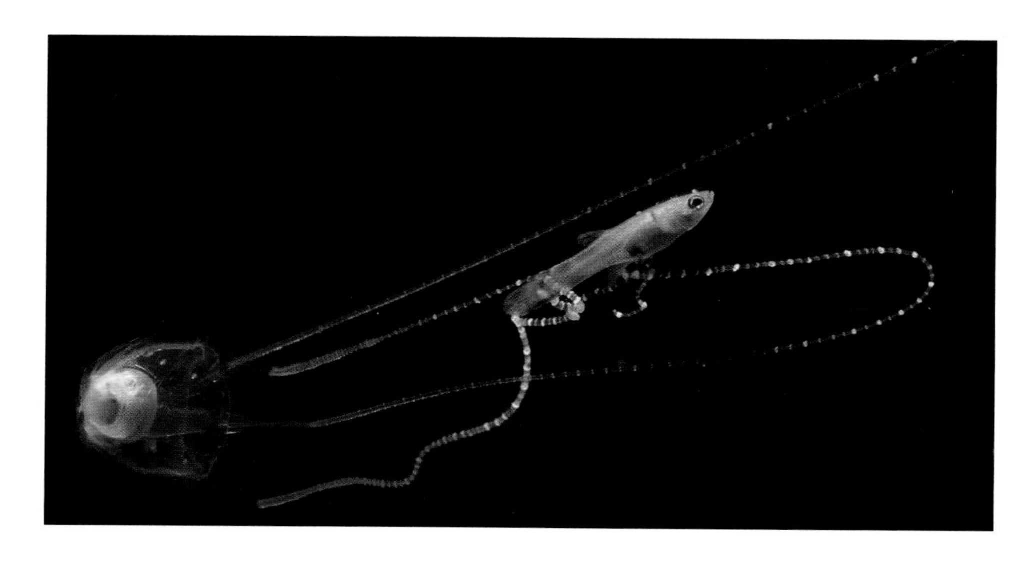

图注（左）： 水母以不同的方式与环境中的其他物种相互作用，最显著的方式就是作为捕食者和猎物。有致命危险的“普通伊鲁坎吉水母”对鱼类有着贪婪的胃口，会在将一条鱼塞进胃里的同时捕捉更多的鱼。

图注（右上）： 许多较大的水母会成为其他物种移动的家。未成年的鲹属鱼类（*Caranx* spp.）经常和水母一起出现，同时把它们当作食物来源和防御设施。螃蟹、藤壶甚至海蛇尾与水母也有着类似的关系。

成为食物的方式。水母扮演着许多角色，对许多物种来说意味着许多东西，例如漂浮者、乘船者、害虫或者可供搭便车的交通工具。

水母研究的重要性

在现代科学史上的大部分时间里，海洋生物学家都忽视了水母，认为它们地位卑微，无关紧要。远征船上的科学家通常会将打捞上来的所有样品中的水母从船上扔下去，仅留下他们想要研究的鱼类。即使在面对水母占据 90% 的样本时，科学家们大多数时候也只是从它们中间蹚过去，根本不会去思考这么多张嘴和这么多生物量会对海洋生态系统产生怎样的影响。直到 1995 年，科学家们才意识到水母可以是海洋失去平衡的可见指标和进一步衰退的驱动力。

如今，我们站在一个新时代的开端。海洋正在迅速变化：温度在升高，污染在加剧，人类对海滨的开发在扩张，而氧气含量、pH 值和生物多样性都在下降。而水母正在成为海洋环境动态中的主要角色。它们是这些迅速改变的生态系统的继承者，当我们喜欢的物种被捕捞上来或被杀死之后，水母留了下来。在某些情况下，水母本身扮演着死神的角色。在另外一些情况下，它们是仅有的幸存者。对控制它们的生活和种群的生态学原则的理解有助于我们更好地应对它们造成的问题，并制定抑制它们的策略。

出于实实在在的科学和产业方面的原因，我们应该关注水母——但另一个原因只不过是纯粹的好奇心。水母令人惊叹：美丽但致命，简单却持久。对于它们本身，对于它们彼此之间、与其他物种之间以及与它们所处的环境之间的相互作用，我们知之甚少，但它们身上无疑隐藏着某些引人入胜的秘密。如今研究它们的科学家们知道，我们只会遇到更多令人惊讶的发现，更多令人难以置信的故事。

虽然水母乍看之下很简单，但近距离的观察揭示了它们的生态关系和生物过程的复杂性，正是这些复杂的关系和过程让它们在这个对它们来说很凶险的世界里繁荣兴盛。

捕食和竞争

近些年来，水母经常出现在新闻报道中，因为它们的爆发——特定区域内数量的迅速增长——给许多产业造成了运营难题和财产损失。然而，一个很重要的问题却很少得到讨论：水母爆发对海洋中其他生物的影响。水母爆发常常是生态系统衰退的结果，而且水母可以削弱生态系统，有时候它们的确这样做了。我们将在第五章深入讨论水母爆发的原因。在这里，我们将审视水母能够驱动生态系统衰退的主要机制之一。

水母如何掌控全局

水母既是许多其他物种的捕食者，也是它们的竞争者，这些物种包括其他水母和许多种类的鱼。水母甚至会和鲨鱼、鲸这些大型动物竞争食物。水母会吃掉其他海洋动物的卵和幼体，也不放过这些幼体和长大的成体会吃的东西。举例来说，水母不但会吃掉磷虾的幼体——而磷虾是众多动物（包括须鲸）依赖的食物，还会吃掉磷虾的食物，即浮游植物。水母爆发会对食物链的底层造成巨大的捕食压力，而这种冲击会通过食物链影响到看似和水母没有任何关系的哺乳动物、鸟类和大型鱼类。捕食和竞争的双重冲击让水母能够控制生态系统，重新创造新的稳定状态，产生一种“新常态”。这种情况在世界上的不同生境中发生过许多次，说明这是一种普遍的模式。

在特定条件或多重条件的组合——如过度捕鱼、营养过剩、水温变暖等——之下，水母能够通过不同的路径征服一个生态系统。当水母在一个生态系统中占据优势之后，这些简单的条件似乎会明显地抑制生态系统再变回较复杂的状态。

水母网络

科学家最近描述了一种与传统食物链并行的次级食物链——所谓的水母网络（Jelly web）。水母可以在消耗极少能量的情况下茁壮生长。无论它们吃的是另一只水母、微生物，还是溶解在水中的营养、水底的淤泥，或什么都不吃，它们都能活得很好。实际上，在其他生物尚未出现之前，水母就已经进化并兴盛了数百万年。在这种低能耗的食物链上，水母占据着顶级捕食者的生态位（Niche）。传统海洋食物链支持的是拥有较高能量需求的生物，例如鱼类、鲸、海鸟，还有人。不过这两条食物链有重叠的部分，但无论哪一套菜单，水母都乐意吃一吃。

水母对海洋生态系统造成如此严重威胁的一个原因与能量转换有关。水母转换能量的方向是错误的——或者至少是不正常的。通常来说，能量较高的生物吃掉能量较低的食物。例如，草是牛常见的食物来源，而 1 磅牛肉含有的能量比 1 磅草多。类似地，1 磅金枪鱼的能量比 1 磅金枪鱼的猎物甲壳类动物多，而 1 磅甲壳类动物的能量比它们消耗的 1 磅猎物多。一般而言，某个物种在食物链上的等级越高，它的能量值就应该越大，然而水母颠覆了这套系统。水母吃鱼卵和鱼的幼体——这些物种在食物链上的位置比水母高，而且水母还把由此摄入的能量转化成自己体内一种能量值更低、更不合算、更低质量的食物来源。在水母爆发中，这个过程将能量更高、由鱼类占据主导的生物网络变成了为其他物种（包括人类）提供的能量值更小的生物网络。

水母的主要竞争者中有“小型中上层鱼”（Small pelagics），或称饵料鱼（Forage fish），包括集群性物种，如沙丁鱼（Sardine）、鳀鱼（Anchovy）

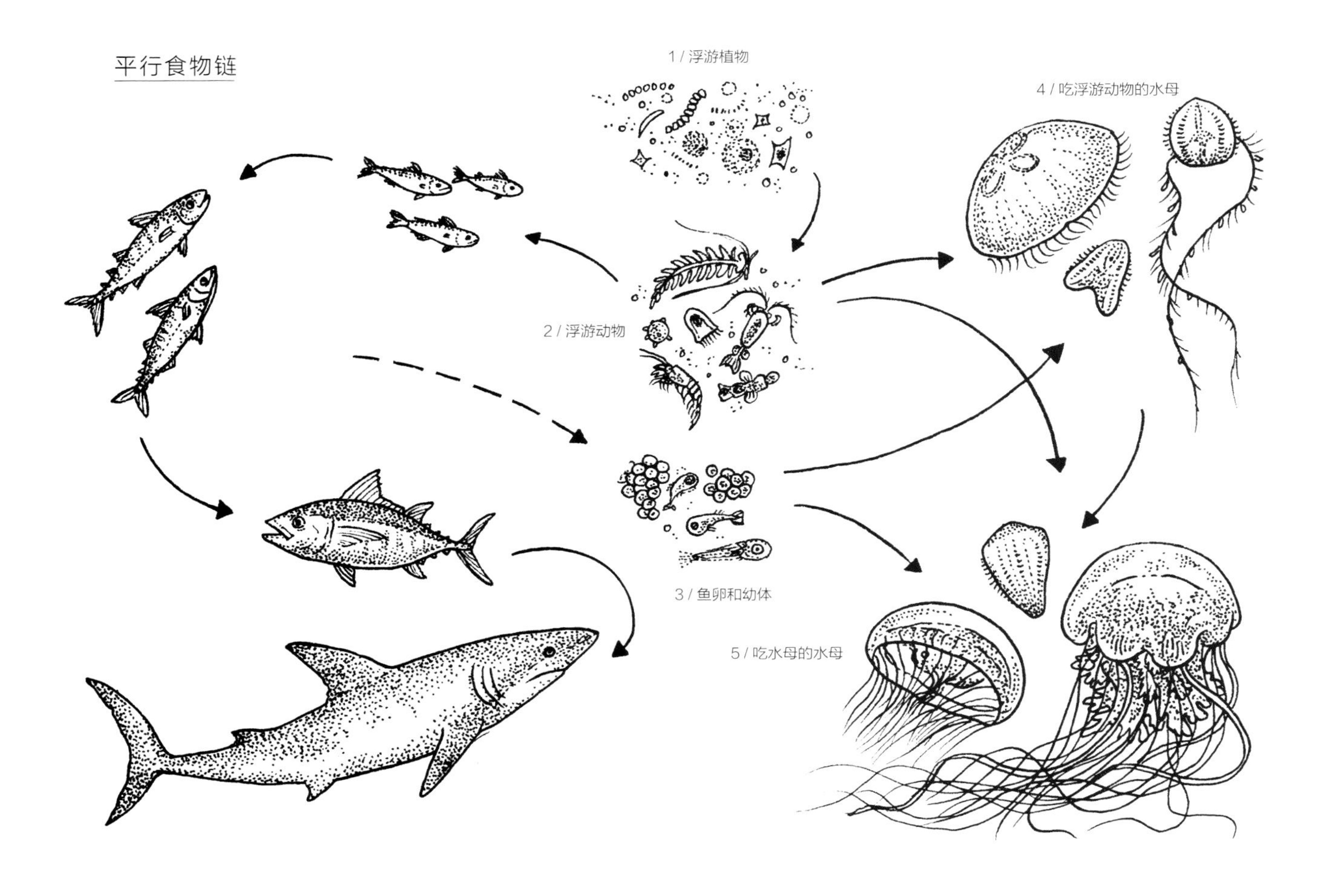

和鲱鱼（Menhaden）。这些小鱼几乎是每一种比它们大的动物的食物。鲸、海豚、海鸟和鲨鱼以及其他大型鱼类全都将它们作为重要的食物来源。最近的几项研究表明，某些生态系统中的水母和小型中上层鱼存在“跷跷板效应”（Seesaw effect）。当小型中上层鱼由于捕捞或者其他原因减少时，水母会增加；随着水母消耗鱼卵和幼体，它们对小型中上层鱼种群的进一步冲击会危害以这些鱼为食物的物种的可持续性。人类也依赖这些鱼，它们不但是比萨馅料和罐头食品，而且可以制成水产养殖的饲料、农业肥料、诱饵和鱼油。

图注：传统食物链（左）和水母网络（右）可以独立存在。1. 浮游植物利用养分和阳光生长。2. 浮游动物吃浮游植物。3. 鱼卵和幼体成为浮游生物的一部分。4. 许多水母吃包括鱼卵和幼体在内的浮游生物，还和它们竞争食物。5. 某些水母还吃其他水母。

作为猎物的水母

海洋中的许多物种都吃水母，而且有些物种专门以水母为食，海龟就是著名的水母捕食者。这种捕食关系也是塑料购物袋在海洋中极为有害的一个原因：海龟常常无法分辨漂浮的塑料袋与它们的猎物之间的区别。印度洋和太平洋的远海梭子蟹（*Portunus pelagicus*）会从海底游上来，抓住一只水母，然后下沉回到海底，接着撕裂凝胶状组织，用钳子把撕下来的组织送进自己颤动的上颚里。鱼也会啃食水母。海豚会把水母体当飞盘玩，大多数情况下会把自己的玩具玩死。除了鸟类之外，就连狐狸和其他陆地哺乳动物也会在其他食物匮乏的时候吃掉搁浅在海岸上的水母。在亚洲的许多文化中，水母数千年来都被当作一种珍馐美味。

防御捕食者

所有生物都会发展出一些抵御潜在捕食者的方法。为了保护自己，就连植物都有刺和有毒性或含树脂的化学物质。对其他物种来说，软体动物是尤其轻松易得的猎物。水母移动速度慢，身体饱满，而且不像它们的珊瑚表亲那样能够长出保护性的骨架。此外，它们也没有可以用来战斗的尖牙和利爪。

水母最显而易见的防卫工具之一是它们的刺细胞，我们在“刺细胞和粘细胞”这一节（见 20—21 页）详细地介绍了这种细胞。现在我们将注意力转向水母用来不让自己被吃掉而使用的防御结构和行为模式。

某些物种如 *Csirosalpa caudata* 的身体上长着凝胶状突出结构。这些结构似乎在维持浮力方面发挥着作用，因为它们会产生拖拽效果，减慢这种动物的下沉速度。这些结构还可能有一定的防御作用，因为它们延长了这种动物的中心和潜在捕食者之间的距离。

许多类型的水母——例如鲸脂水母——拥有厚实笨重的身体，这使得偶尔的啃噬伤害不到重要器官。大多数水母可以在数小时至数天之内修复受损或缺失的部位。水母还常常成群出现，创造出一个隔离其他物种的绝对区域，这是一种以数量取胜的安全措施，类似成群游动的鱼或成群飞翔的鸟。

鱼类和海鸟常常被观察到衔起一只水母然后又把它吐了出来。这或许说明水母的组织存在不适口的化学物质。包括海绵和软珊瑚在内的其他软体动物也会使用这种防御策略，许多此类化学物质的医药价值目前正在研究中。虽然尚未对大多数水母进行这些类型的化学物质是否存在的评估，但在那些特别脆弱的身体部位或物种中，几乎可以肯定是存在这些物质的，尤其是那些没有刺细胞或其他防御手段的部位或物种。

或许水母的防御策略中最不同寻常的出现在至少两个来自日本的、亲缘关系遥远的栉水母物种中。受到惊扰的时候，它们会喷射出一种类似碘酒的墨汁。这种行为大概与头足类（乌贼和章鱼）使用的墨汁逃脱术有类似的功能，墨汁既是令捕猎者分心的视觉焦点，也创造了让头足类从容脱身的烟雾屏障。

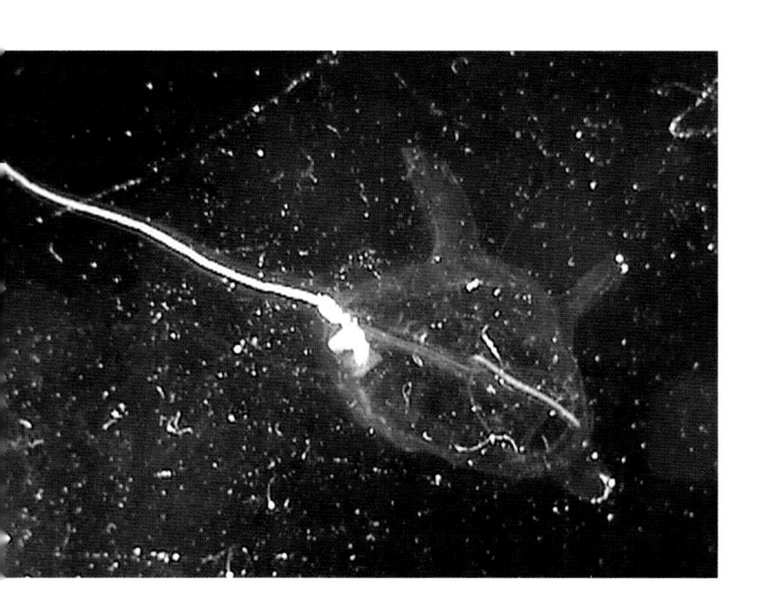

生物荧光

另一种重要的水母防御机制是生物荧光，即这种生物自身发出的光，通常呈现为闪光或持续发光。闪光会让捕食者受到惊吓逃走，或者让它暂时看不到东西或感到迷惑，给准猎物足够的时间悄悄逃走。许多类型的水母都有闪光，包括火体虫、大多数栉水母，以及深海水母体。持续发光通常用来让捕猎者分心，例如，水螅虫纲的短手水母（见 46 页）会舍弃不断扭动且发光的触手，就像蜥蜴在遇到捕食者时丢掉尾巴尖端一样。

生物荧光并不总是用来惊走捕食者或者制造干扰的。一些高等的无脊椎动物，例如乌贼，可以用生物荧光模仿通常是太阳甚至月亮发出的下行光（Down-welling light），有效地伪装自己，避免被别的生物发现。似乎至少有一个水母物种也会将生物荧光当成伪装：生活在深海的钵水母纲物种紫蓝盖缘水母（*Periphylla periphylla*，见 166 页）会发出群星般闪烁的光，而不是整体闪光。在黑暗中，这很可能有助于改变它的外貌，让它看上去不像一只大型水母，而像许多更小的生物。

图注（最左）： 机会来临的时候，海龟会大快朵颐一番，就像图中正在吃一只鲸脂水母的玳瑁（*Eretmochelys imbricata*）一样。它们甚至可以吃掉毒性极强的箱水母，而不会被蜇到。

图注（左）： 许多水母都有刺状或手指状的胶质结构，这些结构既能拉开它们和捕食者之间的距离，也可以通过产生拖拽效果减慢下沉的速度。*Csirosalpa* 属身上的突出结构其实并不锋利，虽然外表看上去颇为尖锐。

隐身有术

在上一节中，我们审视了帮助软体水生动物（如水母）免于轻易沦为猎物的一些结构性防御机制。另一个常见于海洋生物尤其是远洋生物中的适应性特征是特殊的外表，它们通过伪装或透明让自己消失于无形。

透明

很多水母是透明的。无论是捕食者还是猎物，目光都会穿透这些物种的身体，因而看不到它们。例如，大多数水螅虫纲水母、樽海鞘和栉水母都是透明的，尤其是那些体型较小、一口就能被吃掉的物种。有趣的是，全世界毒性最强的动物箱水母和伊鲁坎吉水母也是透明的。人们通常更容易看到这些水母在沙子上的影子，而不是它们在水里的身体。当然，那时候可能就已经太晚了。“普通伊鲁坎吉水母”（见 154 页）的身体透明得连装在玻璃罐子里也很难被看见。

公共水族馆在展览水母时使用强烈的边灯照亮那些更加透明的物种。凝胶状组织拥有各种性质，能够以不同的方式与光线相互作用。它能让从特定角度——正上方和正下方——照射过来的光线穿过去，但是当光线来自侧面时，则会折射出明亮的光。科学家和摄影师会利用这种性质，用侧面光柱照亮水母，但是在自然环境中，阳光是从上方照射下来的，所以这种动物看上去是透明的。作为一种额外的优势，动物制造透明的身体所需的能量非常少。从新陈代谢的角度来看，不制造色素当然比制造色素更加经济。

图注（右）： 透明是水母中最常见的伪装形式之一。从上方照射下来的光线使得 *Bolinopsis* 属这样的栉水母几乎不可能被看到，尤其是对视力或推理能力有限的物种而言。

图注（最右）： 虽然许多人害怕遇到僧帽水母，但是你很难不被它蓝宝石一样的颜色迷住。对于生活在气-水界面的物种，这样的颜色能提供很好的伪装。

基于颜色的伪装

不过，使用色素的伪装（包括斑点）仍然是水母中一种相当常见的防御适应性策略。许多鲸脂水母物种的棕色或绿色体表长着白色斑点，例如巴布亚硝水母（*Mastigias papua*，见 160 页）和澳洲斑点水母（*Phyllorhiza punctata*，见 158 页）。对于潜在捕食者或猎物，这种图案很可能让它们以为这是一群小生物，而不是一只大个体。 色斑斑块在距离水底很近的物种中很常见，例如仙女水母属（见 48 页），而且尤其常见于水体清澈、视觉背景复杂的生境，如

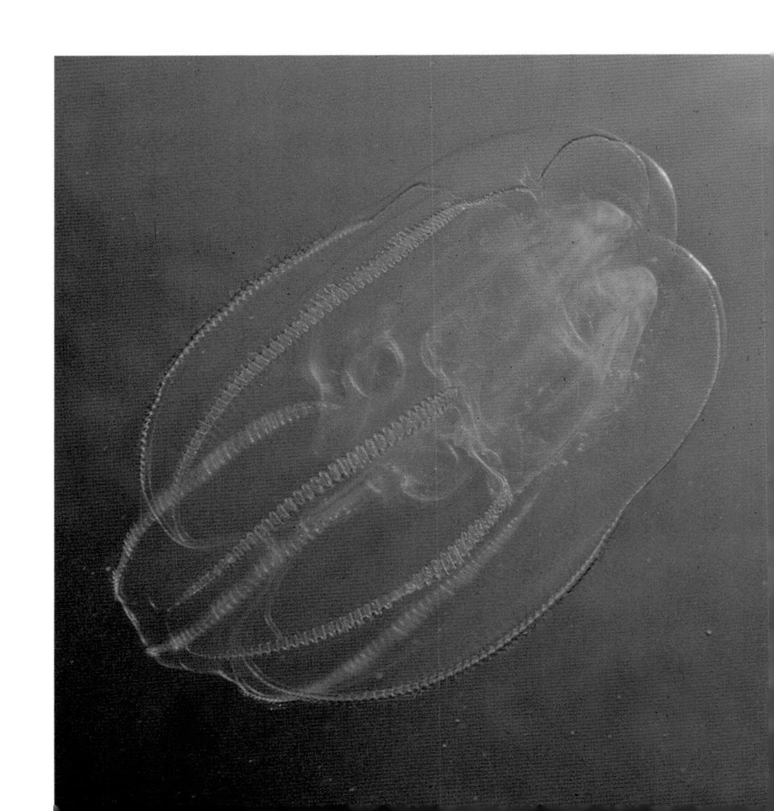

珊瑚礁。生活在礁石和藻类之间的物种身上常常长着不同颜色的条纹，这是非常好的伪装，就连人眼都难以察觉。

在某些生境中，一些特定的鲜艳色彩也是有益的。由于光谱在水中的传播方式，不同颜色的光穿透的深度不同。红光的穿透深度最浅，所以深红色即使在相对较浅的深度看上去也像是黑色。对紫蓝盖缘水母（见 166 页）和环冠水母（*Atolla* spp.，见 168 页）来说，深红体色不但能伪装它们本身，还能遮盖肠胃里的猎物可能发出的生物荧光。真正的黑色在水母中不是一种常见的颜色，但是的确会出现在一些物种中。

鲜艳的蓝色对于生活在气 - 水界面的物种来说是一种有优势的颜色，如僧帽水母（见 34 页），以及精致的蓝色帆水母和银币水母（见 78 页）。就连生活在这里的软体动物和甲壳类都是同样的颜色。这种明亮的颜色被认为可以反射紫外线，保护这些动物的组织免遭日光的伤害。它还能反射其他波长的光，让动物保持凉爽。此外，它还能提供伪装，让上空的捕食者（如海鸟）很难看到这些动物。

在某些物种中，颜色对潜在捕食者来说是一种警告标识 。在整个动物界，红色和黄色都是常见的警戒色，例如北美的东部珊瑚蛇（*Micrurus fulvius*）以及中南美洲的许多箭毒蛙 [箭毒蛙科（Dendrobatidae）] 身上的颜色。在水母类群中，管水母的螯刺器官常常是红色或黄色的，而且会对任何忽视这种信号的人造成极度的痛苦。某些伊鲁坎吉物种的簇生刺细胞呈鲜艳的红色或粉色，很可能也是类似的警告标识。

另一类常见于水母的色彩效果是由折射引起的。尤其是栉水母，会用它们长有纤毛的栉板带创造出炫目的彩虹效果。它们并没有真正地制造这些颜色，而是纤毛将自然光的组成部分折射了出来，被我们的眼睛看到了各个部分的颜色。

与其他物种的关联

水母在地球上的海洋中搏动着生活了数亿年，已经与许多其他生物形成了紧密的联系。它们之间的相互作用并不全都是直截了当的捕食者和猎物的关系。一些关系是共生的，两种生物紧密相关地生活在一起。这种关系可能是互惠的，两个物种都能得到一些好处，也可能偏向其中一方，有时候水母是获利的一方，有时候它们只是向其他物种提供一些东西。

水母—藻类共生

如今研究最透彻的关系之一是某些水母和它们的共生藻类虫黄藻之间的关系。这些藻类与珊瑚的共生藻类相似，无论是在珊瑚还是在水母中，这些共生者都常常为宿主提供浓郁的颜色。拥有共生藻类的水母，如仙女水母（见 48 页）和澳洲斑点水母（见 158 页），都可以用藻类供应的碳水化合物满足自己的大部分营养需求。这些水母几乎不需要进食。只要有阳光照射并且水中有大量养分，共生藻类就能进行光合作用，不会让水母缺乏营养。

水母和其他海洋物种

另一种常见的联系出现在鱼类和某些类型的水母中，特别是鲸脂水母和海荨麻。这些水母有许多褶边和缝隙，可以让小型动物藏身其中。例如，某些鱼类的幼体，如单棘鲀 [单棘鲀科（Monacanthidae）] 和黄带拟鲹（*Caranx georgianus*），就常常像海龟利用自己的壳一样利用水母。数十只小鱼在较大的水母下面游来游去甚至藏在里面的情景并不罕见。水母双鳍鲳（*Nomeus gronovii*）在僧帽水母（见 34 页）又长又能蜇刺的触手中寻求庇护，还能顺手偷走一些食物，并灵巧地躲避致命的接触。

许多种类的无脊椎动物将水母当作移动的家园，搭水母的便车到别的地方，而不用费力地游泳。在途中，这些搭便车的家伙还可以进一步得到好处，因为水母不但提供保护，还是一个方便的营养来源：它们会吃掉水母已经抓住但还没有咽下去的食物。小型蟹类生活在层叠状组织的沟壑中。鹅颈藤壶（Gooseneck barnacle）生活在钟状体边缘，悬挂在触手之间或身体顶端，像触角一样朝上伸着。幼体海葵会在发育过程中搭便车。鱼类、甲壳动物与蠕虫都在樽海鞘内生活和繁殖。最令人惊讶的一种关系存在于瘤蛇尾属（*Ophiocnemis*）的海蛇尾和鲸脂水母的几个物种之间：一只水母身上会出现几十只海蛇尾。就连幼体龙虾也会利用水母：这些发育中的甲壳类动物会趴在钟状体顶端，像玩冲浪板一样骑在水母身上。

某些无脊椎动物对水母的利用更进一步，不只是将它们作为防御性的家园和食品柜。它们会搜集水母的碎片或成簇触手，用来保卫自己。例如，一种名为印太水孔蛸（*Tremoctopus violaceus*）的章鱼会将水母的触手片段在自己八条手臂的吸盘中排成一纵列，这些触手似乎同时用于防御和进攻。某些类型的螃蟹甚至还会将水母披在身上当作防御性外套，它们会用较小的足将倒霉的水母安置就位。

寄生关系

水母和其他物种的一些共生关系是寄生性的，在这种情况下，寄生物种会对水母宿主造成破坏。这些关系中最常见的一种是水母和蛾亚目片脚类

图注（右）： 多样化程度惊人的蟹类、鱼类、海葵、海蛇尾和龙虾的幼体经常搭水母的便车，有些隐藏在水母体内，而另一些会骑在水母顶端，如这只螃蟹的幼体。

图注（右下）： 片脚类动物以与水母的寄生和共生关系而闻名。定居慎蛾（*Phronima sedentaria*）会掏空水母的身体，为自己的幼体（红点）制作桶状孵化室。

（Hyperiid amphipod）的关系，后者是形似小虫子的甲壳类动物，会挖掘进入宿主的组织内。寄生生物常常会吃宿主的组织，特别是紧密的胃组织或生殖器官。其中研究最深入的一种寄生生物是片脚类慎蛾属（*Phronima*）的雌性，它会挖空一只樽海鞘或栉水母的内部，留下桶状的外层皮肤，并分泌一种类似唾液的物质，让这层外壳硬化得如同软骨，然后在里面产卵。慎蛾属的雌性像划小船一样在海水中推动这个桶状结构，照料自己发育中的后代。幼体长到足够大的时候，就会享用营养丰富的第一餐，即这个桶状结构——它们的母亲的家。

季节性和其他发生规律

一般而言，水母在春季爆发，在夏季繁殖，在秋季死亡。水螅体如果存在的话，通常会在冬季存活。然而，正如我们在任何一个类群的生物中观察到的那样，在这种普遍性的模式内，不同的水母物种有不同的发生规律。有些水母的爆发非常短暂，而另一些水母的爆发可以持续数月之久，还有一些水母的爆发是周期性的。一些比较有趣的水母可以活数年或更久。

种群规律的诱发因素

温度波动与白昼时长变化在热带和亚热带海域没那么显著，在这些地区，物种的丰富度常常与不同季节出现的其他条件强烈相关。在澳大利亚亚热带海域，所谓的“毒刺季”通常被认为与雨季（夏季）的炎热、潮湿条件重合，然而包括某些对人来说很致命的物种在内，一些物种会在干燥冬季的较凉爽的月份出现，甚至达到最大的丰富度。

除了纬度规律之外，大多数水母物种还有自己特殊的季节性丰富度规律。夏季是水螅水母的整体丰富度高峰，但大多数物种并不能活过整个夏季，有些物种甚至只能活几天。不同物种遵守不同的日程安排，所以在整个气候温暖的季节里，会有一系列物种接连不断地出现。物种调查项目常常无法频繁地取样以理解这些规律，所以我们对这些动态的认识是有限的，而这些规律的普遍性也常常被低估。

樽海鞘及其近缘物种常常迅速爆发，然后在它们的种群超出食物供应的能力时衰退到原来的状态。爆发的次数取决于环境条件，有些爆发每年可能发生数次。例如，一场大雨常常会将充分的养分冲进沿岸海水，诱使浮游植物爆发，后者转而诱使樽海鞘爆发。沿岸海风常常搅动海水，诱发上升流，也会提供一股营养。其他事件如污水泄漏或水产养殖也会提供足以诱发本地浮游植物反应的营养，接下来就会是樽海鞘或者其他水母的爆发。

某些水母物种还有以天为周期的规律。在某些背风地点，如海湾和港口，大量海月水母（见 130 页）每天上浮到水面一次或两次，然后再沉下去。这些聚集行为被认为与繁殖有关：这些动物紧紧地凑在一起，精子和卵子被起到屏障作用的水面集中起来。这些群集的水母会制造相当壮观的景象，水母体挤得密密麻麻，很多时候一眼望不到边。类似地，许多水螅虫纲水母也在每天日出或日落时繁殖；有些物种聚集在水面，不过另一些物种并不这样做。

立方水母纲 *Alatina* 属内的物种有一种令人着迷的发生规律。这些物种的蜇刺常常在人身上引起威胁生命的伊鲁坎吉症候群（见 154 页）。*Alatina* 属目前已知十来个物种，生活在从大堡礁（Great Barrier Reef）到大开曼岛（Grand Cayman）的全世界热带和亚热带地区的礁石与群岛。这些水母在大多数时间都很罕见，然而，在每月满月之后的第十天左右，*Alatina* 属水母会大量群集，被认为是为了繁殖。在夏威夷和加勒比海，这些水母的群集出现在白天，而在澳大利亚海域，它们出现在夜晚。

长期种群周期

水母种群在天、月和季节尺度上的周期性本身就是个有趣的研究领域，另一个特别有趣的问题是水母是否正在全球性地增长。水母的爆发是它们生命周期中很自然的一部分，但与其他大多数物种相比，它们还能迅速在被扰动的生态系统中趁火打劫一番。当然，难点就在于区分这两种不同的模式。

令人信服的证据表明，水母爆发在 20 年的周期中上下波动。一方面，这可以反驳水母随着时间增长的看法。另一方面，许多研究都表明水母种群在受到过度捕鱼、污染、气候变化和其他不稳定因素影响的生境中出现了增长，而日益增长的人口很有可能逐渐扰乱自然生境。越来越多的证据表明，在其他物种衰退的地方，水母能够兴盛而且的确兴盛了起来，有时这是海洋失去平衡的可视化指标。我们将在第五章更深入地探讨这个有趣的主题，届时我们将讨论这些爆发的机制和影响。

图注（最左）：在特定条件下，营养的突然增加会诱发樽海鞘的爆发，它们如此密集，以至于海水的可见度降到几乎为零。樽海鞘不蜇人，但是它们撞在游泳者的皮肤上，会令人感觉非常奇怪且不舒服。

图注（左）：某些物种如海月水母同时拥有两套发生规律。它们会在一年当中温暖的月份爆发，每天还会成群上浮到海面，很显然是为了繁殖而聚集在一起。

水漂群落

有一类海洋生物被称为水漂生物（Pleuston），它们生活在最恶劣的海洋环境中。水漂生物包括那些生活在气 - 水界面的生物。所有类型的生物——水母、甲壳类、软体动物、蠕虫和其他生物——都适应了这里的生活，而且它们形成了自己的群落，拥有令人惊讶的生态学互作（Ecological interaction）。

气—水界面的挑战

水漂物种必须同时应对水和空气带来的双重压力。当暴露在空气和阳光中时，它们脆弱的身体很容易快速脱水。此外，在一天 24 小时的周期中，空气和水的温度不但波动的速度不同，最高点和最低点也不同，这意味着动物的不同部位在同一时间的温度是不一样的，而这会给新陈代谢或酶的活动带来潜在的问题。这些生物还必须同时应对来自上方和下方的捕猎者，无法完全撤退到两个领域中的任何一个，无论是为了安全还是为了觅食。

大多数水漂生物呈深蓝色，一种介于水鸭蓝和荧光蓝之间的蓝色。这种蓝色被认为有助于保护这些生物免遭紫外线的伤害，还能使它们融入海洋背景中，以免被空中捕食者发现。

扬帆起航的水母

所有水母物种中最令人惊叹的一些生活在水漂环境中。僧帽水母和蓝瓶僧帽水母（僧帽水母属物种，见 34 页）住在这里，气泡状的浮囊竖立在空气中，触手在海水里伸展开来。银币水母（见 78 页）也生活在这里，其同心圆盘漂浮在水面上，下面的边缘生长着鲜艳的蓝色触手。银币水母的表亲帆水母（见 78 页）也出现于此，它有一个椭圆形的蓝色筏子和银色的竖直帆。这些生物成群结队地在广阔的洋面上旅行，就这样度过自己的一生。

在僧帽水母和帆水母的种群中，不同的成员乘

着不同的风。这两个属的物种会长成“右手”或“左手”状态，它们的帆在这两种状态下各自偏向身体一侧。当海风骤起，将这些生物朝着海岸——它们的死亡之地——吹拂的时候，只有帆偏向身体某一侧的个体才会被吹走，这取决于风向；剩下的会留下来，继续繁衍生息。

其他水漂生物

水漂生物的另一个奇特成员根本不是水母，但它捕食水母——而且会像水母一样蜇人。俗称蓝龙（Blue Dragon）或海蜥蜴（Sea Lizard）的大西洋海神海蛞蝓（*Glaucus atlanticus*）及其几个近缘物种是令人惊艳的奇妙生物，身上长着蓝色、黑色和银色的条纹。它是裸鳃类动物。它身上有两对像四肢一样的突出结构，上面有许多指状附肢。每一根“手指”上都储存着它从自己的水母猎物那里获得的未释放的刺细胞，需要的时候可以用来防御。大西洋海神海蛞蝓通过吞咽空气增加浮力，漂浮在水面上。它通过自己形似蛞蝓的强健的足沿着水面的下表面滑行：这很不寻常，它不是在水的上面爬行，而是真正地在空气的底部爬行。

水漂生物的另一个常见成员是紫螺（*Janthina janthina*）。紫螺是一种外壳坚硬的小型软体动物，而且和大西洋海神海蛞蝓一样，以水漂水母为食。紫螺保持漂浮的方法是制造垫状黏液泡沫并附着在上面。只要它犯了一个错，它就会掉下去，而对它来说这意味着确切无疑的死亡，因为它无法重新浮上来。紫螺的壳——呈美丽的丁香色和薰衣草色——呈现出一种在海洋生物中十分常见的配色方案，称为反荫蔽（Countershading），能够伪装成水生动物，使它们不被上面和下面依赖视力的捕猎者（或猎物）发现。使用这种配色方案的动物通常顶部颜色较深，底部颜色较浅。有趣的是，在这种上下颠倒地悬挂起来的螺中，通常的模式发生了逆转：壳的底部颜色较深，因为当这种螺悬挂在泡沫垫的下表面时底部朝上，颜色较浅的顶部朝下。

向岸风过后，在热带或温带地区的任何一条海岸线上都能观察到这些（以及其他的）水漂生物。许多人会在这个时候远离海滩，因为害怕被水母蜇到，但敏锐的观察者此时就可以发现这些令人赞叹的水漂生物。

图注（左）：水漂动物会形成奇怪的群落，一半在水中，一半在空气中。大西洋海神海蛞蝓捕食水母（如银币水母），然后把刺细胞收集在自己的“手指”上，纳为己用。

图注（上）：时不时会有数百万只帆水母被风吹到岸上，把整片海滩染成紫蓝色。圆盘和帆的下面生长着一个非常活跃的水螅群体。

远洋生态学

远洋的大部分领域是个黑暗而神秘的地方。阳光只能穿透一小部分，这个区域是光合作用带。剩下的区域处于永久的漆黑或无光状态。这些领域——中层带、远洋深层带和远洋深渊带——隐藏在层层海水下，被遥远的距离（水平和垂直方向上的）隔绝，是人类难以穿越的禁区。探索深海成本极高，科学考察需要从庞大的船只上抛下巨网捕捞。大多数海洋生物学家从未亲自下到海面之下很深的位置；对于少数这样做了的人，这样的旅程常常是改变一生的体验。生活在远洋尤其是深海的生物常常超出人类最狂野的想象力。

深海

远洋深海区生活着多样性高得不可思议的水母。这里是它们的主场。黑暗让这些长着触手的捕食者比依靠视觉的捕食者占有更大的优势。绝大部分由水构成的身体让它们能静静地悬浮在水中，就像天上的云一样，不用消耗额外的能量以保持自己的位置。它们只需要停在原地，等待粗心的猎物经过就行了。它们的低能量需求让它们可以在两次进食或交配之间生存很长时间，在一个捕食者、猎物和交配对象相距甚远的环境中，这是个明显的优势。

这种生态系统是地球上同质化程度最高的。这里除了水，还是水。生活在这里的生物终其一生都在漂浮，绝不触及海底。远洋绝大部分领域的温度都是恒常不变的 4℃，和家用冰箱冷藏室的温度差不多。这里的压力是巨大的——我们的肺在水下数百英尺深的地方就会被挤爆，然而水母的高含水量让它们的身体不会被压扁。

在远洋中寻找其他生物

水母的所有时间都花在寻觅食物、逃离捕食者和寻找配偶上。这些活动支配着它们的存在，而且在远洋完成这些任务比在地球上其他任何地方都难，这是几个因素共同作用的结果。首先，生物多样性和生物量水平都比较低，这就降低了找到食物或同伴的概率。第二，水的黏度以及发力基底的缺乏让深海中的逃跑就像在地外空间中一样有挑战性。实际上，这里可以说是地内空间，远离我们可以在其中舒适生活的那道薄薄的边缘。

水母与众多其他类型的生物互相作用。在较浅的沿海水域，许多互相作用对水母和相关生物来说是互惠互利的。鲸脂水母的共生藻类就是一个例子。然而，在远洋中，水母和其他物种的关系通常只有两类：捕食者—猎物和宿主—寄生虫。在这些水域中，水母经常被形似昆虫的小型甲壳类动物或其他水母寄生。

水母在远洋采用的觅食策略令人着迷。某些类型的水母会将触手卷曲成螺旋状，为它们的猎物布下难以穿越的屏障。其他物种会把触手向外伸展，在身体周边创造一大片捕食区。还有一些物种在海水中缓慢地漂流或游动，将触手拖在身后，希望能在它们引起的湍流中捕捉到微小的浮游生物。

环冠水母（见 168 页）使用它高度特化的触手诱捕它的猎物管水母。包括一些管水母在内的其他物种像使用鱼钩那样使用它们的触手。

拟态

拟态在海洋中很常见，既有模拟其他物种的水母，也有模拟水母的其他物种。管水母就是一个例子，某些物种的簇生刺细胞很像桡足类或鱼类的幼体——远洋环境中常见的猎物。当管水母撒下鱼钩觅食的时候，这些结构就是诱饵；它们甚至还会断断续续地收缩，模拟这些猎物物种忽动忽停的动作。管水母使用这些诱饵吸引以桡足类和鱼类幼体为食的鱼类。

有时头足动物（Cephalopod）会模拟水母。印度尼西亚的拟态章鱼（*Thaumoctopus mimicus*）和某些乌贼的幼体在受到惊扰或威胁时会伸展它们的触手或者弯曲身体，让自己看起来像某个水母物种。

繁殖

水母在远洋使用的捕猎和防御策略的多样性与它们的繁殖策略的多样性不相伯仲，其中一些繁殖方式还需要其他物种的参与。虽然大多数远洋水母没有水螅体，但是对于有水螅体的那些物种，它们的水螅体常常长在其他物种上。例如，某些水螅虫生长在海蝴蝶［Sea Butterfly；会游泳的软体动物，属于有壳翼足亚目（Thecosomata）］或鱼类身上。另外一些则寄生在其他水母上。例如，水螅虫纲刚水母亚目某些物种的寄生性幼年水母体生长在其他刚水母亚目物种甚至其他类型的水母体内。

在广阔无边、无处躲藏的远洋区，这些生物进化出了确立竞争优势的方法，并常常以损害其他物种为代价。

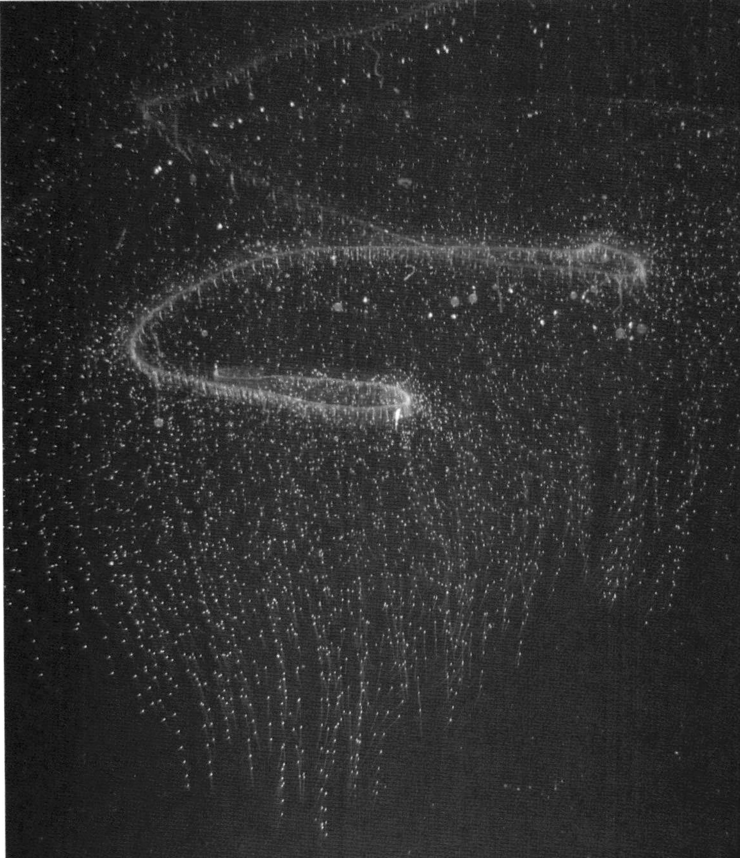

图注（右上）： 拟态章鱼可以通过改变身体形状、颜色和行为骗过捕食者。它会模拟多种生物，包括螃蟹、狮子鱼（Lion Fish）、海蛇（Sea Snake）和水母。

图注（右）： 管水母布下数千条触手捕食。这个令人瞠目的深海物种是在大澳大利亚湾（Great Australian Bight）进行的一次远洋探索中被用澳大利亚联邦科学与工业研究组织（CSIRO）的拉格朗日声学光学采集系统（Profiling Lagrangian Acoustic Optical System，简称PLAOS）观察到的。

洄游

水母是漂流者，可以在海水中上下移动，但它们无法对抗水流，除了极少数例外。实际上，它们是浮游生物的一部分，按照定义，这是一类漂流而非游泳的生物。虽然拥有这种被动的生活方式，但许多水母仍然能够进行复杂的水平和垂直方向的洄游。

垂直洄游

包括水母在内，深海中的许多生物每天都会垂直洄游，距离长达1英里。它们白天在深水中度过，黄昏时分开始上浮。许多水母会抵达水面或者至少接近水面，然后在黎明到来之前返回深水。这种洄游的原因各不相同。某些物种上浮，是因为它们的猎物生活在阳光照射到的区域（光合作用带），但是白天出现在那里会让这些水母很容易被捕食。其他物种很可能只是为了跟踪自己洄游的猎物而已，它们的猎物之所以洄游，也是出于类似的各不相同的原因。

洄游可能并不全然是为了逃避捕食者或追逐猎物。从能量的角度看，在海面进食，然后在深海消化，要比只待在某一个地方更有优势。海面附近的猎物比深海中丰富得多，然而深海更低的水温意味着生物体的新陈代谢会有相当程度的下降，所以在这里待着能够保存能量。因此，动物体在深海中可以将自身总能量的更大一部分用于消化和繁殖，而在浅水中它必须将更多能量用在呼吸、普通生命活动和躲避捕食者上。

如果动物体完全依赖游泳的话，一次漫长的洄游肯定需要消耗大量的能量。在部分物种中，起作用的是化学物质，这些水母依靠离子（带正电荷或负电荷的原子或原子团，某些离子比其他离子重）的化学性质调整自己的浮力。水母可以将较重的离子如硫酸盐离子主动排出自己的细胞，或者从周围的海水中积累较轻的离子如铵离子。即使最轻微的改变也足以完成一次毫不费力的洄游。需要再次下沉的时候，它们只需要逆转这个过程。然而并非所有水母都会为了洄游交换离子，其他物种采用的是传统方法——游泳。

浅海洄游

虽然垂直洄游在深海物种中很常见，但某些沿海物种也会垂直洄游，尽管距离短得多。世界各地的

图注（左）： 每天有数百万只巴布亚硝水母在帕劳（Palau）的湖泊中洄游，它们跟随太阳的轨迹移动，让自己的共生藻类尽可能地接触到阳光。其他物种也有类似的追逐太阳的洄游，但原因不明。

图注（右上）： 无论是在深海还是在沿岸的浅海，都有许多类型的水母进行每天一次的垂直洄游。在深海中，物种通常在夜间浮到海面，白天沉回深水。相反，浅海区的物种经常夜间下沉，白天上浮到水面一次或两次。

多个海月水母（见130页）种群每天洄游到海面一次或两次，聚集在一起进行短暂的产卵和排精，然后在大约半小时后散开。依赖水流或者需要从海中抽水的行业特别容易受这种短暂群聚行为的影响。

在加拿大西海岸，至少有一个海月水母属物种每天还会进行水平方向的洄游，追逐太阳的方向移动，从它生活的小水湾的这一边游到另一边去。这些水母体在阴天和夜间的分布是随机的，但是在晴天，它们会沿着小水湾的东南岸朝着东南方向洄游，这个区域是阳光最充足的地方。类似地，帕劳内陆咸水湖中的巴布亚硝水母（见160页）每天也会临时性地聚集，不同的种群对它们生活的湖泊的特定条件作出反应而聚集在一起。

洄游之谜

有两个特别有趣的洄游之谜等待着解决。澳大利亚本土特有的海蜂水母（见50页）和“普通伊鲁坎吉水母”（见154页）——世界上毒性最强的两种动物——会进行季节性的洄游，而且经常在这种洄游中接触游泳者。海蜂水母的亚成体曾被观察到在每年雨季的第一场大雨之后从河流进入海洋，然而，这个物种从未被观察到返程洄游到河中。实际上，它的水螅体仅仅在一条河里被发现过一次，所以它和河流的关系仍然是个未解之谜。

“普通伊鲁坎吉水母”的洄游状况更模糊。*Carukia* 属一般会大批出现在特定的海滩并持续一两天。这些大批出没事件与特定风向有强烈的相关性，所以大体上是可预测的。历史上曾经认为这种水母是从远离海岸的区域水平洄游到浅水的。然而，这些同时出现的水母体通常年龄不一，从几小时到几周大的都有，说明它们很可能是从海底向上洄游而不是从更深的远洋洄游过来的。

伊鲁坎吉水母

温暖舒适的热带和亚热带海滩——大堡礁、夏威夷、佛罗里达、加勒比海、泰国，以及印度－太平洋海域的无数岛屿，每年都要接待数百万喜欢这些地方的游客，但是清澈的海水中隐藏着看不见的危险：伊鲁坎吉水母（Irukandji Jellyfish）。这个名字源自澳大利亚土著的语言，如今适用于十几个物种，全都属于灯水母目。这些水母的蜇刺会使人极为痛苦，甚至危及生命。

伊鲁坎吉症候群

刚刚被伊鲁坎吉水母蜇到的时候，常常感觉很轻微，甚至注意不到，但是在5～40分钟后（具体时间取决于物种），称为伊鲁坎吉症候群的一系列症状就会开始出现：后腰剧烈疼痛，呼吸困难，大量出汗，痉挛和抽搐，咳嗽，皮肤感觉有东西爬过，还会产生濒死感。在有些情况下，严重的高血压会导致肺水肿、心力衰竭或者中风。

“普通伊鲁坎吉水母”和其他物种

第一个得到命名的伊鲁坎吉水母物种——也是最有名的一个——是“普通伊鲁坎吉水母”（*Carukia barnesi*，英文名是Common Irukandji）。它的身体只有1厘米高，而四条触手可以长到身体的100倍长，且细如蛛丝。在科学家们发现神秘的伊鲁坎吉病来自它的蜇刺之后的很长一段时间里，人们都没有找出它群集出现在澳大利亚海滩沿线的规律。在2012年，这个神秘的预测难题终于被破解了，研究者们发现主要信风的下沉是伊鲁坎吉水母物种大批出没的主要因素。

许多其他物种也会导致伊鲁坎吉症候群。*Malo*属（见200页）、*Morbakka*属、*Gerongia*属和*Keesingia*属的物种都与“普通伊鲁坎吉水母”属于同一个科，即Carukiidae科。*Alatina* 属物种（Alatinidae科）周期性地出现在夏威夷的怀基基海滩（Waikiki Beach）、佛罗里达群岛（Florida Keys）、加勒比海的大开曼岛，以及大堡礁。水螅虫纲和钵水母纲的一些物种也会导致伊鲁坎吉症候群，它们出现在从威尔士和波士顿到墨尔本和开普敦等地。

拉丁学名：*Carukia barnesi*（和其他物种）

中文通用名：伊鲁坎吉水母

英文俗名：Irukandji Jellyfish（“伊鲁坎吉水母”）

系统发育地位：门 刺胞动物门 / 纲 立方水母纲 / 目 灯水母目

解剖学特征：身体呈顶针状至管状，有四条触手，每条触手上都有众多带状排列的刺细胞

水中位置：滨海浅水域，热带礁区和岛屿

大小：钟状体高1～50厘米，触手长约1米

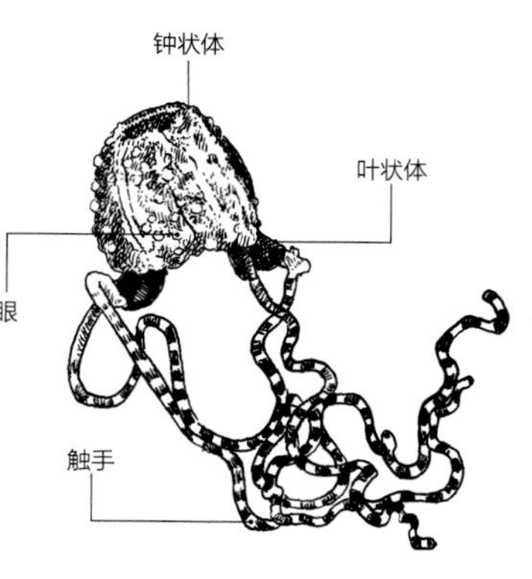

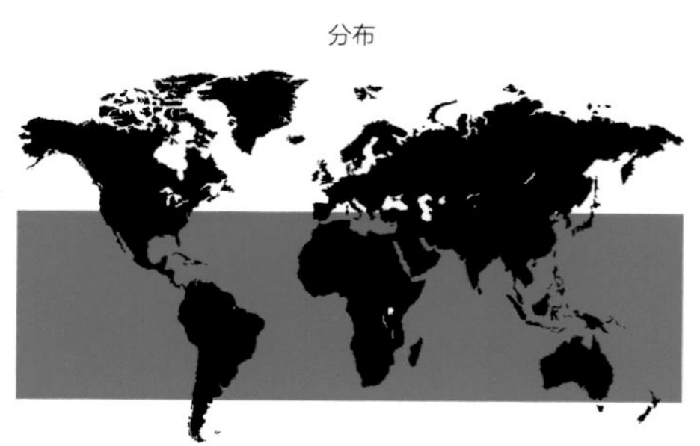

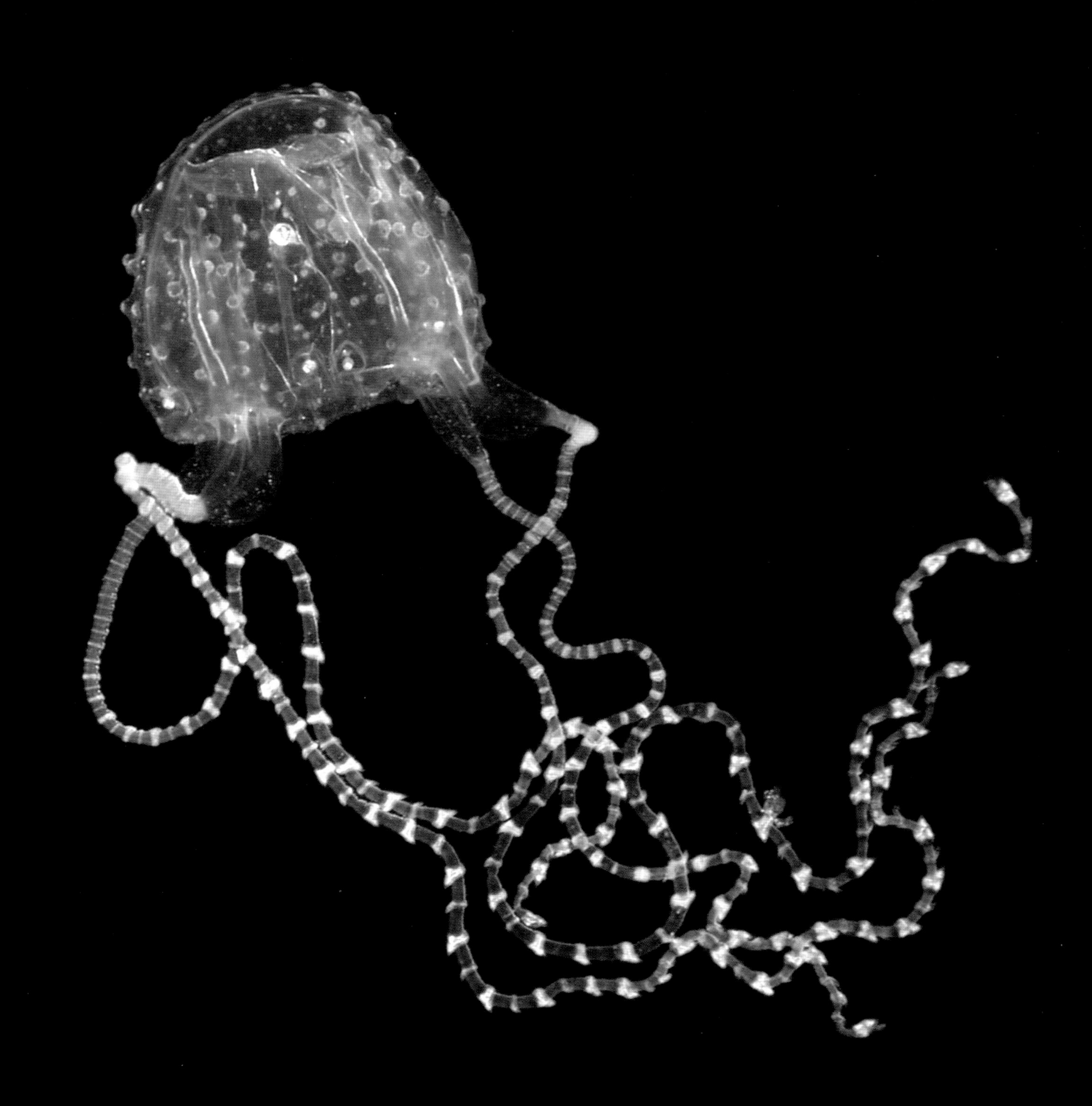

气囊水母

在管水母这个类群中，气囊水母（*Physophora hydrostatica*）是最美丽的一个物种，它的拉丁学名大致可以翻译成“带气囊的水中骨架”。气囊水母属通常生活在远洋的中层带，但有时会被上升流带到海面，让潜水者和浮潜者欣喜不已。

非常迷人

气囊水母很难被错认成其他物种。它最显著的特征就是一圈耀眼的粉橙色触管（Palpon），或称螯棒（Stinging baton）。触管上面是由泳钟体构成的气泡状区域，再上面是一个小小的银色充气浮囊，用于增加浮力。几条长而细的触手从底部的触管之间伸出。整个群体的高度可达数英寸，触手除外。

某些类型的管水母会将数百条触手布置成长长的帷幕，静静等待粗心的猎物，而另一些管水母则会拖着它们的触手在水中游曳以捕捉食物。气囊水母属的触手的节瘤形似微小浮游生物，暗示了这种管水母是如何捕食的。一些研究者提出，这些节瘤可能是引诱视觉捕食者的诱饵。

掀开的裙子

气囊水母的运动方式通常是被动漂流，或者协调自己泳钟的搏动，缓慢地游泳。有时候它会突然张开自己的触管，就像女性的裙子被风吹得向上掀开一样。这种行为的原因至今仍然未知，不过这可能是一种防御行为，让群体突然显得更大一些。

拉丁学名：*Physophora hydrostatica*

中文通用名：气囊水母

英文俗名：无

系统发育地位：门 刺胞动物门 / 纲 水螅虫纲 / 目 管水母目 / 亚目 胞泳亚目

显著解剖学特征：泳钟体区域顶端有一个狭长的浮囊，裙状粉橙色触管，还有几条下垂的细长触手

水中位置：光合作用带、中层带、远洋深层带

大小：群体有 8 ~ 12 厘米长

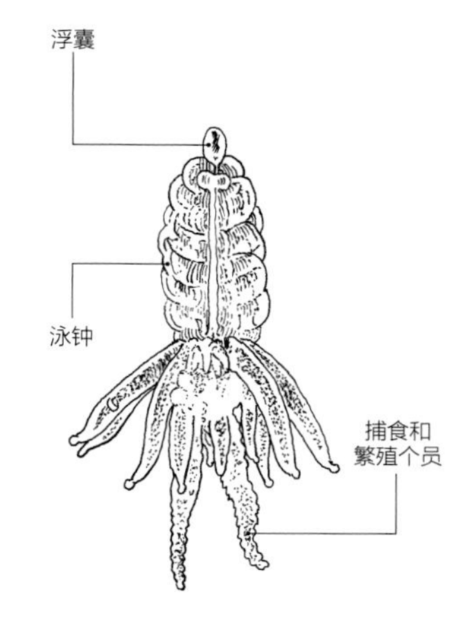

分布

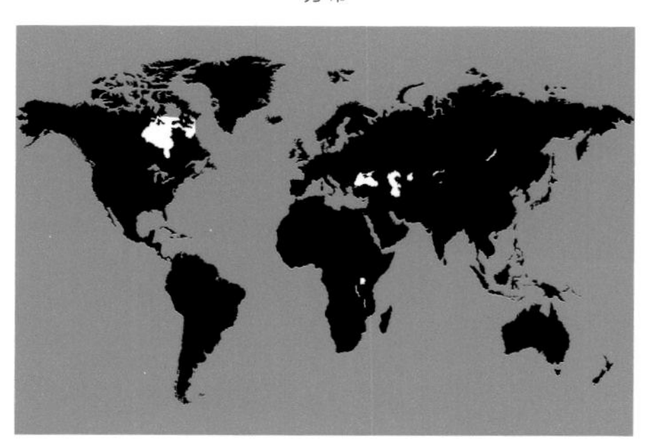

澳洲斑点水母

2000 年，墨西哥湾沿海的渔民和其他人开始注意到一种陌生的水母物种以不同寻常的数量出现。这些生物的踪影很难被错过：它们是体型巨大的动物，直径约 50 厘米，而且它们醒目的配色——泛白的身体上有明亮的白色斑点——在蓝绿色的海洋中显得十分突出。

科学家们很快就认出这些水母是澳洲斑点水母（*Phyllorhiza punctata*），原产于澳大利亚西南部的一个物种。据推测，它们是从加勒比海入侵墨西哥湾的，根据报道，它们已经在加勒比海生活了 50 多年。

在原产地，澳洲斑点水母呈深橄榄棕色，有白色斑点。棕色来自生活在这种水母组织内的共生藻类，这些藻类制造的碳水化合物可以满足这种水母很大一部分的营养需求。有趣的是，墨西哥湾的种群丢失了这些共生藻类，因此呈浅白色或浅蓝色。

这些入侵性的澳洲斑点水母因缺少共生藻类，所以必须从周围的海水中捕食浮游生物。大量出现的水母意味着有许多张嘴在吃大量的浮游生物，这对当地生态系统造成了压力。

没人爱的害虫

这两个种群都有令人遗憾的讽刺之处。在澳大利亚，澳洲斑点水母是一种令人烦恼的害虫，部分原因在于它的共生藻类让它可以不用寻找食物也能迅速生长和不受抑制地繁殖。美洲的种群也是一种害虫，因为它必须寻找食物，所以它会吃光其他物种的食物。无论怎样，水母都是赢家。

拉丁学名：*Phyllorhiza punctata*

中文通用名：澳洲斑点水母

英文俗名：Australian Spotted Jellyfish（“澳洲斑点水母”）

系统发育地位：门 刺胞动物门 / 纲 钵水母纲 / 目 根口水母目

显著解剖学特征：身体大而笨重，有八只带褶边的口腕，每只口腕上带一根小棒。澳洲种群的个体呈深橄榄棕色带白色斑点；美洲种群身体透明泛白，有明亮的白色斑点

水中位置：浅海区的光合作用带

大小：钟状体直径达 50 厘米

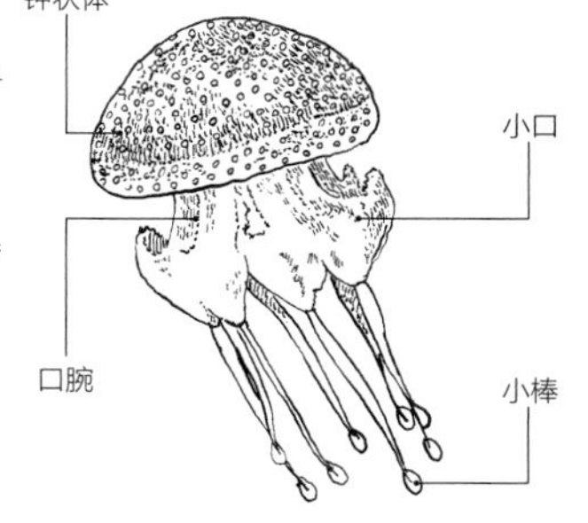

巴布亚硝水母

想象一下你在失重中漂浮着，寂静无声地穿过一群暴风雪般的无害圆点花纹水母，就好像你身处一盏熔岩灯内一样。这不是梦中才会出现的景象，在遥远的太平洋西部的小小岛国帕劳的两三个咸水湖中，这种体验在过去的几十年里成了旅游业的一大亮点。

巴布亚硝水母（*Mastigias papua*）在英文中常称为 Spotted Jelly（“斑点水母”），还有 Golden Jelly（“金色水母”）或 Lagoon Jelly（“潟湖水母”）等别称，体表呈浅黄色至浅粉色，上面分布着醒目的白色斑点。它的身体是球状的，有八只短且向下伸出的口腕。成年时钟状体的直径只有大约 8 厘米。虽尺寸不足，但数量取胜：一些评估结果认为湖里的水母数量超过 150 万。该物种还分布在印度 - 太平洋的海滨水域。

鲸脂水母

硝水母属（*Mastigias*）是一种根口水母，或称“鲸脂水母”（Blubber Jelly）。它从生活在自己组织里的共生藻类的光合作用中获取营养。这些生活在内陆湖中的水母几乎没有捕食者，不需要保护自己——除非它们距离水底太近，在那里它们可能会被饥饿的海葵吃掉。另外，它们没有能力蜇人。

像大多数刺胞动物门的水母一样，根口水母拥有水螅体阶段。它们会通过横裂产生水母体（见“钵水母的生活史”，62—63 页），但一次常常只产生一个碟状幼体（幼小的水母体）。一次产生一只水母体的补偿条件是水螅体可以缩短两次横裂之间的时间，让这个过程或多或少保持连贯性，而不是等待条件成熟时的一次爆发。

拉丁学名：*Mastigias papua*

中文通用名：巴布亚硝水母

英文俗名：Spotted Jelly（“斑点水母”）、Golden Jelly（“金色水母”）或 Lagoon Jelly（“潟湖水母”）

系统发育地位：门 刺胞动物门 / 纲 钵水母纲 / 目 根口水母目

显著解剖学特征：身体呈球状，有八只短而粗厚的口腕，每只口腕带一根粗小棒；金色至浅粉色，有白色斑点

水中位置：内陆咸水湖或沿岸海域的浅层水

大小：钟状体直径约 8 厘米

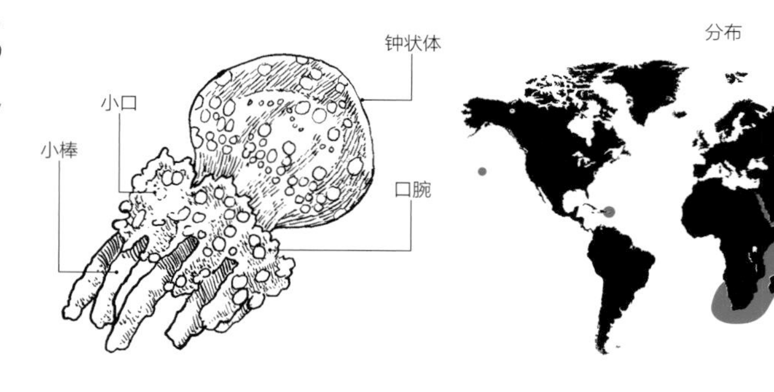

索氏桃花水母

大多数人从未听说过淡水水母，而那些遇到它们的幸运儿通常都会感到惊讶和喜悦。索氏桃花水母（*Craspedacusta sowerbii*）就是一种淡水水母，直径约 2 厘米，身体精致纤巧。它们爆发时会形成壮观的景象，浮潜者躺在水中一动不动，透过玻璃面罩看着它们，感觉就像暴风雪的雪花从眼前飘过。

搭便车的水母

桃花水母属（*Craspedacusta*）原产中国，如今常见于世界各地的湖泊、溪流、人工水库和后院的荷花池里。该物种被认为是通过微小的水螅体传播的，它们搭上鸟类的便车，附着在鸟爪沾染的泥上，来往于不同的水体。在某些情况下，这些物种还可以通过水生植物的贸易去往世界各地。

大多数群集出现的桃花水母要么全都是雄性，要么全都是雌性，而不是雌雄两性都有。这很可能是因为只有一个水螅体被运到了新水体中。当这个水螅体进行克隆时，它的后代会释放足够多的水母体，创造一大群桃花水母。由于只有一个性别，桃花水母无法维持种群规模，最终会逐渐消亡。

吃蚊子的水母

环球旅行的桃花水母对人类来说还有一些用处——它会吃掉蚊子的幼虫。尚不明确它在生态学上的这种表现能否带来对蚊子的某种形式的自然防治。但是将外来物种引入新环境会造成问题，且事实一再证明这在全世界造成了灾难性的后果。尤其是在非洲，本地的其他淡水水母或许是更有吸引力的选择。

拉丁学名：*Craspedacusta sowerbii*

中文通用名：索氏桃花水母

英文俗名：Freshwater Jellyfish（“淡水水母”）

系统发育地位：门 刺胞动物门 / 纲 水螅虫纲 / 目 淡水水母目

显著解剖学特征：身体小巧纤秀，有许多触手、一个长长的垂唇和四个兜状生殖器官

水中位置：浅湖、溪流、水库和荷花池的所有深度

大小：钟状体直径约 2 厘米

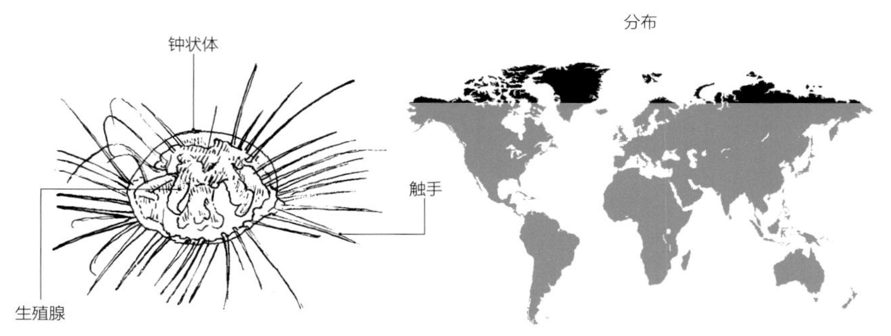

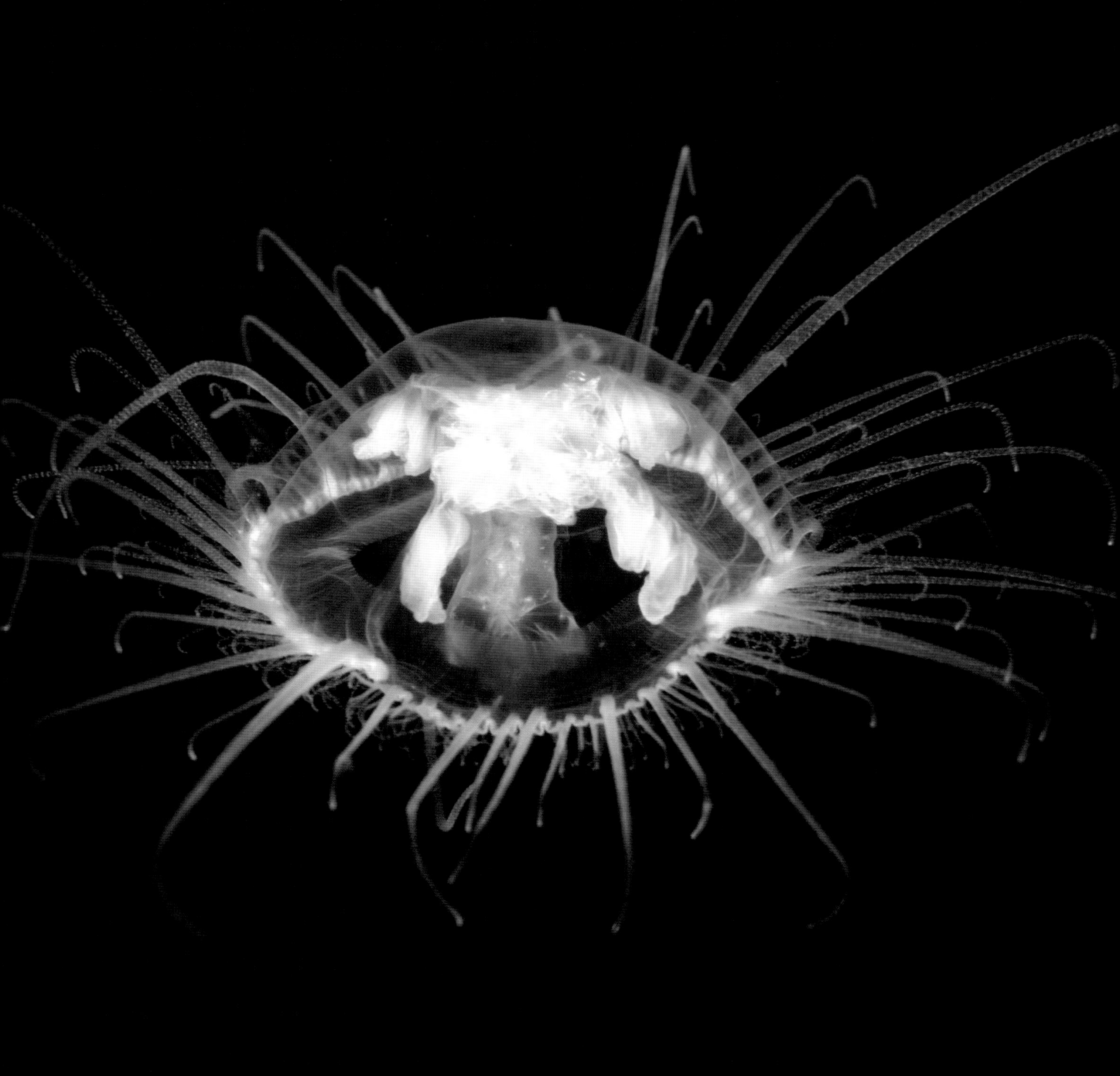

瓜水母

人们常常说自己被水母给“咬”了，但他们用错了词。水母只蜇不咬——至少大部分水母如此。尽管似乎颇为奇怪，但某些水母真的有牙齿。栉水母中的瓜水母属（*Beroe*）是结构简单的兜状生物，它们没有触手、口叶或其他附肢，然而它们的口内有高度特化且增大的纤毛，起到牙齿的作用。

捕食习性

当瓜水母找到适合吞噬的生物时，它会朝猎物游过去，经过它身边，然后掉过头杀一个回马枪。如果猎物足够小，瓜水母会用唇裹住猎物，将它吞下去，就像蛇吞掉老鼠一样。如果猎物大得口里装不下，瓜水母就会咬下大块大块的组织，直到填饱肚子。不过，瓜水母不会对人造成危险，它只吃凝胶状猎物，主要是其他栉水母。

兜状身体给游泳带来了各种挑战。瓜水母是口朝前游动的，这要冒着身体里被灌满水的风险。除了牙齿之外，瓜水母的口两侧还有粘性细胞，它们能将口粘住，让这种动物更有效率地游动。

瓜水母属的不同物种分布在每一片海洋的所有深度。它们有生物荧光，用栉板带上的明亮蓝色闪光自卫。瓜水母是雌雄同体的——每只个体既是雄性也是雌性。

拉丁学名：*Beroe* spp.

中文通用名：瓜水母

英文俗名：无

系统发育地位：门　栉水母门　/纲　无触手纲　/　目　瓜水母目

显著解剖学特征：身体呈兜状，有八条纵向栉板带

水中位置：光合作用带、中层带和远洋深层带

大小：取决于物种，成熟个体通常为6～10厘米长，最长30厘米

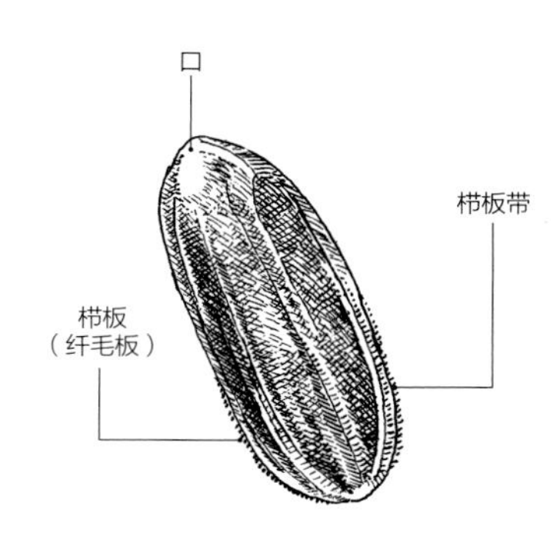

分布

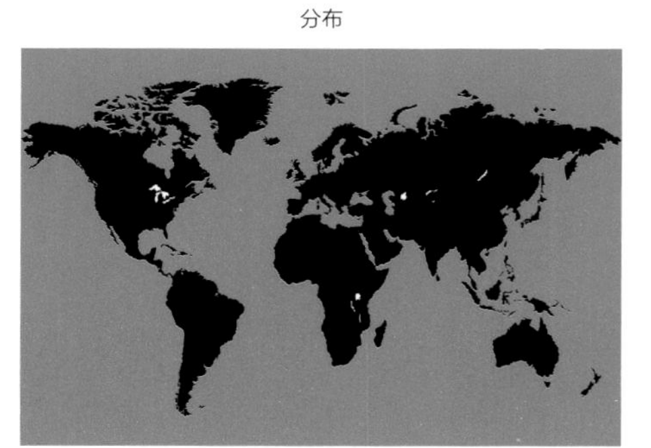

紫蓝盖缘水母

许多生物拥有生物荧光，也就是说它们可以自己发光，例如火体虫、萤火虫和一些种类的鱼、甲壳类、乌贼，当然还有水母。水母通常将生物荧光用作吓走捕食者的闪光。有些物种是持续发光，而有一类水母将生物荧光用在了别的地方。

闪烁与伪装

生活在深海的紫蓝盖缘水母（*Periphylla periphylla*）像星星一样闪烁。小小的光点忽明忽暗，形成一种星光闪烁的效果。紫蓝盖缘水母很可能将这种闪烁当作伪装，让零散的荧光遮掩它真正的大小或形状。

绰号为“圣诞老人帽水母”（Santa’s Hat Jelly）的紫蓝盖缘水母还会使用另一种类型的伪装。虽然闪光会吓走一些动物，但还有一些动物会将它看作饱餐一顿的信号。因此，被水母吞下去的任何浮游猎物（通常不会立即死去）发出的不经遮挡的光都有可能给它带来麻烦。紫蓝盖缘水母拥有不透明的红色的胃，能够有效遮挡在它的胃里挣扎的猎物发出的生物荧光。在深水中，红色看上去和黑色一样，让它的胃无法被看到。

入侵峡湾

虽然紫蓝盖缘水母在它的自然栖息地——每一片大洋的深处——是一种奇妙的动物，但它在挪威的峡湾中却成了一种害虫，出现在包括海面的所有深度。当峡湾中的鱼类种群由于人类过度捕捞而开始衰退的时候，紫蓝盖缘水母乘虚而入，惊讶地发现这个栖息地和它的老家非常相似——寒冷、幽暗、深邃、静止。像紫蓝盖缘水母这样的策略性捕食者不用看到东西也能捕食，这让它们在鱼类等视觉捕食者面前占尽优势。至少有两座峡湾似乎达到了一种新的物种平衡，让紫蓝盖缘水母成了顶级捕食者。

拉丁学名：*Periphylla periphylla*

中文通用名：紫蓝盖缘水母

英文俗名：Santa’s Hat Jelly（“圣诞老人帽水母”）

系统发育地位：门　刺胞动物门／纲　钵水母纲／目　冠水母目

显著解剖学特征：钟状体大，呈圆锥形，内有一个深红色的胃

水中位置：从光合作用带到远洋深渊带，亦出现在挪威峡湾的所有深度

大小：身体高达 30 厘米

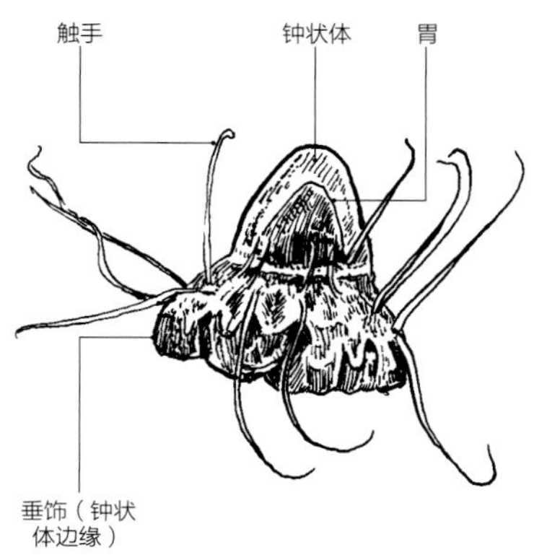

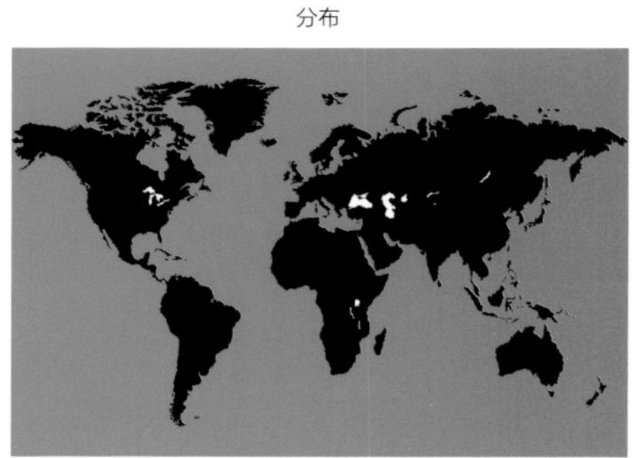

环冠水母

设想一种身体扁平得像飞盘一样的水母，中央有一个穹顶状的隆起，外边缘有向外辐射的饰边。在边缘给它增添大约 20 只触手，每两只触手之间都有一根平衡棒。把它的胃染成深红色，遮挡在其中挣扎的猎物可能发出的任何生物荧光。然后，你就得到了所谓的“飞碟水母”（Flying Saucer Jellyfish），它们属于环冠水母属（*Atolla*）。

该属目前已知的数个物种，全部来自深海。最常见的礁环冠水母（*Atolla wyvillei*）长得相当大，直径长达 15 厘米，全身都是深红色。另一个物种 *Atolla clara* 也相当大，但是不像礁环冠水母那样全身都是红色，所以没有前者醒目。体型更小、更精致的种类也很常见。

近些年来，多亏了能够抵达海洋深处的潜水器，科学家们得到了一项令人兴奋的发现：环冠水母的触手在捕食任务上是有分工的。当环冠水母在自然生境中被观察时，它拖在身后的触手中总有一只比其他触手长。它用这只增大的触手捕捉小水母属（*Nanomia*），一类常见的管水母；它可能也会捕捉其他凝胶状猎物。其他触手似乎是用来捕捉浮游动物猎物的，例如桡足类。环冠水母也是其他动物的猎物：至少有一个深海虾物种——硕大、鲜红、布满棘刺、看上去十分强悍的 *Notostomus robustus*——曾被观察到以环冠水母为食。

独特的生物荧光

和许多深海动物一样，环冠水母能发出生物荧光，但它发出的荧光不是普通的闪光或闪烁，而是条纹状的蓝色荧光，在钟状体上呈圆形迅速波动。

拉丁学名：*Atolla* spp.

中文通用名：环冠水母

英文俗名：Flying Saucer Jellyfish（“飞碟水母”）

系统发育地位：门 刺胞动物门 / 纲 钵水母纲 / 目 冠水母目

显著解剖学特征：身体扁平，呈茶托状，中央有一个穹顶状隆起

水中位置：中层带和远洋深层带

大小：存在物种差异，有的身体直径约 15 厘米

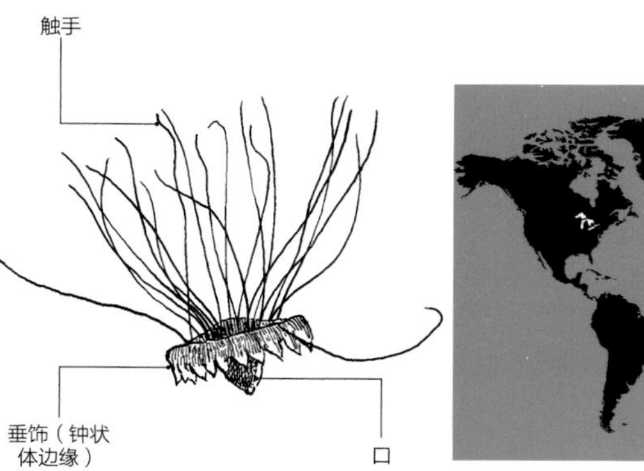

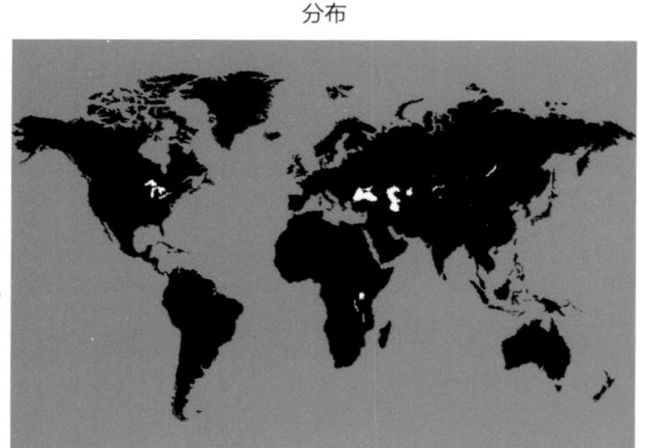

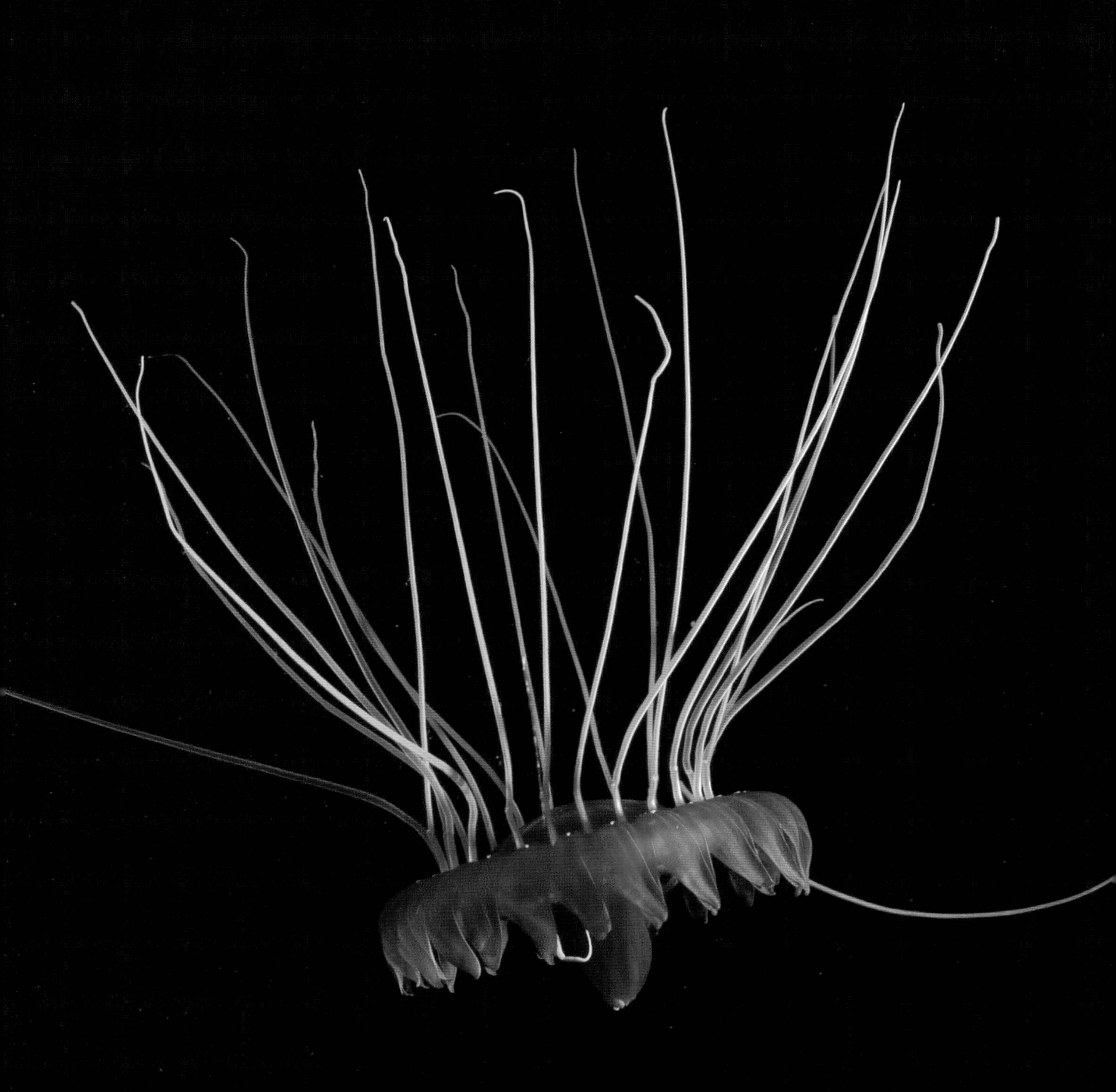

爬虫水母

虽然我们通常认为水母是远洋中的漂流者，但是也存在少数不能游泳的水母种类，其中包括水母体上下颠倒的十字水母（见 18 页），它们像海葵一样，口和触手朝上。不过 *Staurocladia* 属和 *Eleutheria* 属的“爬虫水母”（Leaf-crawler Jellies）的方向与正常水母一样，也就是说口朝下，但是它们缺乏游泳能力。它们一生都用触手在藻类和海草之间爬行。

为了适应完全的底栖生活，这些水母的触手高度特化。每只触手都分为两叉：一个分叉朝下且其末端有黏性吸盘，供它们在叶片上爬行和吸附；另一个分叉朝上伸入水中，上面长着用于捕食的环形刺细胞和一个节瘤。它们的猎物包括桡足类和其他小型浮游及爬行物种。每只触手的蜇刺分叉在水中朝着猎物的方向摇摆，然后节瘤朝着猎物猛刺过去进行接触。猎物经常被触角抓住，然后十秒钟之内就会被刺细胞释放的毒液麻痹。

繁殖

Staurocladia 属和 *Eleutheria* 属的物种都是雌雄同体的——既是雄性也是雌性，而且它们可以自体受精。幼体在体内孵化。它们还可以在触手之间出芽生长新的水母体。

这两个属的成熟水母体会在孵化幼体时降低进食频率，据推测这是为了不让它们的尺寸过大。更大的尺寸会让它们更容易从叶片上脱落或者以其他方式受到损伤。

拉丁学名：*Staurocladia* 和 *Eleutheria* spp.

中文通用名：爬虫水母

英文俗名：Leaf-crawler Jellies（“爬虫水母”）

系统发育地位：门 刺胞动物门 / 纲 水螅虫纲 / 目 花水母目

显著解剖学特征：身体微小，扁平，有多达六十只细细的二叉触手，一个分叉上有向外伸展的簇生刺丝囊，另一个分叉上有朝下的吸盘

水中位置：底栖生长在藻类和海草上

大小：存在物种差异，成熟个体直径约 2.5 毫米

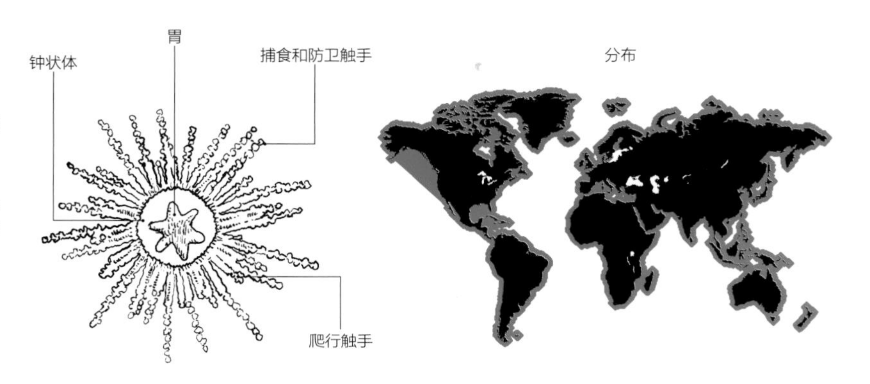

华丽钟形水母

色彩鲜艳、外形狂野的华丽钟形水母（*Polyorchis penicillatus*）是一种十分美丽的水母。深钟形身体、众多纤细优雅的触手，以及钟状体边缘成排的红色眼点，让它绝不会被人认错。数十年前，它在北美太平洋海岸的海湾和港口中还很常见，然而如今它似乎正在消失。虽然许多水母对水质的恶化有积极的反应，但似乎发水母属（*Polyorchis*）的这个物种正在沦为海洋变化的受害者。

死于海蛞蝓

一直以来人们都知道裸鳃类（海蛞蝓）会吃掉水螅虫，并将未释放的刺细胞收集起来用于防卫自己。水母体通常被认为不会被这些软体动物吃掉，因为它们可以游开，然而，至少有一个裸鳃类物种——乳白海蛞蝓（*Hermissenda crassicornis*）——已经掌握了吃掉华丽钟形水母的方法。这些海蛞蝓从岩石、码头桩基或其他方便的地方爬到海草上。当华丽钟形水母向上往水面游的时候，它会被海草的叶子缠住。乳白海蛞蝓感受到挣扎的水母体引起的振动之后就会冲过来。抵达水母身边后，这种海蛞蝓会跳起来朝水母的一只触手猛扑上去，把它切断，然后咽下去。接着，它会对另一只触手发起进攻，直到吃掉所有触手。这种攻击对华丽钟形水母是致命的，不过至今还不清楚导致这种水母死亡的主要因素是无法挣脱海草还是无法捕捉猎物。

拉丁学名：*Polyorchis penicillatus*

中文通用名：华丽钟形水母

英文俗名：Splendid Bell Jelly（“华丽钟形水母”）

系统发育地位：门 刺胞动物门 / 纲 水螅虫纲 / 目 花水母目

显著解剖学特征：身体呈深钟状，边缘有一排红色眼点，以及一百多只又长又细的触手

水中位置：海滨浅水域，主要在海湾和港口

大小：身体高约5厘米

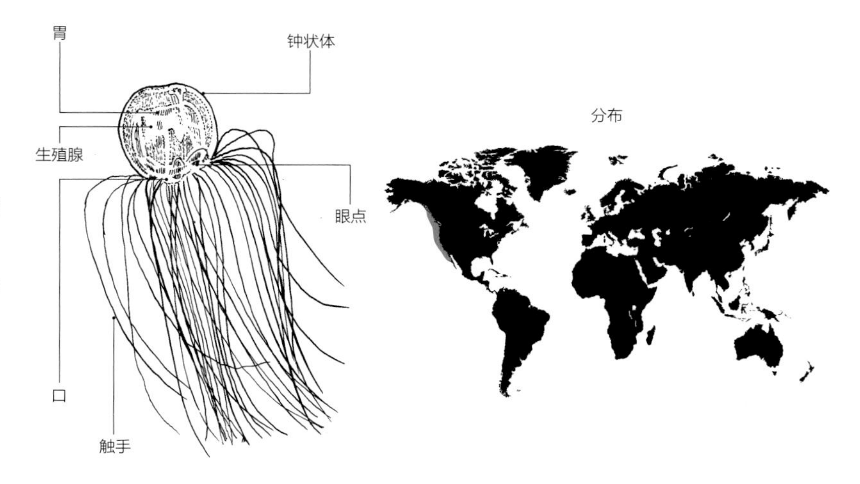

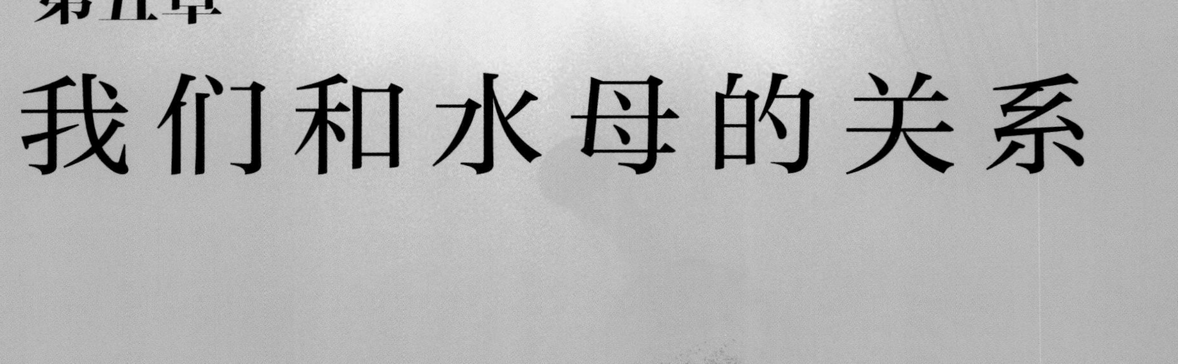

第五章

我们和水母的关系

人类和水母

大多数人并不怎么在意水母。对很多人而言，它们只不过是会蜇人的黏糊糊的东西。对另一些人而言，它们是搭配咸味酱汁、嚼起来脆爽适口的美味。对少数人来说，它们是美丽的，就像一盏熔岩灯一样令人着迷。水母是所有这些，但它们绝不只是这些。它们的历史可以追溯到动物生命刚刚起源的时候，而且它们掌握着永生的秘密。

水母可以在两分钟内杀死一个健康的成年人，或者让人痛苦得生不如死。但是很显然，目前媒体最关注的水母话题是它们的爆发。无论它们是入侵海滩并蜇刺去海滩的人，消灭三文鱼养殖场，吓走鲸鲨，堵塞发电厂，迫使核电站紧急关闭，倾覆渔船，还是占据峡湾，水母都正在得到我们的关注。

科学研究

作为一门科学学科，水母爆发研究只不过诞生了 20 年左右。关于这个主题的第一部出版物出现于 1995 年，基本上是一系列令人震惊的爆发事件的概况汇编，并暗示可能存在的问题。

在 20 多年后的今天，得到报道的爆发事件有增无减，我们现在拥有的数据比之前多得多，然而，我们如何理解水母爆发却是个激烈争论的话题。有一项研究的结论是，目前的证据不足以支持某些科学家提出的观点，即水母爆发正在经历全球性的增长。在后续的研究中，同一批研究人员得到的另一个结论是水母有 20 年的爆发周期，并宣称这解释了目前水母明显的增长。然而，同一个研究团队做的另一项研究发现，受到水母扰动的区域有增多的趋势。与此同时，其他研究使用令人信服的证据指出，在受到扰动的区域，水母正经历猛烈的增长，而受到扰动的区域正在经历全球性的扩张。

水母爆发学面临两个截然不同的问题，一个是理论上的，一个是实践上的，而且这两个问题都需要研究者的关注。由于大多数地区缺乏充分的数据，是否存在水母的全球性增长这个问题便难以回答。对受扰动区域特定物种的研究指出，水母的生物量存在明显的增长趋势。或许几十年后，我们才能拥有大多数科学家认可的可靠地判断全球趋势所必需的长期数据。

关于水母，我们面临的第二个问题是，对于那些正在遭到水母爆发影响的产业，我们应该采取什么样的防控措施。这个问题十分紧迫，它独立于认识上的问题而存在，与任何未来的趋势都无关。几乎每一个与海洋活动有关的产业都遇到越来越多和水母有关的问题，人们为了控制它们而投入了大量人力和财力。

水母的完美世界

水母既可以是完美的“鱼”，也可以是最顽固的害虫。大多数渔场都受到亲本规模（Brood stock）和生长速度的限制，而水母是一种可再生资源，其生长速度不是传统鱼类可匹敌的。另一方面，正是这些特质让它们成为不太可能很快被消除的超级害虫。

在前面的章节中，我们讨论了使水母成为如此成功的害虫背后隐藏的生物学和生态学的部分详情。在本章，我们将注意力转向造成这些问题的人类学原因——换句话说，那些我们正在做的并且让世界变得对水母来说更加完美的事情。

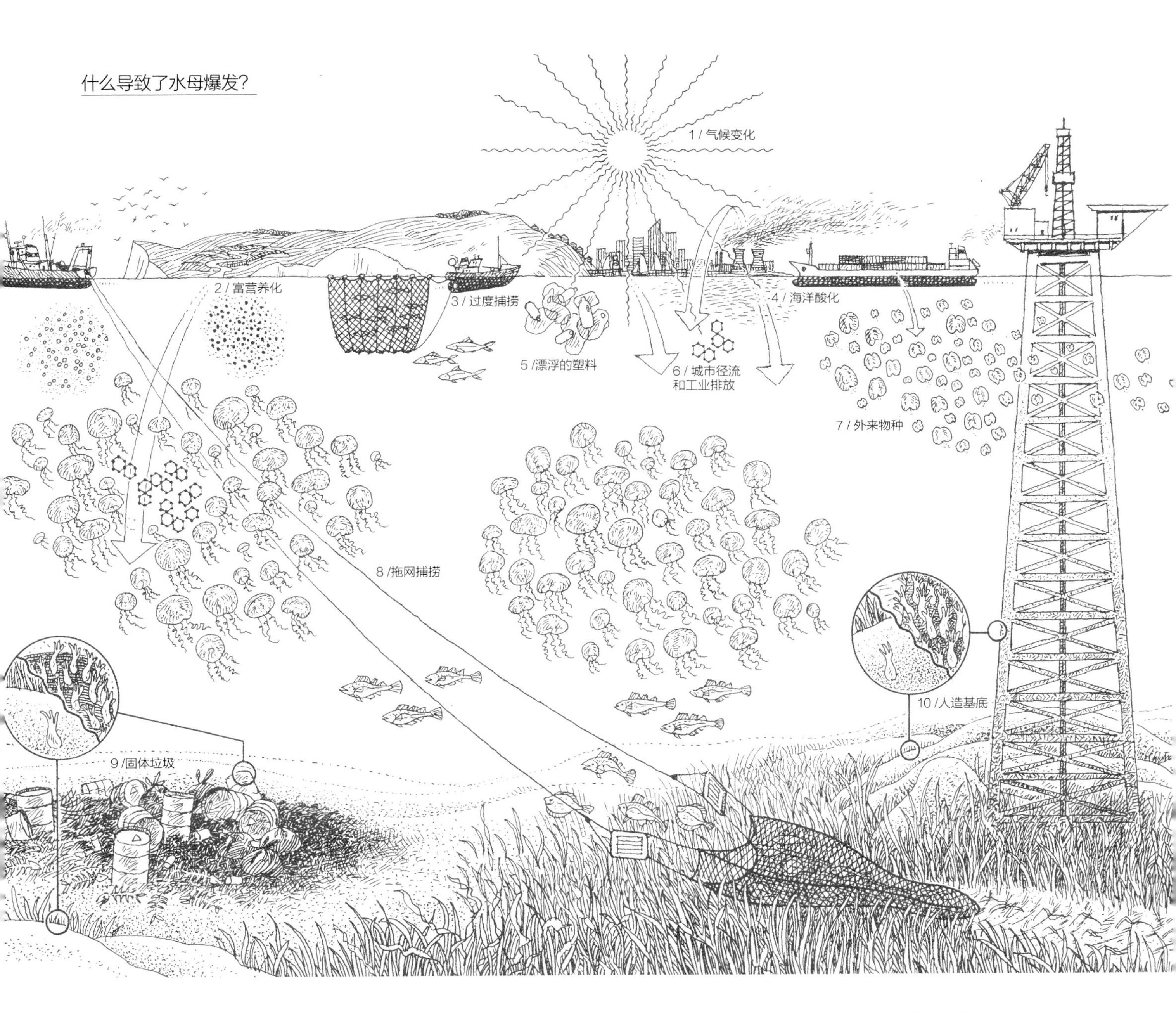

图注： 1. 与较冷的海水相比，变暖的海水刺激繁殖，延长生长期，而且溶氧量较少，使得鱼类更难生存。2. 来自农场肥料和城市花园的养分刺激浮游植物与浮游动物生长繁殖，而它们是水母的食物。3. 更少的鱼对水母来说意味着更多的浮游生物。4. 二氧化碳被海洋吸收，降低了海水的 pH 值，导致某些物种的壳或骨骼像得了骨质疏松症一样溶解，与此同时，其他生物的生物学过程的发生时间可能发生偏移。5. 水母的水螅体附着在塑料上进行长途旅行，而塑料被海鸟、鱼类、海龟和海洋哺乳动物吃掉会扰动生态系统，有利于水母。6. 有毒的化学物质进入食物链，造成灾难性的后果，水母常常是最后被影响到的。7. 外来物种常常对当地生态系统造成有害的影响，因为它们一般没有天敌捕食者。8. 拖网捕捞会破坏支持健康生态系统的生境，而且副渔获会杀死比目标物种多得多的大量生物；被翻开的岩石甚至死去的动植物会为水螅提供新的生境。9. 污染会破坏生态系统的功能，让水母成为最后的幸存者。10. 某些水母的水螅体更喜欢人造表面，如港口和码头、油气平台和水产养殖设施。

过度捕捞

过度捕捞的影响比字面上（从海中获取太多鱼）大得多，它包括对鱼类每年补充种群的能力造成负面影响的任何一种捕捞措施。因此，许多类型的捕捞尽管渔获量控制在法律限制的范围之内，但仍然会造成种群的剧烈衰退。

拖网捕捞——渔船拖曳一张巨大的兜状网，收获所到之处的所有生物——是最具破坏力的捕捞方法之一。每一次拖网的收获中高达 90% 都是非目标物种，在这个过程中它们常常被压碎、穿透或斩首。有人认为这些被丢弃的死亡动物或垂死动物不是问题，因为副渔获会变成其他物种的食物。然而，拖网捕捞会撕碎海绵、珊瑚和其他建礁物种，这些物种构成的立体生境是多种鱼类、甲壳类和软体动物的温床。不断扰动海床并阻止它再生的行为，大大有利于杂草性物种。此外，杀死上述那些生物限制了许多物种幼体的产生，它们本来可以是我们将来的目标鱼类物种的食物。

过度捕捞的另一个常常遭到忽视的方面来自我们人类对最大且看上去最光鲜的鱼类的欲望。当我们选择性地收获我们更喜欢的鱼时，我们将我们不要的鱼留在海里作为未来世代的繁殖者。然而对许多种类的鱼来说，个头和年龄更大、更肥硕的雌性是更好的繁殖者，能够制造大量更大、更健康的卵。随着时间的推移，选择性地获取更大的鱼会导致种群规模越来越小，鱼也长得越来越小。

我们为什么应该关心过度捕捞？

如今我们总是能听到“可持续”这样的字眼，但它的含义并不总是清晰的。“可持续捕捞”这个说法应该意味着相应物种没有面临灭绝的危险，而且捕鱼措施不是破坏性的。不幸的是，这样的情况并不多见。联合国于 2002 年进行的一项研究发现，全世界 72% 的海洋鱼类资源在减少。2006 年的一项建模研究预测渔业将在 2048 年崩溃。2016 年的一项研究发现全球渔获量少报告了 1/3——比我们最初认为的还要糟糕。日益增长的人口似乎正在奔向一场危机。

人工养殖场并不比收获野生鱼类更具有环境上的可持续性（实际上常常还不如后者）。虾类养殖场是所有水产养殖企业中污染最大的，需要使用数量和种类都无法想象的化学物质才能让虾活下来，然后将这些有毒的废水排放到沿海水域。

三文鱼养殖场消耗和浪费大量其他鱼类，饲料能量只有一小部分会转化为三文鱼肉。这些养殖场常常促进藻类和水母爆发，而且会在笼子下面产生无氧死亡区。

就算渔获量几近枯竭，有些人也完全能接受没有鱼的生活，但全球共有一亿多人以鱼类作为主要蛋白质来源。此外，鱼类也是水产养殖饲料、农业肥料，以及关节和大脑功能健康补品的重要成分。再者，我们关心的许多其他物种也依赖鱼类，例如鲸、海豚、海鸟、熊和包括鲨鱼在内的大多数大型鱼类。

图注（左下）：中国福建省霞浦县的庞大水产养殖设施极大地改变了沿海生境，不仅排放导致富营养化的额外养分，还为水母的水螅体提供了数百万个立足之地。这种环境特别滋养害虫物种。

图注（右下）：数以十亿计的沙蜇（*Nemopilema nomurai*，见 194 页）从中国流动到日本海，严重影响了日本的捕鱼业。中国海域的过度捕捞、拖网捕捞、海岸建设和富营养化造成了这些规模庞大的爆发。

这和水母有什么关系？

直到最近，科学家才开始理解鱼类和水母之间微妙的生态平衡。在正常、健康的生态系统中，鱼类和水母是彼此的捕食者与竞争者。如果所有条件都是公平的，则鱼是更占优势的竞争者，因为它们更聪明，移动速度也更快。但是随着鱼的减少，水母能得到的食物就变多了，而随着水母的增多，它们会吃掉更多食物，鱼想填饱肚子就更难了。这创造了一种有利于水母的正反馈循环（Positive feedback loop）。

水母压制鱼类种群的机制简单得可怕，也有效得可怕。水母吃鱼的卵和幼体，还吃鱼的幼体生存所需的浮游生物。捕食和竞争的双重冲击能够让生态系统的平衡从鱼类一方快速转移到水母一方。一旦水母像我们在“捕食和竞争”（见 138—139 页）一节中讨论过的那样确立了顶级捕食者的角色，生态系统的这种秩序似乎就会很难再发生改变。

气候变化

尽管气候变化得到了媒体如此热切的关注，但是很多人仍然不明白它实际上是什么和不是什么。简单地说，天气是发生的事情，而气候是我们期望发生的事情。因此，气候变化就是我们期望的天气发生了改变。更确切地说，它是地球气候的改变，既包括逐渐变暖，也包括异常天气的发生频率和程度的增高。这意味着更频繁地发生更强烈的风暴、更持久的干旱、更猛烈的洪水，以及春天的更早到来，等等。

地球平均气温的细微变化（细微得我们察觉不出来）会产生一连串大气和生态效应。植物和动物更早地迎来春天，而夏天变得更长。夏季的延长意味着温带地区更加干燥而且雨水更少，这会导致更频繁或更剧烈的森林火灾。在旋风和飓风从温暖的洋面上获得能量的热带地区，更严重的灾害天气的发生频率正在增加。在海洋里，由于较暖的水的溶氧量比较冷的水低，因而与那些呼吸强度低的物种（水母和蠕虫）相比，呼吸强度高的物种（例如鱼和甲壳类）必须将更多能量消耗在呼吸上，随着时间的推移，这将导致生态平衡逐渐从复杂的物种向需求简单的物种偏移。

我们为什么应该关心气候变化？

大众媒体常常将气候变化描述成海平面上升的问题。虽然上升的海平面会威胁低地岛国如基里巴斯（Kiribati）和马尔代夫（Maldives）的存在，但是对于地球上的大多数人，它并不是最大、最紧迫的威胁。

对我们大多数人而言，食物供应这个问题要严重得多。虽然食物保障面临的威胁非常多，但有三个威胁是最显著的。第一，地下水供应（地下蓄水层）在全世界都已经处于岌岌可危的状态，这让我们越来越依赖雨水。越来越少的供水使农田变得干旱，可种植的食物种类以及收获的数量和质量都会受到冲击。

第二，随着沿海水域变暖，含氧量下降，它们能养活的鱼会变少。更少的鱼意味着更少的选择、更高的价格，以及制造水产饲料和农业肥料的原料的减少。

第三，物候变化——生物学事件发生时间的变化——可能是最具破坏力的后果。当某个物种的雄性和雌性在不同的时间排精与产卵时，繁殖就会失败。当捕食者和猎物在不同的时间成熟时，捕食者会挨饿，反过来又会危及它的捕食者的食物供应。当植物和授粉者的成熟时间不匹配时，不仅开花植物会岌岌可危，我们的大多数粮食作物也会面临危险。对于大多数物种，当我们注意到这些变化的时候，它们的种群就已经大幅衰退了，那时已经为时已晚。

这和水母有什么关系？

水母参与了气候变化的两个正反馈循环。首先，温暖的海水加速它们的新陈代谢，让它们长得更快，吃得更多，繁殖得更多，而且活得更长——这些都是我们不希望发生在害虫身上的事情。种群规模更大的水母反过来有能力进一步加剧气候变化。它们的黏液和溶解在水中的有机质会吸引一类细菌，此类细菌将水母的能量从食物链中脱离出来并分解成二氧化碳。因此，水母终其一生，尤其是在死亡的时候， 都是二氧化碳工厂。

另一项反馈则基于捕食和竞争，就像我们看待其他环境压力如过度捕捞和污染一样。随着水母的繁盛，它们可以通过单纯的数量优势在竞争中胜过鱼类和其他物种，成为顶级捕食者。

温度对鱼类和水母的影响

图注：微妙的气候变化有助于生态平衡从鱼类偏向水母。即使是最轻微的变暖，也会加速水母的新陈代谢，让它们长得更快，吃得更多，繁殖得更多，活得更长。与之相反，较温暖的海水的溶氧量较低，让鱼类这样的生物更难从水中获取氧气。鱼类的减少和水母的繁荣，会创造正反馈循环，尤其是在和其他扰动联合出现的时候。

海洋酸化

海洋酸化与气候变化并称为“邪恶双胞胎”。海洋就像一块巨大的海绵，从空气中吸收二氧化碳。一旦被吸收，二氧化碳就会导致海水的化学性质发生改变，让它变得更酸。海洋没有真的变成酸性，但它的 pH 值——反映酸碱性的一个数字指标——变得越来越低，即碱性在减弱，酸性在加强。

海洋动植物会从海水中吸收一种名为碳酸钙的化学物质，用于形成自己坚硬的钙化部分。随着海洋吸收更多二氧化碳，pH 值朝着酸性方向发展，碳酸钙的平衡也会随之发生转移，它会更易溶解在海水中。虽然乘船者和海滩休闲者察觉不到海水的任何变化，但是对生活在海水里的生物来说，变化是显著的。

随着海洋的酸化，会有三件事发生在海洋生物身上，同时对它们施加影响。第一，某些生物的壳和骨骼会溶解，这个过程就像骨质疏松症一样。珊瑚和海蝴蝶 [翼足目（Pteropoda）的软体动物] 的坚硬部分被更酸的海水一个分子接一个分子地溶解。这些生物的壳和骨骼是由霰石（Aragonite）构成的，它与构成蟹类、龙虾、鱼、蛞蝓、蛤蜊和海胆身体的方解石（Calcite）一样，都是碳酸钙的一种形式，但没有方解石稳定。如果没有保护脆弱身体的坚硬的壳和骨骼，这些珊瑚和翼足类动物就会死去。

第二，某些生物的壳和骨骼在溶解，另一些生物却更难从海水中聚集碳酸钙，形成自己的壳和骨骼。例如，大约从 2005 年开始，美国太平洋沿岸的酸化上升流阻止了牡蛎幼体形成自己的第一层壳。这导致该地区牡蛎产业的崩溃，并持续了好多年。

第三，孵化、成熟、求偶、产卵、交配、蜕皮，以及许多海洋生物的身体作用过程和生命活动的开始常常依赖 pH 值信号。即便是 pH 值的微小变化也会扰乱物候或者导致这些活动无法发生。雄性和雌性可能会在不同的时间成熟或排出生殖细胞，导致交配的失败，或者捕食者的孵化时间提前或滞后于它们需要的猎物。

我们为什么应该关心海洋酸化？

一项在大堡礁开展的珊瑚研究发现，钙化程度在 20 年的时间里降低了 14%。虽然珊瑚本身没有消失，但它们的骨骼正在变薄变脆。受损珊瑚修复自身的速度变慢，而且年幼珊瑚常常生长失败。

海蝴蝶也处于危险的境地。一项研究发现，随着霰石的饱和水平在 40 年的时间段内下降，翼足类动物的壳变得更薄更多孔。翼足类是包括三文鱼、海鸟和长须鲸在内的许多物种的主要食物来源，影响到猎物的变化无疑也将影响到这些捕食者。

这和水母有什么关系？

在实验室里进行的海洋酸化对水母的影响的实验研究得到了不同的发现：一些研究认为水母受到了轻微的影响，而另一些研究表明水母没有受到可察觉的冲击。在水母的生理活动中，最容易受到海洋酸化影响的似乎是平衡性。许多类型的水母要么拥有一枚较大的岩石状平衡石，要么在每个感觉器官内有数量众多的小块平衡石。模拟严重酸化条件的实验表明这些石头会受到影响，导致水母不规律地游动。即便如此，根据实验数据，当水母开始因为海洋酸化承受任何重大不利影响时，其他物种早就在极为糟糕的影响中挣扎很长时间了。

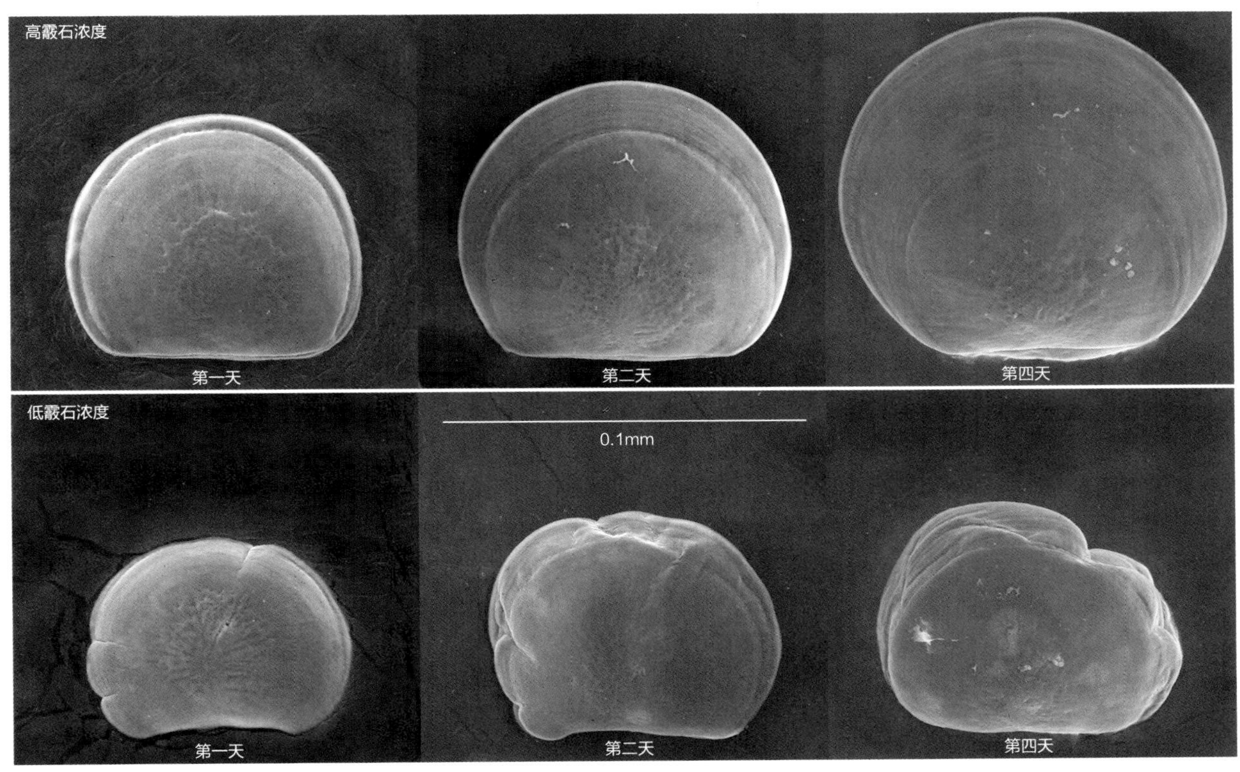

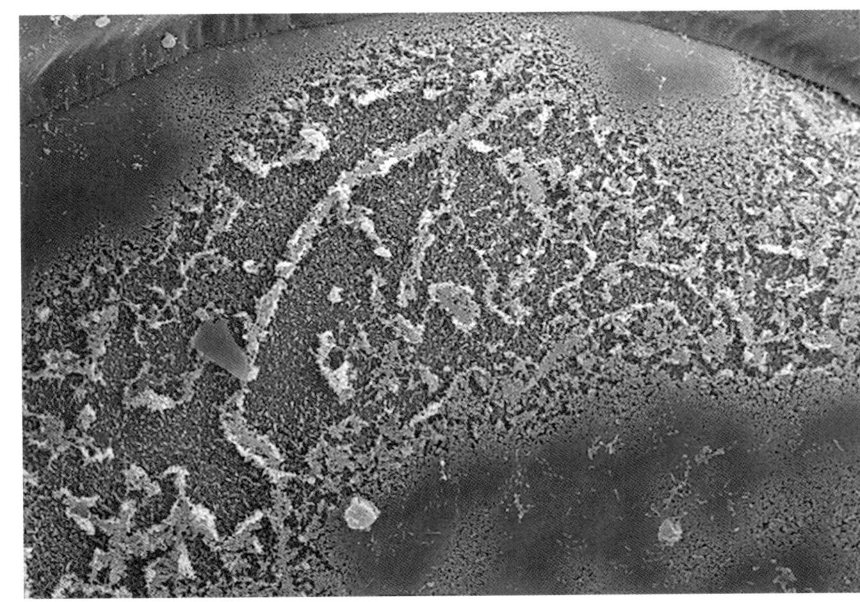

图注（上）： 大气和海洋中升高的二氧化碳（CO_2）水平让生物更难建造自己的壳。刚孵化出来的牡蛎只是小小的点，如果它们不能形成自己的第一层壳，它们就会死去。第一行的图是在适宜条件下生长的正常圆壳，第二行的图是在酸性更强的水中长出的有缺陷的壳。

图注（右）： 海蝴蝶（翼足类）是一类能够自由游动的漂亮的海螺，体型小巧。随着海水变得更具酸性，在一种类似骨质疏松症的过程中，它们的壳开始出现凹痕并变脆，逐渐溶解在海水里。研究者发现，在美国西海岸，取样中 53% 的翼足类动物有严重溶解的壳，例如在电子显微镜下观察的这只个体。

垃圾

海滩上的塑料瓶，路边的易拉罐，吹到栅栏上的塑料袋……如今，垃圾似乎随处可见。反乱扔垃圾运动或许有所帮助，但垃圾污染的某些方面是我们当中的大多数人从未思考过的——而这些方面正在改变我们的世界。

所有垃圾并不平等。金属、玻璃和电子元件常常得到回收，因为存在利润可观的市场。纸张也经常得到回收，或者最终被生物降解。然而，塑料就不同了。大多数塑料不被回收，不被生物降解，也没有商业价值，它们就那么存在着。据说人类制造的每一块塑料至今都还存在着。我们正在将我们的星球埋在塑料里。

许多垃圾都会进入海洋，无论它们是被风吹到海里，被倾倒在海里，还是随着河流流入海里的。耐用是塑料制造时的目标，而它们的确很耐用。在陆地上，它们需要数十年至数百年才能降解成更小的碎片，这取决于温度和照射在它们表面的紫外线。在水下，它们可能永远也不会降解，因为降解必需的热和光无法进入海洋的大部分水域。

即使在最适宜的环境中，大多数塑料也只是分解成越来越小的碎片，但永远不会消失。如今，全世界任何地方的任何一片海滩的沙子里都含有微小的塑料颗粒，它们已经成为沉积物的一部分。这些小型碎片，再加上其他细小颗粒，如洗面乳中的摩擦塑料珠子，统称微塑料（Microplastic）。

大塑料、微塑料和尺寸不一的碎片塑料如今正以惊人的速度在海洋中积累。巨大的海洋环流的表

层海水基本上变成了漂浮塑料或漂流塑料的浓汤。1998 年的一项北太平洋环流研究发现，塑料与浮游生物的重量比是 6：1；在十年内，这个比例上升到了 46：1。

许多科学家提出，我们已经进入了一个新的地质时代，根据是大量动植物的灭绝、气候的迅速变化、海洋的酸化，以及塑料的猛烈增长。塑料会自发与岩石和砂砾胶结成一体，形成一种全新类型的岩石，称为“胶砾岩”（Plastiglomerate）。一些科学家提出，这个新的时代可以叫作“塑料世”（Plasticene）。

图注（左下）： 塑料购物袋和塑料膜与水母的外观非常相似，尤其是对于海龟这样的海洋生物，它视力不佳，而且对塑料的危害一无所知。海豚的呼吸孔也出现了塑料，或许是将塑料当成了它们的水母玩具。

图注（下）： 数量庞大的塑料漂浮在海中，尤其是在全世界最大的海洋的中央。漂浮塑料比浮游生物还重的这些区域被称为大洋垃圾带（Great Ocean Garbage Patches）。令人震惊的是，漂浮在水面上的塑料只是冰山一角，大多数塑料沉在海底或者已经被海洋动物吞下去了。

我们为什么应该关心垃圾？

垃圾妨碍了我们对周围世界的审美享受。在大多数情况下，它对我们喜欢的生物不利，而且滋养我们不喜欢的生物，如蟑螂和老鼠。

特别是在海洋里，小块塑料和微塑料在多种生物的眼里都是很有吸引力的食物，因为它们有明亮的颜色，容易看到而且容易捕捉。鸟类将漂浮的烟头、吸管和瓶盖当成了鱼类，鱼类将小珠子和碎片当成了桡足类或幼体，就连没有视力的生物如蛤蜊都会咽下塑料。塑料会长久地存在于肠胃中，给这些动物一种饱腹感。许多动物因肠胃里塞满了不能消化的塑料而饿死。此外，塑料的表面还会吸附有毒化学物质，积聚浓度是周围海水的成千上万倍。因此，对那些吃掉它的生物而言——或者对那些吃掉这些生物的生物而言，包括我们，塑料是一颗有毒的子弹。

这和水母有什么关系？

任何种类的垃圾——特别是塑料——对水母来说都是梦想成真。漂浮垃圾和下沉垃圾会为水母的水螅体提供附着的新表面，而且漂浮垃圾还为水母种群的扩散提供了便利的平台。漂浮物体还可以为水母提供伪装，保护它们免遭潜在捕食者的攻击。颜色鲜艳的垃圾会分散水母捕食者的注意力，或者让捕食者在太多选择面前感到无所适从。

此外，垃圾有助于水母在和其他物种的生存竞争中取胜。随着微塑料被视觉捕食者有偏好地吃掉，像水母这样的策略捕食者就可以吃到更多浮游生物，而且随着塑料杀死这些浮游生物的捕食者，水母的生态空间还会进一步扩大。

化学污染

化学污染物是有毒物质，例如杀虫剂、重金属、二噁英、工业废渣、化疗废渣，以及无数其他有害材料。实际上，目前有成千上万种具有潜在危害的化学物质出现在我们吃的食物中、饮用的水中、呼吸的空气中，以及触摸的东西中。

这些化学物质的来源各不相同。许多此类物质对我们有帮助，而一些物质会伤害我们。它们可能在剂量较小时对我们有益，而在剂量较大时有害。在环境中，许多此类化学物质会导致无法预料的复杂局面。例如，通过消灭有害的昆虫，杀虫剂可以帮助增加作物的产量，但它们也会无差别地杀死无害和有益的昆虫，如蜜蜂、蝴蝶和其他授粉者；它们还会通过消除或毒害食物来源的方式影响鸟类。另一个例子是帮助实现快速大规模饲养牲畜的激素，当它们被冲进水体时，会对鱼类和其他物种产生古怪的影响。类似地，牲畜、家禽和鱼类养殖场过度拥挤，卫生条件太差，因而需要大量使用抗生素，这加速了抗生素耐药

性的发展，让抗生素对人类不再那么有效。

如今使用的绝大多数化学物质都没有经过对人类健康的影响的测试。此外，这些化学物质的协同效应几乎是完全未知的。相邻农场使用的不同杀虫剂可能无意之间聚集在两座农场之间的径流水洼中，结合成为剧毒的混合物。来自不同农场的沙拉和汤羹中的化学残留可能会结合成为绝不应该吃进肚子里的东西。我们甚至可能将自己的身体改造成了实验台，创造出怪异而未知的化学物质：储藏在脂肪沉积中的化学残留会接触其他化学物质，得到全新且未经检测的组合，没有人知道它们会对健康造成什么影响。

我们为什么应该关心化学污染？

某些癌症的发病率正在上升。神经障碍如帕金森病和发展障碍如自闭症的发病率也在上升。儿童身体的成熟年龄比以往都早。这些变化与我们日常生活中人造化学物质的增加一致，然而我们还在猜想这些健康问题为什么会增多。无数种化学物质会损伤或杀死细胞，一些物质会通过提高细胞的更新速度增加遗传复制出错的概率，最终导致癌症的发生。杀虫剂通过扰乱昆虫的神经通路（Neurological pathway）杀死它们。激素操纵着个体的成熟发育。许多威胁我们健康和福祉的疾病都可以追溯到与化学物质的接触。

在当今世界，完全脱离环境毒素的生活是不可能的。水果和蔬菜上的杀虫剂残留并不总能洗掉。激素存在于牛奶和肉类组织中。重金属和其他脂溶性残留通过食物链富集。我们将食物存放在塑料袋里的时间长得足够留下有毒物质，而将食物放在塑料容器中进行微波加热会加速这个过程。罐装食品的罐子内部有化学物质涂层 我们呼吸汽车尾气和工业排放的废气，无论我们看得到还是看不到它们。湖泊和海湾是数量庞大得难以置信的化学物质的终极仓库，而我们无从知晓我们的饮用水里有什么。在测试中，瓶装水的污染程度常常更甚于自来水。

在我们的一生中，我们的身体可能会接触许多次某种特定的毒性化学物质——或者化学物质的组合，而这些接触最终表现为疾病。几乎不可能确切地指出是什么接触导致了某种疾病。

这和水母有什么关系？

水母属于少数从污染中受益的生物。许多类型的化学物质不会对它们产生毒害，因为它们寿命短暂，发展不出癌症或其他慢性疾病。此外，它们的身体结构也排除了疾病的可能。影响鱼类或人类的骨骼、脑细胞或肝脏的癌症不会影响水母，因为它们根本就没有这些器官。

水母的生物学特性将化学物质对它们的不利影响降至最小，而它们的生态学特性实际上最大化了化学物质的总体生态危害，让其他物种的种群更难从受损的状态恢复。在某些情况下，当鱼类和其他更复杂的物种屈服于化学物质的毒性之后，水母会是最后一批幸存的物种之一。

图注（左）： 水母可以在污染最严重的地方繁荣地生长，即使其他生物都不能。这无疑要归功于水母短暂的寿命和原始的器官系统。它们简单的身体不太容易受到污染的影响，而且就算受到了影响，它们短暂的生命也会很快终结这种影响。

富营养化

富营养化（Eutrophication）这个科技术语指的是水生生态系统在养分过剩的条件下的反应。这些养分通常是肥料，或者污水、粪尿的分解产物。因此，富营养化就是水里出现了太多肥料，这常常导致氧气缺乏。无论富营养化导致的是低氧还是无氧，结果都是一样的：一片像月球一样荒凉的死亡区，鱼类、蟹类、牡蛎和许多其他生物都无法存活。这种情况既会发生在湖泊与河流这样的淡水水体，也会发生在沿海栖息地，如河口和海湾。

大量养分涌入水体会给生态系统带来不利的变化。这是一种常见的现象，尤其是当一场大雨将陆地上积累的养分冲刷到河流和溪流中，然后它们再流入浅浅的海湾时。养分的来源可能包括农业肥料、牲畜排泄物、水产养殖和污水排放、宠物和花园垃圾，以及洗涤剂用磷酸盐。

这些养分会刺激浮游植物的爆发，为浮游动物提供不限量的食物。随着这些短命的浮游生物的死亡，它们小小的身体大批大批地落入水底。水底的细菌会分解浮游生物的尸体，并在这个过程中耗光氧气。水是分层的，缺氧的底层水位于氧气充足且营养丰富的上层水之下。随着营养继续支持这个浮游生物爆发与分解的循环，生活在底部的动物就会没有氧气可用。那些可以游泳、奔逃或爬行（如螃蟹和海蛞蝓）的动物纷纷逃走，而那些逃不掉的动物（蛤蜊、海绵和海葵）只能死掉，进一步增加可供分解的生物量。

这些富营养化区域被称为死亡区，如今已经扩散成一条条长长的虚线，出现在全世界各个大陆的周边。这些虚线上的断点正在一个接一个地联合。将来的某一天，各个大陆或许都会被死亡区环绕。

我们为什么应该关心富营养化？

最常遭受营养过剩的水域——沿海和淡水水体——正是那些我们最依赖的水域。近岸海洋是我们开展大部分捕鱼活动和水产养殖的地方。淡水水体提供了我们的很大一部分饮用水和灌溉用水。我们离这些水域越远，新鲜健康的鱼类和干净的水就越昂贵。此外，在很多地区，已经没有别的地方可以指望了，因为那些地方正在遭受人口增长和城市化的破坏。

死亡区是有记忆的，这句话的意思是一旦某个区域发生缺氧或低氧，它就会有再来一次的倾向。氧气的缺乏不仅使显眼的动物如蛤蜊和螃蟹窒息而死，还会影响没那么显眼的物种。例如，蠕虫和微生物是生物扰动者与分解者，它们能使水底沉积物保持健康，就像蚯蚓和真菌在陆地环境中所起的作用一样。当它们被杀死的时候，生态系统需要很长时间才能恢复正常功能。某些死亡区全年一片死寂，而另一些死亡区每年出现一次，在风暴平息、海水开始分层时卷土重来。在许多地区，富营养化引起的衰替是个单向过程，特别是人口数量持续增长，增加了更多管理不善的垃圾。

这和水母有什么关系？

水母非常适应受富营养化影响的区域。它们停留在死亡区上方拥有大量浮游生物的地方，捕食丰富的小型生物。水母不停地进食，充分利用食物充裕的条件。在这些营养过剩的区域，高密度的浮游生物常常会降低海水的能见度，但是作为策略性捕食者，水母不会受此影响。最后，与大多数其他动物相比，水母的氧气消耗速度低得惊人，而且它们能够在自己的

死亡区的形成

图注：流入近岸海域或淡水水体的过多营养会导致水质发生可预测的灾难性恶化，产生一片死亡区。1. 来自化肥、牲畜排泄物、排放的污水和城市径流的过多养分。2. 浮游植物（微小的漂流单细胞植物）在营养丰富的环境中蓬勃生长，全速繁殖。3. 浮游动物（微小的漂流动物）捕食浮游植物，大量繁殖。4. 水母捕食浮游动物，然后它们也大量爆发。5. 随着浮游生物和水母的死亡，它们的身体沉入海床，增加了营养负担。6. 细菌分解落下来的生物质，耗光氧气。7. 海水分层为浮游生物和水母占据的上部生产区以及底部的低氧区，死亡区就此形成；所有无法逃离的生物都会死亡，增加更多营养。

凝胶状组织中储存氧气，这让它们可以时不时下降到无氧水域，而不会产生不利影响。

在许多区域，水母在死亡区上方已经成了绝对的顶级捕食者，以致鱼类已毫无容身之地。这些水母布下由致命触手构成的不可穿透的死亡帷幕，统治着整个水域，任何胆敢进入这片区域的猎物或竞争者都会被吃掉、蜇刺或者先蜇刺再吃掉。

海岸建设

作为一个环境术语，海岸建设（Coastal construction）指的是沿海水体上方或内部的任何人造结构的建设。它包括楼房、石油钻塔、海中风力发电场、港口和码头、水上平台、水产养殖设施、护岸和防波堤，还有水下管道和电缆。这个清单还可以列下去，就连沉船和海洋倾废（Ocean dumping）也可以包括在内。

所有这些建设都有利于杂草性物种（Weedy species），即那些能够迅速定居的物种。在超过一半的情况下，这些“杂草”包括引进物种或入侵物种。蒲公英和蟑螂就是杂草性物种的代表，它们的成功依赖的是超快的生长速度、短暂的生命周期、大量后代，以及对一系列广泛条件的高度耐性。

因此，杂草性是一种生活方式，而不是分类类群。就像普通感冒病毒一样，杂草总是存在于环境中，等待一点点生态空间的开启，以便站稳脚跟。一块被推翻的岩石、一片犁开的土壤、一棵倒下的树或者一次

火山爆发都会为它们搭建舞台。杂草性物种只需要一个新鲜的地方扎下一些根，做一个巢，或者产下自己的卵。

在原生物种中，一种可预测的生态演替常常上演：先出现最初的定居者，然后出现一系列越来越大、生长缓慢的物种，最终发育形成顶级群落，即我们称为森林、海滨欧石南荒野或珊瑚礁的稳定的生态系统。杂草性物种也遵循一定的演替，但不可预测，而且可以在不形成原生顶级群落的情况下达到稳定。

杂草性物种的定居在海洋中发生的速度比在陆地上更快，这是由“种子”——在海洋中常常是无脊椎动物的幼体——的稠密程度决定的。大多数海洋物种都有浮游性幼体，而很多幼体需要附着在某个地方才能继续它们的生命周期。在沿海生态系统的高密度幼体的大杂烩中，人造结构向那些挣扎求生的最投机的幼体伸出了援手。

我们为什么应该关心海岸建设？

通过增加人造结构，我们永久性地改变了沿海水域的生态系统动态。这些变化远不限于审美方面。支持海洋生物的自然三维生境（例如珊瑚礁、突出岩架和沟壑）会遭到破坏。挖泥船会把它们挖掉。发电厂的抽水管会把它们吸出来。港口会把它们填平。各种类型的沿海活动把它们污染得面目全非。三维生境被新的生境取代，后者常常支持一系列不同的物种，或者根本不支持任何物种。

此外，这些海滨结构常常是为船舶、石油钻塔或游艇服务的，而它们会传播入侵物种，并加速其定居。只需要查看几份海洋外来物种的研究报告，就能看出它们造成潜在麻烦的能力。例如，1998 年针对旧金山湾的一项研究发现，在过去的 50 年里，大约每 14 周就有一个新物种被引入，造成这片海域出现了 234 个建立种群的外来物种，还有另外 125 个起源不明的物种 。另一个例子是澳大利亚塔斯马尼亚（Tasmania）的霍巴特港（Hobart）：经历了几十年的有毒工业废水排放和一种海星入侵之后，2011 年的一项生物多样性调查发现，这里已经没有本土物种了。

这和水母有什么关系？

这是一条越来越可靠的普遍性规律：对鱼类不利的东西一定对水母有利，而海岸建设对水母真的非常有利。与船运和水产养殖等沿海行业有关的人造结构以及为了加固海岸线建造的结构大量增加，这为水母提供了庞大的新增附着面积。特别是在钵水母中，水螅体几乎总是悬挂在水平表面如岩石和贝壳的下表面。水上平台、浮舟、水产养殖箱、海堤、石油钻塔和管道等人造结构有许多沟沟坎坎与大大小小的悬挂结构，很适合水螅体附着。在很多地方，这些人造悬臂的数量大大超出自然出现的下表面。

在实验室进行的实验表明，与自然基底相比，水母的水螅体更喜欢人造基底。许多研究指出，当水母的水螅体面临可供选择的多种基质时，它们常常会选择聚苯乙烯（Polystyrene）或聚乙烯（Polyethylene）等塑料，不喜欢贝壳或木头等自然表面。

图注（最左）： 水螅虫群体在人造结构上迅速地过度生长。这种生物污损会给水产行业造成各种各样的问题。生长在水产养殖设施上的水螅体会对养殖箱造成拖拽效果，还会蜇刺养殖的鱼类。生长在抽水管里的水螅会削弱进入发电厂和海水淡化厂的水流。码头、港口和船舶的生物污损会造成危险且代价高昂的后果。

图注（左）： 钵水母的水螅体更喜欢人工表面，尤其是下表面。浮舟和码头常常使用塑料与聚苯乙烯增加浮力，而石油钻塔和港口则使用金属与混凝土。这些结构会提供数百万个沟沟坎坎，其间常常挤满了捕食水螅（白色）和通过横裂过程克隆幼年水母的水螅（红色）。

综合作用

虽然本章讨论的所有人为导致的压力源都会促进水母爆发，但其中的一些是罪魁祸首：特定类型鱼类的枯竭，沿海水域氧气的减少，以及气候变暖。在最令人头痛的水母爆发中，这些因素至少有一个在起作用，但通常不止一个。

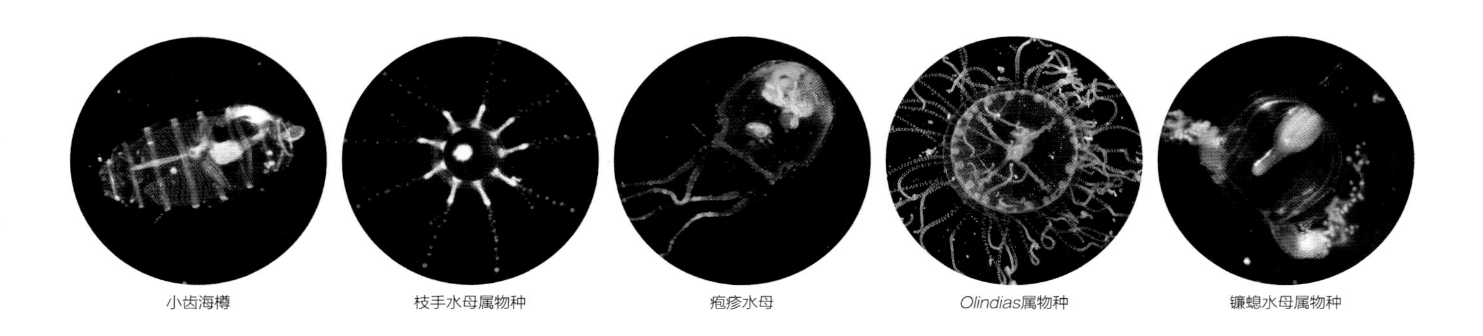

小齿海樽　　枝手水母属物种　　疱疹水母　　*Olindias*属物种　　镰螅水母属物种

虽然任何鱼类物种的枯竭都会导致生态系统的不稳定，让水母受益，但与水母直接构成平衡关系的似乎是小型中上层鱼或称饵料鱼——鳀鱼、沙丁鱼和鲱鱼。近些年来的众多研究揭示了两者之间的跷跷板效应：减少这些鱼类，水母就会失控，或者增加水母，这些鱼类就会减少。

氧气似乎也在水母的爆发中发挥着特别重要的作用。在由于富营养化而承受低氧水平的沿海区域中，水母常常占据优势，然而，至今仍不清楚这对水母来说是被动的（它们是极少数还能在那里存活的生物之一）还是主动的（它们在某种程度上加剧了这种情况）。

说到变暖，这种变化正中水母下怀。水母喜欢变暖。春天诱发它们爆发，而夏天是它们真正兴旺的时候。即使最轻微的变暖也会刺激它们的新陈代谢，加速它们的每一项活动：进食、生长、繁殖。更温暖的水意味着更早的爆发、更长的生长季和更大规模的虫害。

另外 90%

媒体、产业和科学界都已经开始关注水母可观察到的增长，但有一个重要因素在很大程度上被忽视了：那些占据物种数量 90% 的透明且不显眼的小型水母。大多数水母的直径只有大约 1 厘米，有些物种只有 1 毫米或 2 毫米（比一枚硬币的厚度还短）。当我们检查水面平台的侧面，甚至在水下戴着面罩观察时，几乎无法发现这些小巧的物种。只有在合适的光线条件下或者我们用细纱网在水中拖动时（这样做几乎总会有让人吃惊的结果）才能看到它们。

令人惊讶的是，关于这些小型水母的爆发，目前只有孤零零的一项研究。该调查揭示了一个令人震惊的模式：相关种群在 20 年里经历了一次物种优势的彻底逆转，而且生物量增长了五倍。对于较大水母爆发并造成麻烦的区域，这提出了一个问题：另外那看不见的 90% 发生了什么？

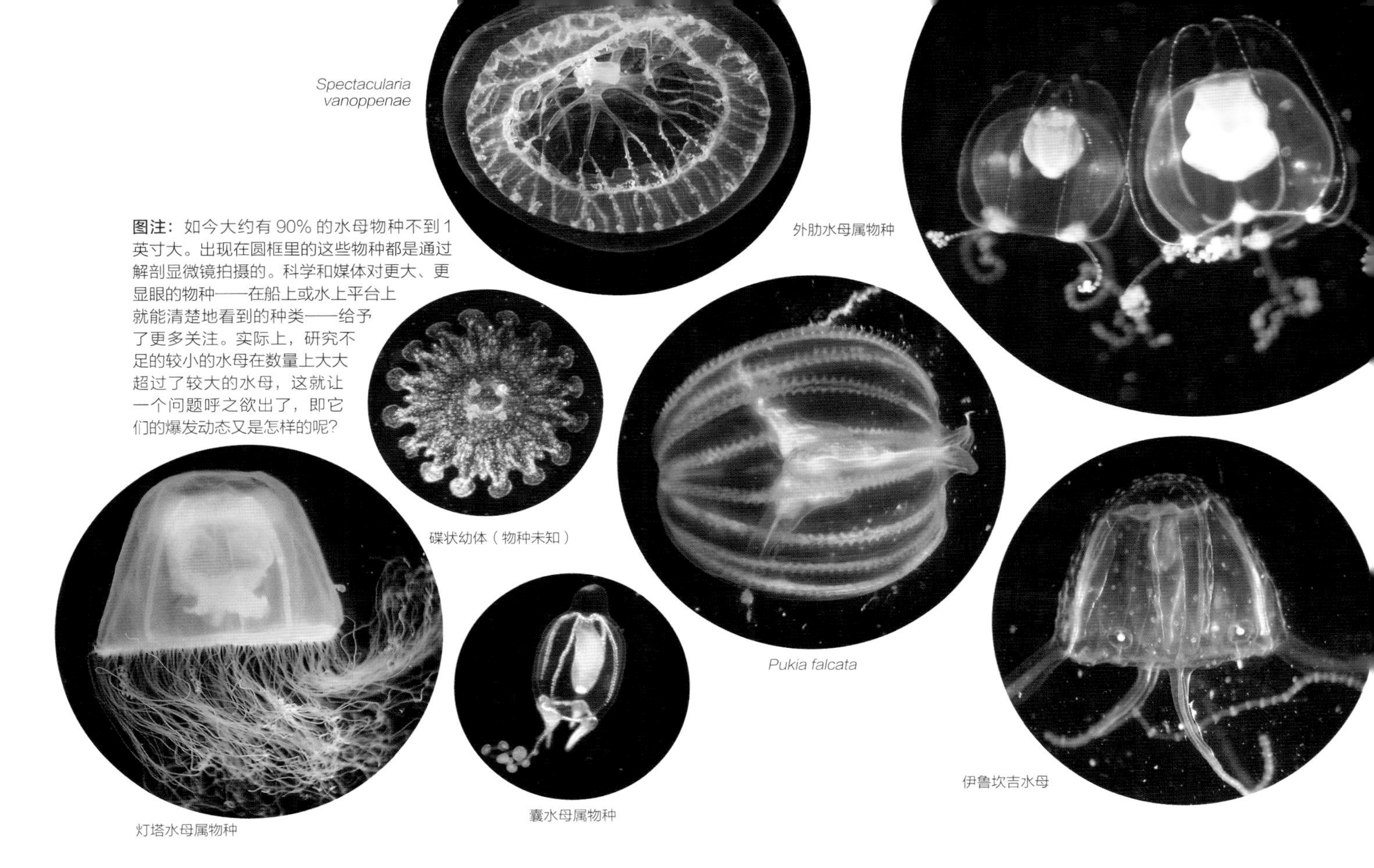

图注：如今大约有 90% 的水母物种不到 1 英寸大。出现在圆框里的这些物种都是通过解剖显微镜拍摄的。科学和媒体对更大、更显眼的物种——在船上或水上平台上就能清楚地看到的种类——给予了更多关注。实际上，研究不足的较小的水母在数量上大大超过了较大的水母，这就让一个问题呼之欲出了，即它们的爆发动态又是怎样的呢？

是时候行动了

地球就像一个病人，无数检查结果都暗示癌症的存在：现在是行动起来的时候了。目前存在着会影响人类相当长一段时间的环境问题，再多的数据都改变不了这一确切的事实。对于水母，许多人认为我们已经错过了它们的临界点，伴随着鱼类枯竭、氧气减少、海水变暖、海岸建设、污染和海水酸化越演越烈，问题只会变得更糟。

一些研究团体和企业已经开始开发产业化的清除方法，而另一些研究团体和企业正在开发水母的商业价值。前者的例子包括 2013 年某位开发者发明的一种设备，它基本上是一个机器人搅拌机，在水中巡航并将途中的一切东西切成碎片。对于许多行业，它带来的麻烦很可能比解决的问题还要大，但至少这是跳出框框之外思考如何控制水母爆发的开始。

商业价值可能出现在构成水母身体的胶质中，它有许多有趣的性质，包括伸缩性、吸水性和弹性。许多水母也有令人着迷的生物学特性，例如强烈的毒性、生物荧光、再生能力、克隆和永生。其中一些已经为我们所用。例如，荧光蛋白正在用于促进癌外科学的发展和追踪大脑的发育过程。一个研究团队开发了将水母作为麦芬蛋糕和纸杯蛋糕的低热量馅料的方法，而一家企业正在将水母用作焦糖糖果的增稠剂。

对水母爆发的管控基本上存在两种方法：处理爆发本身或者处理诱导因素。对水母的商业利用会提供大规模收获的动机，从而给鱼类反败为胜的机会。然而，如果我们不解决造成水母爆发的内在原因——人为导致的压力源，那么减小水母的种群规模只是帮了下一种害虫的忙而已。

沙蜇

在过去20年里，关于水母的最令人震惊的一些报道来自日本。2000年，一种名副其实的海怪在这里觉醒。在此之前，沙蜇（*Nemopilema nomurai*）——或称“野村巨大水母”（Nomura’s Giant Jellyfish）——被普遍认为相当稀有，个头也不大，很好防治。

巨大的问题

如今这个物种已经像冰箱一样大了，而且几乎每年都爆发，每次爆发都不计其数。它诞生于过度污染且过度捕捞的中国沿海水域。伴随着从中国的庞大城市流入沿海水域的过多营养、进食浮游生物的鱼类的大量减少，以及为水螅体提供了扩张空间的大规模海岸建设，沙蜇开始大量繁衍。随着水母体的生长，它们会乘着海洋暖流一路北上抵达日本。

根据可靠的估计，这些巨大的水母漂流进入日本渔场的速度达到了每天5亿只。成群的沙蜇扼杀了渔业。由于水母太重，渔民无法将渔获物拉上船，只能将渔网割断。这些水母甚至在2009年弄翻了一艘拖网渔船。如今在这些水母出没的时候，大多数渔民甚至懒得出海——根本不值得。除了破坏渔业之外，沙蜇在中国还常常蜇人，造成了至少9人死亡。

日本政府花了很大力气管控这个物种，包括试图开发它的工业用途。即便水母在日本料理中被认为是一种珍馐美味，但沙蜇这种害虫在日本人看来就相当于西方人眼中的老鼠。

拉丁学名：*Nemopilema nomurai*

中文通用名：沙蜇

英文俗名：Nomura’s Giant Jellyfish（“野村巨大水母”）

系统发育地位：门 刺胞动物门 /纲 钵水母纲/目 根口水母目

显著解剖学特征：巨大的球状身体，有八只带褶边的口腕，口腕上长着许多细丝

水中位置：浅海区的光合作用带

大小：钟状体直径接近2米，重约200千克

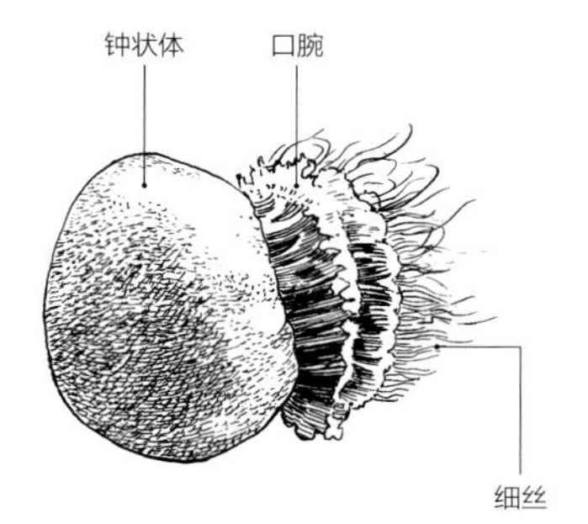

海胡桃

Mnemiopsis leidyi（发音为 *nee-mee-OP-sis LAY-dee-eye*；英文俗称 Sea Walnut，即“海胡桃”；中文名淡海栉水母）这个名字会让那些认识这种栉水母的人深感不安。它是全世界最不受欢迎的害虫之一，原产于大西洋西部，通过压舱水入侵了黑海，并彻底破坏了当地的生态系统。实际上，这个水母物种进入黑海之后开始大量繁殖，仅仅数年，它的生物量就占据了黑海总生物量的 95%。然后淡海栉水母扩张进入波罗的海和欧洲的其他海域，包括地中海。

迅速繁殖

这种海胡桃成功的原因在于它类似杂草的生物学和生态学特性。它拥有特殊的触手和捕食表面，同时适用于捕捉较大和较小的食物颗粒。该物种持续不断地进食，每天能够吃掉相当于自身体重十倍的食物，这让它可以在短短的一天之内增加一倍体积。这种超级胃口和生长速度帮助它实现了迅速繁殖。淡海栉水母在诞生后 13 天内开始产卵，到第 17 天的时候，它每天可以产 10 000 枚卵。它甚至不需要交配也能制造后代：淡海栉水母是一种自体受精的同时雌雄同体动物，这意味着每只个体既是雄性也是雌性的，而且通常给自己的卵子受精。

Bolinopsis

虽然淡海栉水母如此令人印象深刻，但在为非作歹方面，它的近亲*Bolinopsis*属的物种要厉害得多。*Bolinopsis* 属消化得更快，生长得更快，繁殖得也更快。它的分布也更广泛，遍布从海面到深海、从北极到南极的每一片海域。*Bolinopsis* 不及淡海栉水母有名，但最终它可能成为比后者更恶劣的害虫。

拉丁学名：*Mnemiopsis leidyi*

中文通用名：淡海栉水母

英文俗名：Sea Walnut（“海胡桃”）

系统发育地位：门 栉水母门 / 纲 触手纲 / 目 兜水母目

显著解剖学特征：凝胶状身体非常柔软且透明，呈卵形，有两枚大口叶，口叶一侧有较长的四条栉板带，它们之间还有较短的四条栉板带

水中位置：浅海区的光合作用带

大小：身体长约 10 厘米

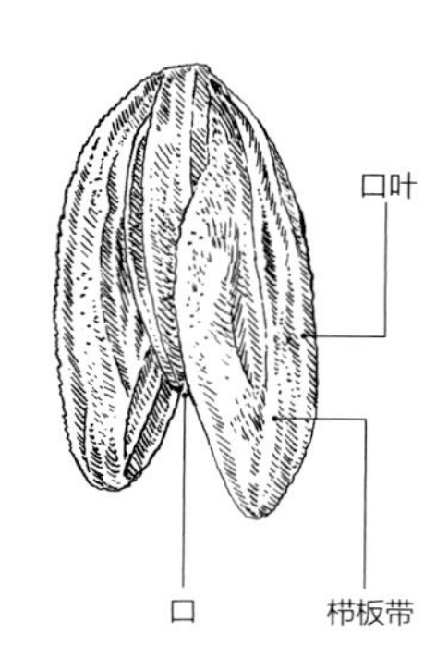

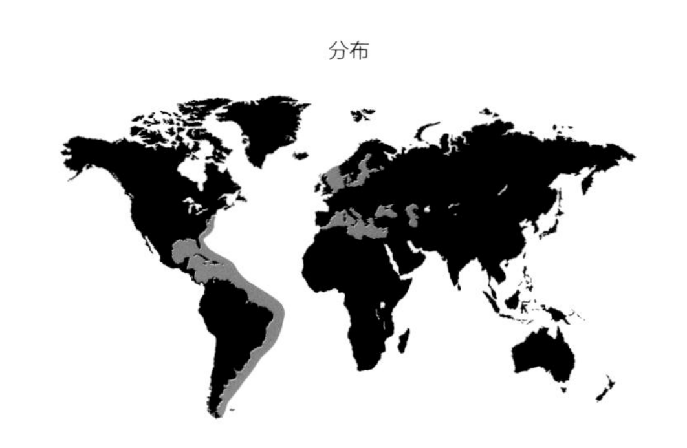

维多利亚多管发光水母

1902 年被发现的时候，没有人能想到简单、优雅的维多利亚多管发光水母（*Aequorea victoria*）会变得这么有名。除了从中央附近向边缘辐射的几十条白线外，它的飞盘状身体完全是透明的，它还有许多用来捕食浮游生物的像蛛网一样细的触手。它是一种比较美丽的水母，是公共水族馆中很受欢迎的展览物种，但这并不是它出名的原因。

绿色荧光蛋白

在紫外光的照射下，维多利亚多管发光水母触手基部附近的节瘤会发出明亮的绿光。发出绿光的分子名为绿色荧光蛋白（Green Fluorescent Protein，简称 GFP）。科学家们已经开发出将绿色荧光蛋白基因转入其他基因的方法，于是当这些基因编码蛋白质时，就可以在紫外光下观察它们的编码过程和位置。通过将绿色荧光蛋白基因转入植物、绵羊、蠕虫、老鼠、火蜥蜴（Salamander）、鱼类和其他物种（甚至还有猫），目前已经制造出了许多能够发出荧光的跨生物有机体。

绿色荧光蛋白有一系列医疗和生物学用途，包括标记癌细胞、追踪 HIV 病毒的扩散，以及研究大脑如何将感觉信号转化为运动输出。

发现并开发绿色荧光蛋白的科学家在 2008 年荣获了诺贝尔化学奖。然而颇为讽刺的是，科学界对维多利亚多管发光水母的大量捕捞从 20 世纪 60 年代初开始并持续了几十年，这导致它的种群急剧减小。目前尚不清楚它还能不能恢复。

拉丁学名：*Aequorea victoria*

中文通用名：维多利亚多管发光水母

英文俗名：无

系统发育地位：门 刺胞动物门 / 纲 水螅虫纲 / 目 软水母目

显著解剖学特征：身体宽阔且透明，呈矮穹顶状，辐水管最多可达 100 条，边缘生长着最多 150 条细触手

水中位置：浅海区的光合作用带

大小：钟状体直径通常约 8 厘米

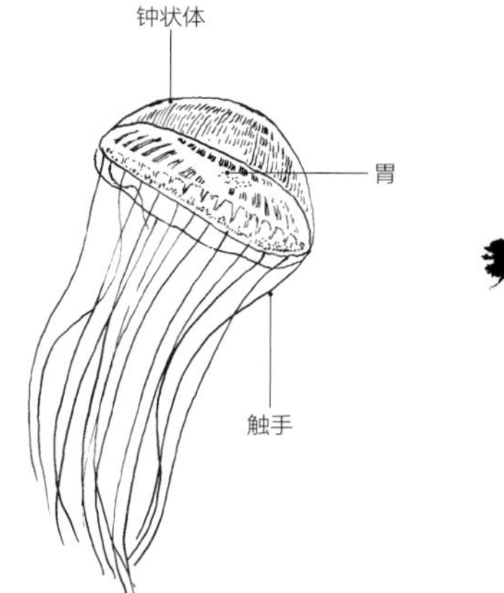

假伊鲁坎吉水母

早在 *Malo kingi* 得到正式命名和分类之前，它的绰号是“假伊鲁坎吉水母”（Pseudo-Irukandji），这是因为它和“普通伊鲁坎吉水母”（见 154 页）非常相似，后者是当时已知的唯一一个伊鲁坎吉水母物种。它的正式拉丁学名来自两个悲惨的蜇刺事故：种加词 *kingi* 纪念的是在大堡礁被它杀死的美国游客罗伯特·金（Robert King），属名 *Malo* 来自马克·朗赫斯特（Mark Longhurst；取自姓和名的头两个字母），这位冲浪者被蜇刺后抢救了三天，他是在西澳大利亚被同属的另一个物种 *Malo maxima* 蜇伤的。

按照剂量计算，*Malo kingi* 及其近亲的毒液或许是全世界毒性最强的，甚至比海蜂水母（见 50 页）的毒性还强，只是触手轻轻的擦碰就能导致伊鲁坎吉症候群。

高血压

Malo 属的致命危险来自它的毒液的一项特性。除了剧烈的疼痛、呼吸困难、大量出汗和其他一般出现在伊鲁坎吉症候群中的症状之外，*Malo* 属还会导致血压飙升。据记录，*Malo* 属造成的高血压曾高达 280/180，这会导致中风、肺水肿和心力衰竭。*Malo kingi* 还会导致男性受害者的阴茎持续勃起，因此以后它可能会具有医疗价值。

Malo kingi 拥有透明的箱形身体，高仅 2.5 厘米，还有四只触手，每只长达 30 厘米。它分布在澳大利亚东北部的热带礁石和岛屿，有时会出现在海滩沿线。它用剧毒的毒液捕食小鱼小虾。

拉丁学名：*Malo kingi*

中文通用名：无

英文俗名：Pseudo-Irukandji（“假伊鲁坎吉水母”）

系统发育地位：门 刺胞动物门 / 纲 立方水母纲 / 目 灯水母目

显著解剖学特征：身体小而透明，呈矩形，有四只长触手

水中位置：浅水的中层至表层，尤其是在珊瑚礁上方

大小：身体高约 2.5 厘米，触手长达 30 厘米

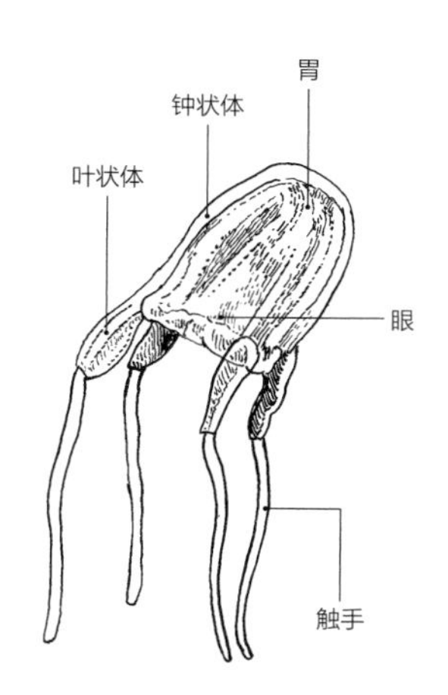

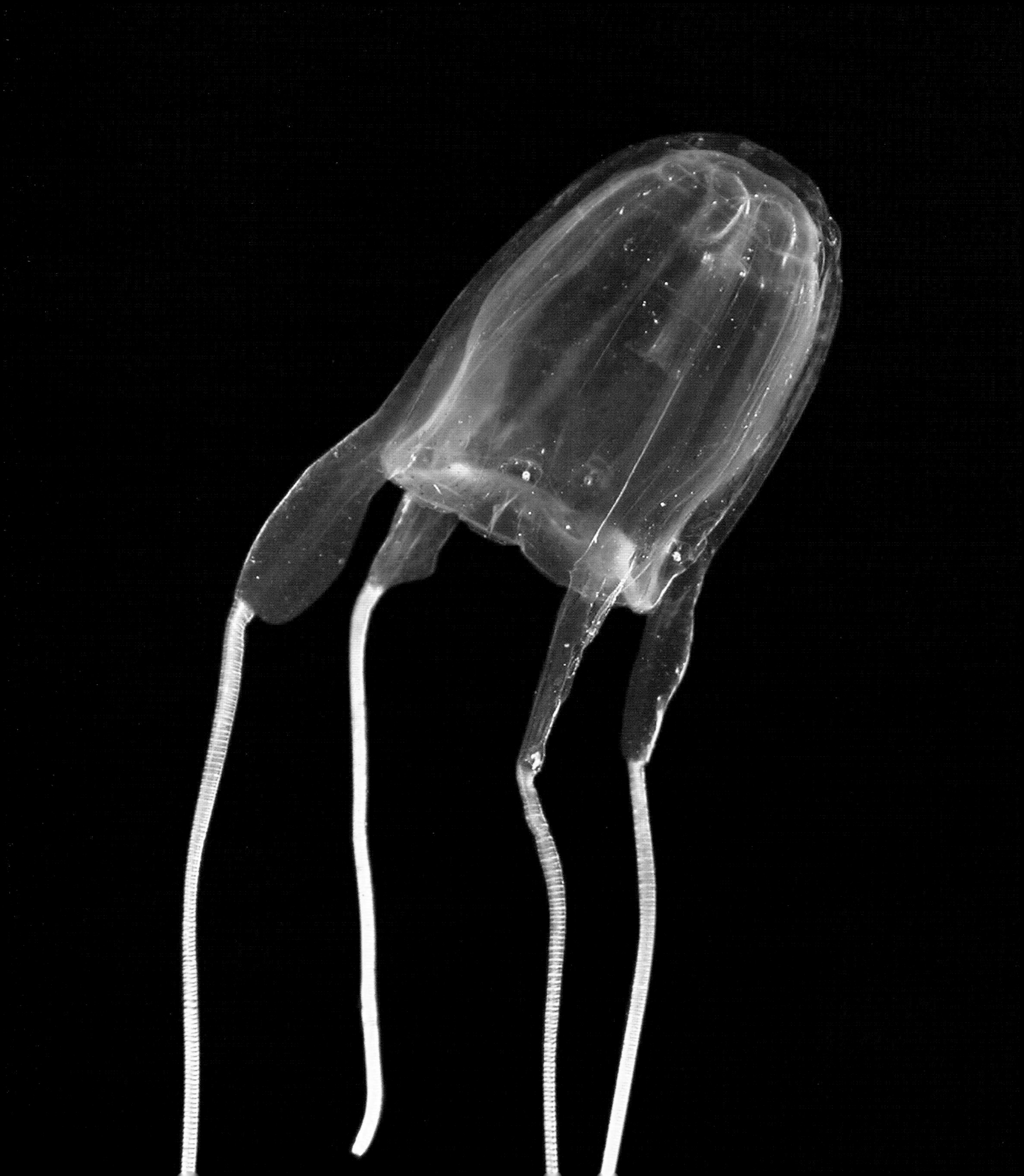

鞭状克朗水母

鞭状克朗水母（*Crambione mastigophora*）原产马来西亚，它在那里会被捕捞供人类食用。捕捞上来之后，口腕弃之不用，钟状体得到腌制并放在太阳下晾晒。这些晒干的水母圆片很耐储存，食用时用水浸泡，切成丝后加调料或配菜凉拌食用。不过，这种水母的英文俗名 Sea Tomato（“海番茄”）来自外表而不是味道：它的大小、形状和颜色都大致相当于一个大番茄。

在澳大利亚的爆发

鞭状克朗水母首次得到报道是在 20 世纪 80 年代的澳大利亚，当时有许多个体堵在一座发电厂的冷却进水管中，导致发电厂紧急关闭。这样的爆发在 2000 年之前很少见，如今几乎每年都会出现数量庞大的个体。这些爆发的规模之大，只有亲眼看到才会相信：水母密密麻麻地挤在一起，绵延数百英里。有一次爆发持续了 13 个月。另一次爆发绵延了将近 1 500 公里（将近 1 000 英里）。

这些爆发的生态效应直到最近才得到研究。鞭状克朗水母的主要食物来源是双壳类的幼体，这会对当地珍珠牡蛎产业造成麻烦。另外，规模越来越大的爆发水母吃掉的浮游生物（这样它们就没法供其他物种食用了）以及爆发水母成批死亡时急剧增加的腐败生物质会对生态系统的正常功能造成严重的干扰。

如果不考虑爆发动态和对渔业的危害，鞭状克朗水母是个美丽的物种。近乎圆形的紫红色身体顶部光滑，下面长着八只羽状口腕并带有许多细丝。

拉丁学名：*Crambione mastigophora*

中文通用名：鞭状克朗水母

英文俗名：Sea Tomato（“海番茄”）

系统发育地位：门 刺胞动物门 / 纲 钵水母纲 / 目 根口水母目

显著解剖学特征：身体圆而肥厚，通体深红色，有八只短短的羽状口腕

水中位置：浅海区的光合作用带；周期性地大量搁浅在海滩上

大小：钟状体直径可达 25 厘米

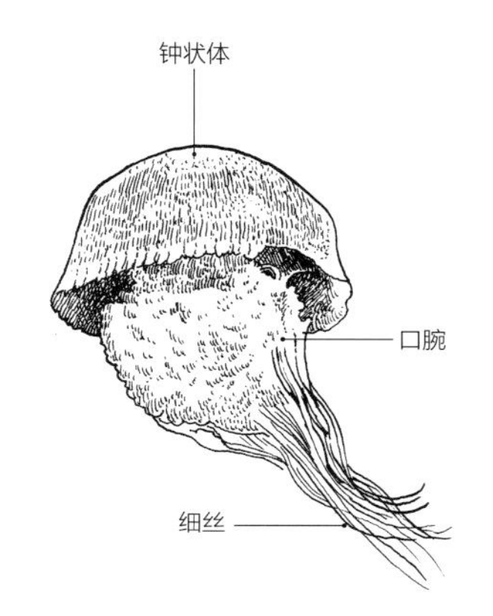

薮枝螅属

几乎每个动物学专业的学生都了解薮枝螅属（*Obelia*），因为它是教科书中水母体和水螅体（水螅虫）世代交替的范例，这种世代交替在水母中极为常见（见“水螅虫纲的生活史”，66—67 页）。然而薮枝螅是个不完美的范例，因为它是所有水母体中最反常的一种，缺少大多数水母物种的钟形身体和下垂的触手。它的身体呈圆盘状，细小而扁平（直径只有 1~2 毫米，和一枚硬币的厚度差不多），四周长着几十只又短又不灵活的触手，就像儿童画里的太阳一样。它的身体有五个斑点：位于中央的那个是口，其他四个是性器官。

水螅虫和水母体

从生态学的角度看，薮枝螅也是一种奇怪的猛兽，而且它的水螅虫和水母体可以造成同样大的麻烦，虽然是以完全不同的方式。

水螅虫呈灌丛状，形似风滚草，它们会聚集成很大的一团，减慢管道中的水流速度，通过制造拖拽效应增加人工结构的负重。接触薮枝螅的水螅虫会让鱼类出现荨麻疹状病变，让其他海洋生物的皮肤变得脆弱不堪。

为了清理造成生物污损的水螅虫而采取的措施可能会导致它们的碎片播种出更多群体。此外，采用机械方式将水螅虫打散有时候会刺激它们更茁壮地生长。

在适宜条件的刺激下，薮枝螅水母体会出现成千上万只个体的爆发，产生蜇刺人类的危险或者干扰水产养殖。在鱼类的鳃中，这些水母体对组织造成的损伤会促进细菌或真菌疾病的出现。虽然每只水母体都很小，但它的蜇刺非常疼痛，游泳时闯进一群薮枝螅水母的感觉就像炽热的沙粒打在身上。

拉丁学名：*Obelia* spp.

中文通用名：薮枝螅

英文俗名：无

系统发育地位：门　刺胞动物门 / 纲　水螅虫纲 / 目　软水母目

显著解剖学特征：身体扁平，小而圆，有五个斑点；有许多短且不灵活的触手向外辐射生长

水中位置：沿海浅水，尤其是海湾和港口庇护下的水域

大小：钟状体直径为 1 ~ 2 毫米

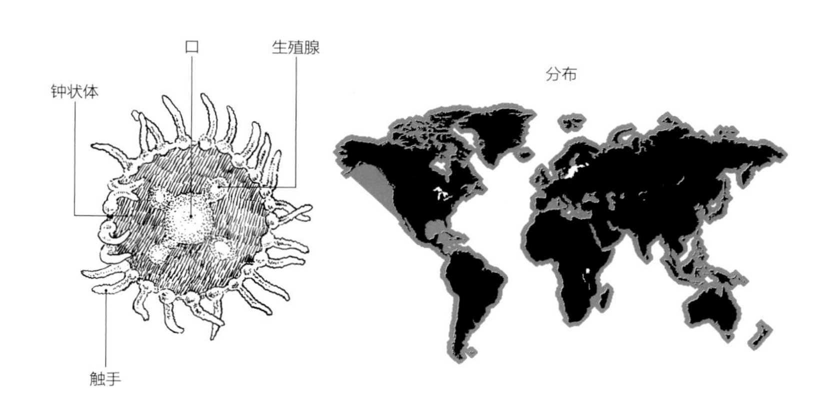

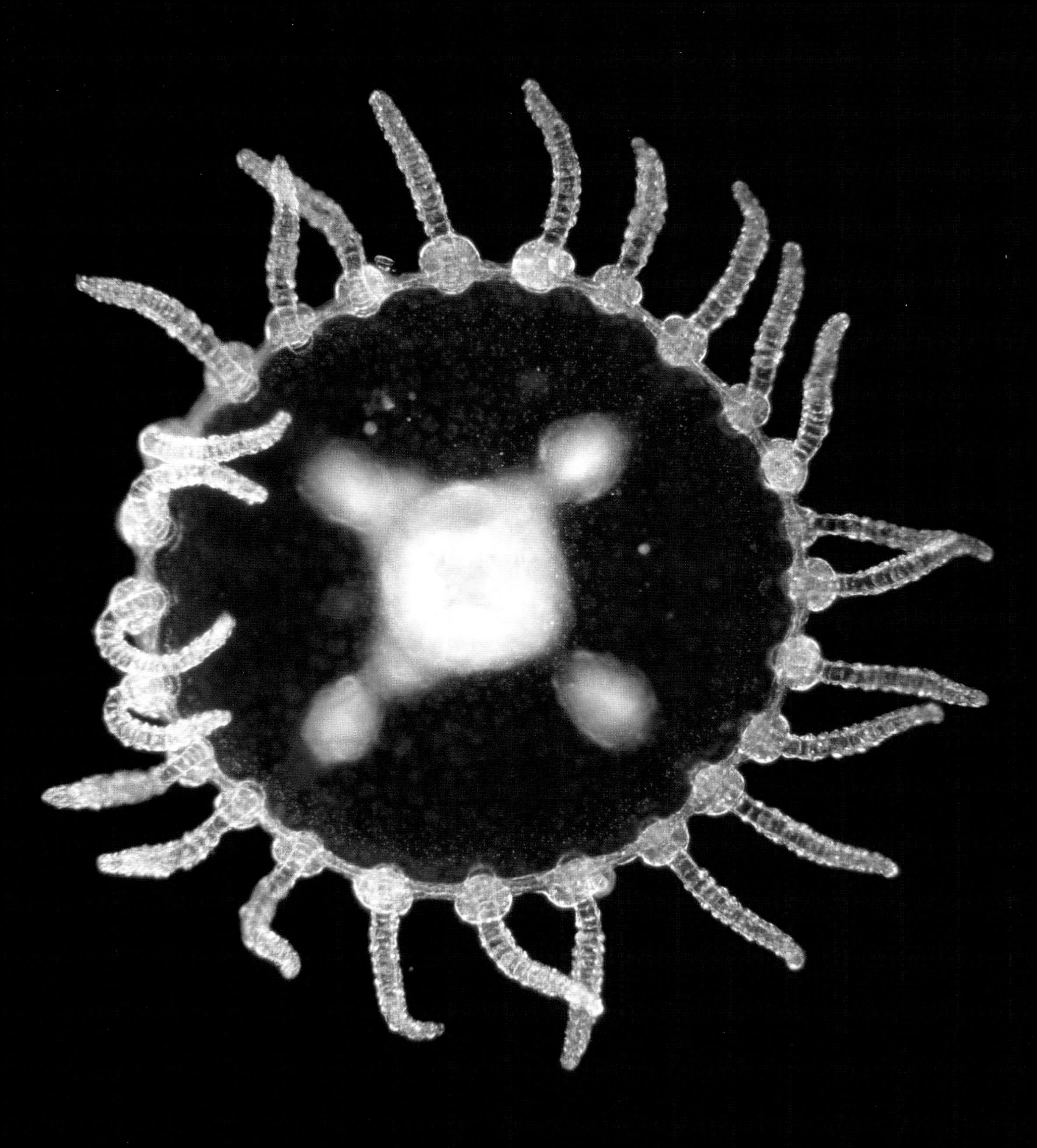

“长绳索状的会蜇人的东西”

顾名思义，“长绳索状的会蜇人的东西”（Long Stingy Stringy Thingy）呈长绳索状。它还会蜇人。许多物种都属于这个非正式的管水母（或群体性水母）类群，它们都有类似的结构特征和生态学特性。

这些物种中最常见的是丝根水母（*Rhizophysa filiformis*）。它的群体成员（称为个员）排列在一根主茎上，从充气浮囊上悬挂下来。这些个员是重复出现的功能单元，行使着口、触手、生殖器官等的作用。悬挂在中轴上的许多细丝和棒状结构让这些群体呈现出长绳索般的形状。

猛烈的蜇刺

“长绳索状的会蜇人的东西”蜇起人来十分猛烈，这种蜇刺可以和它们更著名的近亲僧帽水母相提并论。虽然目前没有致死的报告，但这种蜇刺会导致皮肤卷起、脱落，就像晒伤一样。

由于生活在远洋中，这些生物极少被人遇到。它们可以生活在从海面到深海的广阔海域。在进行垂直方向上的运动时，它们会在浮囊中释放更多气体分子以便上浮，或者冒出一个气泡以便下降。上升流周期性地将深海海水推向沿海海面，可能会把这些管水母送到游泳海域。

拥有浮囊的管水母在大量群集时会被声呐检测到信号。声呐波遇到海水中浮囊中的空气会反弹回来，造成遇到固体的假象。曾经有许多大批出没的管水母被当成了海底或者被误认为鱼群。如今的另一个风险是它们可能会被当成鱼鳔，导致对鱼类资源的过度估计。

拉丁学名：*Rhizophysa* spp. 和许多其他物种；下面的信息和地图分布范围指的是 *Rhizophysa* spp.

中文通用名：根水母属物种

英文俗名：Long Stingy Stringy Thingy（“长绳索状的会蜇人的东西”）

系统发育地位：门 刺胞动物门 / 纲 水螅虫纲 / 目 管水母目 / 亚目 囊泳亚目

显著解剖学特征：一个球形或椭圆形充气浮囊，一根主茎上长着许多细丝和小棒

水中位置：光合作用带、中层带、远洋深层带

大小：群体一般长 5 厘米至将近 1 米

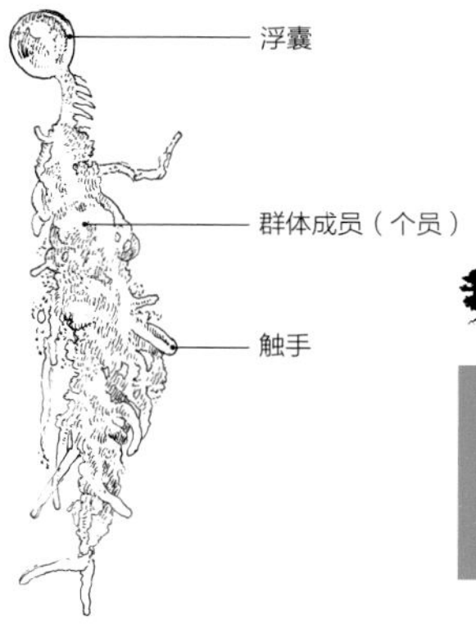

浮囊

群体成员（个员）

触手

分布

双尾纽鳃樽

樽海鞘和它们的近缘物种或许是水母类群中最令人陌生的。它们不蜇人，所以它们不像某些水母那样臭名昭著，但是数量巨大的它们可以强烈地影响海洋的生态学动态，将水中的浮游植物吃光，从而排挤生长较慢的物种，如磷虾和海蝴蝶。而这些物种是更高等的动物如鱼类、鲸和海鸟依赖的食物。

贪婪的素食主义者

和所有樽海鞘一样，双尾纽鳃樽（*Thalia democratica*）也是素食主义者。它会吃掉大量浮游植物，这会让它的生长速度达到每小时身体长度延长十分之一，每天繁殖两代。当浮游植物充足的时候——往往发生在上升流或雨水径流等带来丰富养分之后，双尾纽鳃樽会充分享用这场盛宴。规模巨大的爆发得到了周期性的记录，尤其是在包括澳大利亚和美国在内的东部大陆架系统附近海域。

樽海鞘和伊鲁坎吉水母的关系

有趣的是，双尾纽鳃樽与澳大利亚和泰国的伊鲁坎吉水母（见 154 页）肆虐强烈相关。这种相关性的原因尚不明确。它们都不以对方为食：双尾纽鳃樽是食草动物，而伊鲁坎吉水母是食肉动物，吃小鱼和对虾。或许它们只是对相同的环境因素有同样的反应，又或者脆弱的伊鲁坎吉水母将樽海鞘巨大的凝胶状生物质当成了一种没有威胁的缓冲物，就像鱼类在鱼群中寻求保护一样。

碳封存

通过其粪粒的迅速沉降，樽海鞘提供了一种将大量的碳封存在深海的自然机制，从而有助于降低海洋和大气的碳负载。然而，如果想抵消地球的碳排放，所需的樽海鞘的数量将会是不可持续的。

拉丁学名：*Thalia democratica*

中文通用名：双尾纽鳃樽

英文俗名：Common Salp（“普通樽海鞘”）

系统发育地位：门 脊索动物门 / 亚门 被囊亚门 / 纲 樽海鞘纲 / 目 纽鳃樽目

显著解剖学特征：身体小，呈桶形，一端有两个凝胶状突出结构

水中位置：浅海区的光合作用带

大小：体长 1 ~ 1.5 厘米

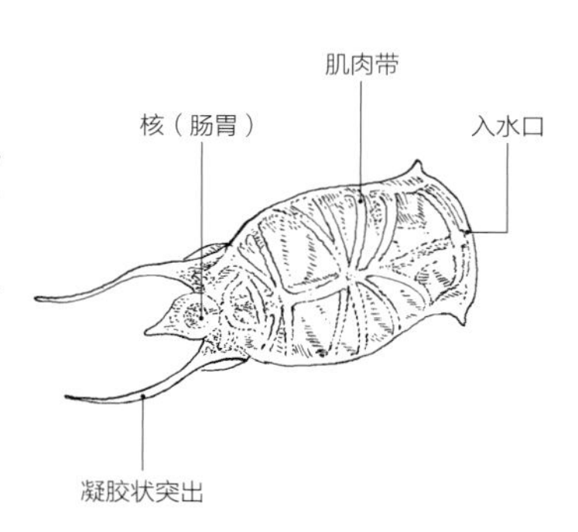

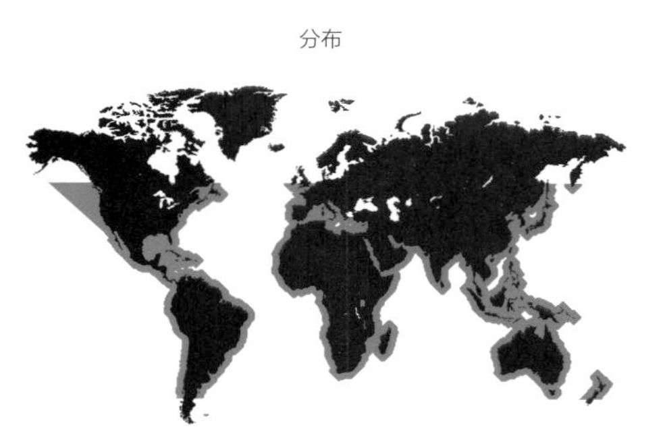

蓝鲸脂水母

虽然在英文中俗称 Blue Blubber，但蓝鲸脂水母（*Catostylus mosaicus*）并不总是蓝色的。这个物种在澳大利亚东南部的海湾和港口相当常见，尤其是在悉尼、墨尔本和布里斯班周边。在墨尔本，蓝鲸脂水母是蓝色的。在悉尼，它们几乎是一成不变的棕色。在布里斯班，它们通常是蓝色的，但有时是白色并有深蓝色的边缘，越往北越明显，最北边几乎都是这样。造成棕色的原因是虫黄藻的存在，这些共生藻类与珊瑚中的共生藻类相似，掩盖住了蓝色。白色较难解释，表明可能存在不同的物种，只是还没有被识别出来。

爆发的蓝鲸脂水母

蓝鲸脂水母的身体呈半球形，充满厚重的胶质。身体下面伸出八只圆锥形口腕，表面呈菜花状。蓝鲸脂水母可以长得相当大且沉重，成年个体的蜇刺非常猛烈。这种水母捕食浮游生物，但它们体内也拥有共生藻类，而且这些藻类提供了它们所需的大部分营养。

在有些年份，蓝鲸脂水母出现了天文数字级别的大爆发，让那些描述它的人们感到了语言的苍白无力。或许它最出名的事迹是找了美国海军的麻烦。2006 年，美国海军的核动力航空母舰“罗纳德·里根号”（*Ronald Reagan*）在处女航中停泊在澳大利亚的布里斯班港，冷却管被数千只蓝鲸脂水母堵塞，导致船只出现障碍，不得不进行紧急疏散。

墨尔本周边水域的长期数据显示，蓝鲸脂水母在过去的几十年里大幅增长。造成这种现象的确切原因并不十分清楚，但可能与水质或（和）当地鱼类资源的变化有关。

拉丁学名：*Catostylus mosaicus*

中文通用名：无

英文俗名：Blue Blubber（“蓝鲸脂水母”）

系统发育地位：门 刺胞动物门 / 纲 钵水母纲 / 目 根口水母目

显著解剖学特征：身体呈半球形，向下伸出八只表面菜花样的圆锥形口腕

水中位置：沿海浅水，通常出现在海湾和港口

大小：成熟钟状体直径约 30 厘米

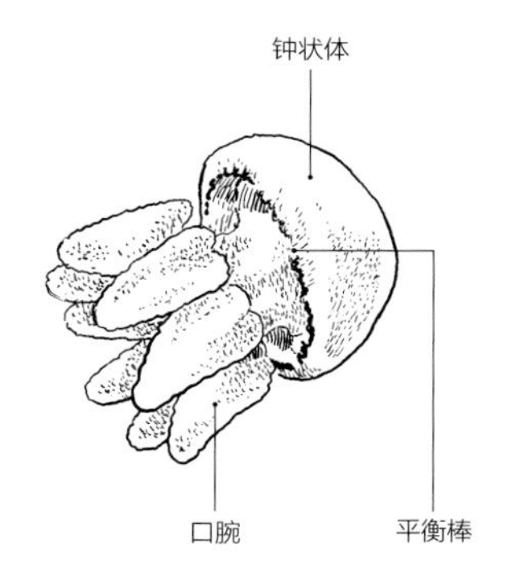

五卷须金黄水母

从外表上看，海荨麻是最正宗的水母，拥有经典的穹顶形钟状体，4 条长且有褶皱的口腕，以及 24 只至 40 只长长的丝状触手。大多数种类颜色鲜艳，常常有醒目的彩色条纹或斑点，在水中的样子十分迷人。

俗称“大西洋海荨麻”（Atlantic Sea Nettle）的五卷须金黄水母（*Chrysaora quinquecirrha*）有两种形态。较为常见的一种是白色形态，全身呈幽灵般的白色，有 24 只触手；所谓的红色形态也是白色的，只是钟状体上有一圈 16 个辐射对称的红色椭圆形，一共有 40 只触手。现代科学研究很可能会证明这两种形态是不同的物种。

海荨麻拖动着触手和口腕在水中游曳，捕食浮游性甲壳类动物和幼体。捕捉到的食物被传送到口腕之间的口中。这些水母还可以捕捉鱼类，并直接在口腕上进行体外消化。

下降的水质，增多的水母

对美国东部沿海地区与墨西哥湾的乘船者、游泳者和渔民来说，五卷须金黄水母是一种有危害的存在。它每年都会用令人极为痛苦的蜇刺伤害无数的人。在生态上受影响最严重的是切萨皮克湾。这座海湾曾经生活着丰富的海鲜和鱼类，但是当海湾里的滤食扇贝和贻贝被捞出之后，一切都变了，因为这意味着水体自净过程的减慢。城市径流带来的养分刺激藻类爆发。随着水质的下降，鱼类资源崩溃，水母迎来大繁荣，五卷须金黄水母就是其中的主力。

由于它们的美丽和奇异，海荨麻已经在全世界的公共水族馆中成了热门展览动物。这些展览让人们有机会在更为迷人的灯光条件下看到这些因危险而臭名昭著的生物。

拉丁学名：*Chrysaora quinquecirrha*

中文通用名：五卷须金黄水母

英文俗名：Atlantic Sea Nettle（“大西洋海荨麻”）

系统发育地位：门 刺胞动物门 / 纲 钵水母纲 / 目 旗口水母目

显著解剖学特征：身体呈半球形，有 4 条带褶皱的长口腕以及 24 只至 40 只长长的丝状触手；身体全部为白色，或者白色带有 16 条红色辐射状条纹

水中位置：沿海浅水，尤其是海湾和港口

大小：身体直径约 25 厘米

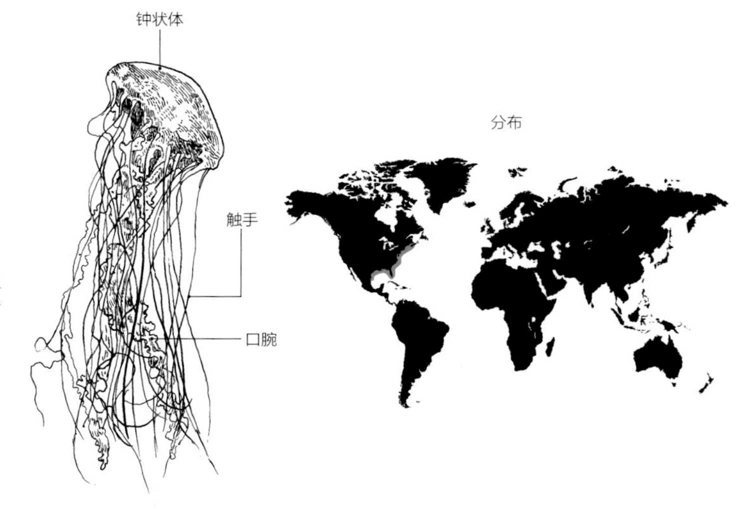

术语表

离口的（Aboral）：与动物的口相对的一侧。

远洋深渊带（Abyssopelagic Zone）：4 000 米至 6 000 米深的海洋水域。

尾海鞘类（Appendicularian）：属于尾海鞘纲的一类蝌蚪状被囊动物，又称 larvacean。

远洋深层带（Bathypelagic Zone）：1 000 米至 4 000 米深的海洋水域。

水底的（Benthic）：水体底部（如海床）的。

生物荧光（Bioluminescence）：活体生物如萤火虫或某些水母的发光现象。

几丁质的（Chitinous）：由几丁质构成，一种类似动物角或指甲的物质。

纤毛（Cilia，单数为 Cilium）：毛发或睫毛状结构，例如构成栉水母的“栉”的成行突出结构。Ciliated 的意思是具纤毛的。

分支分类学（Cladistics）：以从某一共同祖先进化出的相同性状为根据，对生物之间的关系进行分类的系统。

克隆（Clone）：个体的无性生殖，产生与亲本在遗传上完全相同的后代，与之相对的是有性生殖（卵子和精子的结合）。

刺胞动物（Cnidarian）：刺胞动物门的成员，这个类群主要是海洋无脊椎动物，包括珊瑚虫、海葵、海扇，以及钵水母纲、立方水母纲、十字水母纲和水螅虫纲的水母。

粘细胞（Colloblast）：栉水母的一种细胞，有黏性，用于捕食。

桡足类（Copepod）：一种微小的水生甲壳类动物，常常出现在浮游生物中，是水母的主要食物来源。

栉水母（Ctenophore）：栉水母门的成员，这个名字来自它们的八行像梳子（“栉”）一样的纤毛。例如海醋栗和爱神带水母。

立方水母（Cubozoan）：刺胞动物中一个毒性极强的纲（立方水母纲）的成员，又称箱水母。这些水母的水母体被称为 Cubomedusae，它们的水螅体被称为 Cubopolyps。

雌雄异体的（Dioecious）：雄性生殖器官和雌性生殖器官生长在不同的个体上。与“雌雄同体的”相对。

海樽（Doliolid）：一种小型桶状浮游被囊动物，属于海樽目，是樽海鞘的远亲。

地方性的（Endemic）：原产于某个特定地点，在任何其他地方都没有自然分布。

碟状幼体（Ephyra）：一种可以自由游动的幼体水母，

由钵水母纲水母的水螅体形态通过无性生殖的方式产生。见“横裂”。

光合作用带（Epipelagic Zone）：阳光可以穿透、能够进行光合作用的海洋水域，从海面到大约 200 米深。

神经节（Ganglion）：一团神经组织，可以起到初级神经系统的作用。

属（Genus，复数为 Genera）：介于科和种之间的分类学单位，由一批亲缘关系紧密的物种构成。物种拉丁学名的第一个词是属名，例如，僧帽水母（*Physalia physalis*）和蓝瓶僧帽水母（*Physalia utriculus*）都是僧帽水母属（*Physalia*）的物种。

生殖腺（Gonad）：用于生殖的腺体；在雄性体内是精巢，产生精子，在雌性体内是卵巢，产生卵子。

远洋超深渊带（Hadopelagic Zone）：超过 6 000 米深的海洋水域，一直向下延伸到海底。

两性体（雌雄同体）（Hermaphrodite）：同时拥有雄性和雌性生殖器官的个体。它可能是同时雌雄同体的，两种性别同时在个体内发生；或者是依序雌雄同体的，先是雌性再是雄性（雌性先熟雌雄同体），或者先是雄性再是雌性（雄性先熟雌雄同体）。

水螅虫（Hydroid）：水螅虫纲水母的水螅体阶段。

水螅虫纲水母（Hydrozoan）：刺胞动物门水螅虫纲的水母，有三种形态：主要出现在水螅虫（水螅体）中的形态，显著的水母体形态[称为水螅水母（Hydromedusae）]，以及管水母目的形态（见“管水母”）。

无脊椎动物（Invertebrate）：缺少脊柱和内骨骼的动物，如水母。

伊鲁坎吉水母（Irukandji Jellyfish）：这个术语来自澳大利亚土著对几个箱水母物种的统称，它们的蜇刺都有剧毒，并在人类受害者中引发类似的症候群。

角质化（Keratinized）：转化为角质，一种出现在人类毛发和指甲中的物质。

水母体（Medusa，复数为 Medusae）：水母亚门水母的自由漂浮形态，通常有一个碟形身体（通常称为钟状体），下面长有口腕和触手。

水母亚门水母（Medusozoan）：水母亚门的成员，该亚门属于刺胞动物门，有四个纲：钵水母纲、立方水母纲、十字水母纲和水螅虫纲。

中层带（Mesopelagic Zone）：从大约 200 米到大约 1 000 米深的海洋水域，能够照射进来一些阳光，但不足以支持光合作用。

雌雄同体的（Monoecious）：雄性和雌性生殖器官生长在同一个体上；等同于 hermaphroditic。与“雌雄异体的”相对。

筐水母目（Narcomedusa）：筐水母目（水螅虫纲）的水母，特点是钟状体顶部长着结实的刚性触手，而不是触手垂在身体下面。

泳钟体（Nectophore）：管水母的身体结构，通过收缩和扩张帮助管水母运动，又称 Swimming Bell。

刺丝囊（Nematocyst）：包括水母在内的刺胞动物门所有成员都具有的刺细胞，用于击晕猎物和蜇刺捕食者。

浅海区（Neritic Zone）：位于大陆架上方的海洋水域，从低潮线延伸到大约 200 米深，通常在阳光的照射范围之内。

脊索（Notochord）：脊索动物门的决定性特征，为柱状细胞群，是脊椎动物脊柱的胚胎发育前导，也存在于某些无脊椎动物的幼体中，包括樽海鞘。

裸鳃类（Nudibranch）：一类无壳海洋软体动物，又称“海蛞蝓”，以包括水母在内的刺胞动物为食，还会将猎物的刺细胞搜集在自己的组织内用于防卫。

眼点（Ocellus，复数为 Ocelli）：某些水母体内的一种简单的视觉或感光器官。

口腕（Oral Arm）：从水母下表面的口部区域伸展悬挂的结构，带有刺细胞，用于捕食。通常有四只，比触手更粗厚，不那么像丝线。

远洋（大洋）的（Pelagic）：形容海洋的水，指的是整个垂直水柱，从最顶端的光合作用带一直到最下面的远洋超深渊带。

酸碱值（pH）：物质（如水或土壤）中氢离子浓度的测量方式，数值范围为 0 ~ 14，数值为 7（纯水的 pH 值）是中性，数值低于 7 是酸性，高于 7 是碱性。

咽（Pharynx）：无脊椎动物中的解剖学通道结构，通常指的是消化系统中连接口和胃的部分。

光合作用（Photosynthesis）：含有叶绿素的细胞暴露在阳光下时，使用二氧化碳和氢制造碳水化合物的过程。

系统发育（Phylogeny）：种、属、科及更高生物分类单元的进化史，追踪共同祖先的分支谱系并找出它们之间的关系。系统发育树是表示这些进化关系的示意图，将不同的类群表达为共同树干上的分枝。

浮游植物（Phytoplankton）：浮游生物中的植物，包括蓝藻（Blue-green Algae）、硅藻（Diatom）和沟鞭藻（Dinoflagellate）等。这些生物能进行光合作用，是海洋生物链的基本要素。虽然个体十分微小，但它们能够大量爆发，覆盖水面。

浮游生物（Plankton，形容词形式为 Planktonic）：存在于淡水水体和咸水中的一类水生生物，处于被动的漂流状态，运动能力弱或无，既包括微小的动植物，也包括大型水母体和樽海鞘。浮游生物包括藻类、细菌、甲壳类、软体动物、刺胞动物、栉水母，以及各种生物的幼体。见“浮游植物”和“浮游动物”。

浮浪幼体（Planula Larvae）：多种类型水母的微小幼体阶段，可自由游动，来自有性生殖（卵子和精子的结合）。

扁栉水母（Platyctene）：生活在海床上的一种栉水

母，形似扁形虫，爬行移动。

水漂生物（Pleuston）：生活在空气与水接触的水体表面的水生生物。

水螅体（Polyp）：多种类型水母的幼小芽状生命阶段，通过克隆的方式无性生殖。

火体虫（Pyrosome）：一种形似樽海鞘的浮游被囊动物，由彼此相连的个体构成一整个群体，形成发出生物荧光的大型生物。

辐射对称（Radial Symmetry）：呈圆形、辐射状排列，类似菊花或车轮，可以切割成等同的若干块。许多水母是四分对称（可以分割成四个对称的部分）、六分对称或八分对称的。

根口水母（Rhizostome）：钵水母纲中的一类水母，属于根口水母目，没有真正的触手，刺细胞（刺丝囊）生长在口腕上。又称鲸脂水母。

平衡棒（Rhopalium，复数为 Rhopalia）：水母亚门水母的感觉器官，控制钟状体的搏动、平衡以及这种动物的视觉或感光能力。

樽海鞘（Salp）：被囊亚门中一类形似水母的生物，其幼体阶段有脊索。樽海鞘有单体和群聚生命阶段，并在群聚阶段形成由个体（或称“个员”）组成的长链，不同的个体行使不同的功能，如捕食、消化和繁殖。

钵水母（Scyphozoan）：刺胞动物门钵水母纲的水母，包括“真水母”（海荨麻、海月水母）、根口水母（鲸脂水母）和冠水母。

管水母（Siphonophore）：管水母目（刺胞动物门水螅虫纲的重要组成部分之一）的水母，没有典型的钟状体，但有泳钟体和/或一个浮囊，并使用触手捕食。僧帽水母是最常见的管水母。

姊妹群（Sister Group）：在分支分类学中，姊妹群是那些彼此关系最紧密的类群；它们在系统发育树或类似示意图中的位置是平等的，是来自共同祖先起源的不同分支。

物种（Species）：分类基本单位，代表某一类型或种类的生物。同一物种的成员可以交配繁殖。每个物种的正式学名都由两部分组成（双名法），包括它的属名和种加词（例如，海蜂水母的学名是 *Chironex fleckeri*）。没有确切所指的“物种”常常缩写，单数为 sp.，复数为 spp.。

物种概念（Species Concept）：科学家在鉴定和识别物种时所使用的标准的内在范式或理论框架。不同的物种概念分别基于生物的群内交配能力（生物学物种概念）、它们的形态学（形态学物种概念）和它们的进化关系（系统发育学物种概念）。

平衡囊（Statocyst）：水螅虫纲和钵水母纲水母中的一个小袋状结构，其中有许多小颗粒，这些小颗粒发生移动时会刺激不同的神经，为动物体提供关于平衡和方向的信号。

平衡石（Statolith）：在立方水母纲的水母中，一块由矿物质石膏组成的相对较大的石头状结构，在功能上相当于其他水母的平衡囊中的小颗粒，帮助动物保持平衡和方向。又称 Balance Stone。

十字水母（Stauromedusa）：一种喇叭状刺胞动物门水母，属于十字水母目，没有自由游动的成年阶段，而是固着在海床的岩石或藻类上生活，八只腕呈星状伸出，每只腕的末端都有一簇触手。又称 Staurozoan。

生殖根（Stolon）：在水母类生物中，从水螅体、樽海鞘的体表伸出的长条形或芽状突出结构，或者能够发育出新个体的其他形态。

横裂（Strobilation）：钵水母纲水母的一种克隆过程，水螅体延长并分段，形成一系列碟状结构，每一个碟状结构发育成一个碟状幼体，即可以自由游动的幼年水母体。

潮下带（Subtidal Zone）：海洋浅海区的浅水，靠近岸边但远离潮间带，因此总是在水下。

共生关系（Symbiosis）：两个不同物种 [各称为共生体（Symbiont）] 紧密地生活在一起形成的一种关系。仙女水母属物种与在它们体内通过光合作用提供营养的单细胞藻类之间是互利性的共生关系。水母和蛾亚目片脚类动物之间是寄生性共生关系，后者是一种像虫子的小型甲壳类动物，会挖进宿主的组织并以其为食。

系统分类学（Systematics）：研究物种分类（分类学体系）和物种关系（系统发育体系）的科学。见“系统发育学” 和“分类学” 。

分类群（Taxon，复数为 Taxa）：一种分类学单位，例如种、属、目或门。

分类学（Taxonomy）：对生物进行分类的科学，包括确定它们在门、纲、科、属和种等分类群层级中的位置，以及为每一个独一无二的物种命名。

被囊动物（Tunicate）：属于脊索动物门被囊亚门的生物，如樽海鞘或火体虫。和其他脊索动物一样，被囊动物也拥有脊索，但只存在于幼体阶段。

脊椎动物（Vertebrate）：拥有脊柱的动物（如人类）。

个体（Zooid）：有群体或群聚状态的生物（如樽海鞘或火体虫）的个体成员。每只个体都在群体内发挥特定的功能，例如，生殖体和育体负责繁殖，而营养个体负责进食和为整个群体提供营养。

浮游动物（Zooplankton）：浮游群落中的动物部分而非植物部分（见“浮游植物” ），包括鱼类、蛤蜊、海星、龙虾和其他非浮游动物的卵与幼体，以及永久性浮游动物，包括单细胞原生动物、微小的甲壳类动物（如桡脚类和形似虾的磷虾科动物）、海螺、栉水母和水母体等。

参考资料

对水母感兴趣的读者可以找到下面这些有用的图书、科学期刊文章、网站和应用，了解更多知识。

通俗科普图书

Arai, M. N. *A Functional Biology of Scyphozoa*. London: Chapman & Hall, 1997.

Bone, Q. *The Biology of Pelagic Tunicates*. Oxford: Oxford University Press, 1998.

Gershwin, L. *Stung! On Jellyfish Blooms and the Future of the Ocean*. Chicago: University of Chicago Press, 2013.

Sardet, C. *Plankton*. Chicago: University of Chicago Press, 2015.

Williamson, J. A., P. J. Fenner, J. W. Burnett, and J. Rifkin, eds. *Venomous and Poisonous Marine Animals: A Medical and Biological Handbook*. Sydney: NSW University Press, 1996.

科学期刊文章

Boero, F., J. Bouillon, S. Piraino, and V. Schmid. “Diversity of Hydroidomedusan Life Cycles: Ecological Implications and Evolutionary Patterns.” *Proceedings of the 6th International Conference on Coelenterate Biology, 1995 July 16 - 21* (1997): 53 - 62.

Brotz, L., W. W. L. Cheung, K. Kleisner, E. Pakhomov, and D. Pauly. “Increasing Jellyfish Populations: Trends in Large Marine Ecosystems.” *Hydrobiologia* 690 (2012): 3 - 20.

Condon, R. H., D. K. Steinberg, P. A. del Giorgio, T. C. Bouvier, D. A. Bronk, W. M. Graham, and H. W. Ducklow. “Jellyfish Blooms Result in a Major Microbial Respiratory Sink of Carbon in Marine Systems.” *Proceedings of the National Academy of Sciences* 108, no. 25 (2011): 10 225 - 10 230.

Duarte, C. M. and 19 other authors. “Is Global Ocean Sprawl a Cause of Jellyfish Blooms?” *Frontiers in Ecology and the Environment* 11, no. 2 (2012): 91 - 97.

Gershwin, L., W. Zeidler, and P. J. F. Davie. “Ctenophora of Australia.” *Memoirs of the Queensland Museum* 54, no. 3 (2010): 1 - 45.

Gershwin, L. and 10 other authors. “Biology and Ecology of Irukandji Jellyfish (Cnidaria: Cubozoa).” *Advances in Marine Biology* 66 (2013): 1 - 85.

Graham, W. M. and 14 other authors. “Linking Human Well- being and Jellyfish: Ecosystem Services, Impacts, and Societal Responses.” *Frontiers in Ecology and the Environment* 12, no. 9 (2014): 515 - 523.

Mills, C. E. “Medusae, Siphonophores, and Ctenophores as Planktivorous Predators in Changing Global Ecosystems.” *ICES Journal of Marine Science* 52 (1995): 575 - 581.

Mills, C. E. “Jellyfish Blooms: Are Populations Increasing Globally in Response to Changing Ocean Conditions?” *Hydrobiologia* 451 (2001): 55 - 68.

Purcell, J. E. “Jellyfish and Ctenophore Blooms Coincide with Human Proliferations and Environmental Perturbations.” *Annual Review of Marine Science* 4 (2012): 209 - 235.

Totton, A. K. “Studies on ‘Physalia Physalis’ (L). Part 1. Natural History and Morphology.” *Discovery Reports* 30 (1960): 301 - 368, plates 7 - 25.

野外指南

Gershwin, L., M. Lewis, K. Gowlett-Holmes, and R. Kloser. *Pelagic Invertebrates of South-Eastern Australia: A Field Reference Guide*. Hobart: CSIRO Marine and Atmospheric Research, 2013.

Book 2: The Medusae: https://publications.csiro.au/rpr /download?pid=csiro:EP1312312&dsid=DS2

Book 3: The Siphonophores: https://publications.csiro.au/rpr /download?pid=csiro:EP1312313&dsid=DS2

Book 4: The Ctenophores: https://publications.csiro.au/rpr /download?pid=csiro:EP1312314&dsid=DS2

Book 14: The Pelagic Tunicates: https://publications.csiro.au /rpr/download?pid=csiro:EP1312315&dsid=DS2

Kirkpatrick, P. A. and P. R. Pugh. *Siphonophores and Velellids: Keys and Notes for the Identification of the Species*. London: E.J. Brill/Dr. W. Backhuys, 1984.

Mapstone, G.M. *Siphonophora (Cnidaria: Hydrozoa) of Canadian Pacific Waters*. Ottawa: Canadian Science Publishing (NRC Research Press), 2009.

Wrobel, D. and Mills, C. *Pacific Coast Pelagic Invertebrates: A Guide to the Common Gelatinous Animals*. Monterey: Sea Challengers, 1998.

有用的网站

澳大利亚海洋毒刺咨询服务（Australian Marine Stinger Advisory Services）
提供关于水母安全的信息和下载内容。
http://www.stingeradvisor.com/

克劳迪娅·米尔斯主页（Claudia Mills Homepage）
栉水母和十字水母的介绍与有效名称清单，关于水螅水母的趣闻，对多管水母属生物荧光的讨论，关于海洋保护的记录，以及其他信息。
https://faculty.washington.edu/cemills/

淡水水母（Freshwater Jellyfish）
关于淡水水母已知的一切。
http://freshwaterjellyfish.org/

水母地带（Jellies Zone）
非常全面地涵盖北美太平洋沿岸所有种类的水母。
http://jellieszone.com/

水母守望（Jelly Watch）
水母和其他海洋生物的目击记录。
http://www.jellywatch.org/

浮游生物记录（Plankton Chronicles）
各种水母和其他浮游动物的图片与视频短片，质量极高。
http://www.planktonchronicles.org/en.

管水母（Siphonophores）
关于管水母，你想要了解的所有事情。
http://www.siphonophores.org/

生物荧光网页（The Bioluminescence Web Page）
非常棒的资源，介绍关于生物荧光的所有知识。
http://biolum.eemb.ucsb.edu/

水母应用（The Jellyfish App）
水母鉴别、安全信息、地区警告和手机短信提醒，询问专家，社区论坛，下载照片，全球覆盖。
http://www.TheJellyfishApp.com/

钵水母（The Scyphozoan）
关于钵水母纲的全面信息。
http://thescyphozoan.ucmerced.edu/

圣迭戈地区浮游动物（Zooplankton of the San Diego Region）
提供关于水母和其他浮游生物的博物学信息，由斯克里普斯海洋学研究所（Scripps Institution of Oceanography）的无脊椎动物研究人员创办。
https://scripps.ucsd.edu/zooplanktonguide/

图片版权

常春藤出版社（Ivy Press） 感谢下列单位和个人慷慨允许复制版权材料：

Alamy Stock Photo/blickwinkel: 106 左；David Fleetham: 97, 161；Jeff Milisen: 43；Andrey Nekrasov: 101 右；Sanamyan: 108；Visual&Written SL: 35；Roderick Paul Walker: 163；Waterframe: 81；Solvin Zankl: 145 下

Chuck Babbitt: 133

Jan Bielecki, Alexander K. Zaharoff, Nicole Y. Leung, Anders Garm, Todd H. Oakley CC-BY-SA: 123

Biodiversity Heritage Library: 125

Peter J. Bryant: 87

By and by CC-BY-SA: 57 右

Corbis/Sonke Johnsen/Visuals Unlimited: 37；Latitude: 143；Andrey Nekrasov: 197

© Ned DeLoach: 119

Enviromet CC-BY-SA: 190 左

Gary Florin/Cabrillo Marine Aquarium: 115

FLPA/Ingo Arndt/Minden Pictures: 94；Fred Bavendam/Minden Pictures: 137；Hiroya Minakuchi/Minden Pictures: 199；Norbert Wu/ Minden Pictures: 17 上, 157, 184, 203

Larry Jon Friesen/Santa Barbara City College: 159

Dr. Lisa-ann Gershwin: 29 上, 29 下, 33 左上, 99 左, 99 右, 110 右, 111 左, 111 右, 141, 146, 155, 192, 193, 201, 211

Getty Images/ The Asahi Shimbun: 179；China Photos: 178；Mark Conlin: 6；Ethan Daniels: 151 上；David Doubilet/National Geographic: 51；George Grall/National Geographic: 213；Richard Herrmann/Visuals Unlimited: 17 下，105；Rand McMeins: 145 上；Andrey Nekrasov: 129；Oxford Scientific: 148；Frederic Pacorel: 91；Alexander Semenov: 25 右, 85, 104, 107, 109, 165；Lucia Terui: 195；Ullstein bild: 140

© Karen Gowlett-Holmes: 110 左

© Image Quest Marine: 83

© Rudy Kloser/Great Australian Bight Research Program 2015: 151 下

Library of Congress, Washington, D.C.: 102, 103 Louis Mackay: 177

© Eric Madeja/www.ericmadeja.com: 121

© Alvaro Esteves Migotto: 89

Takashi Murai/The New York Times Syndicate/Redux: 75

© The Museum Board of South Australia 2016. Photographer: Dr. J. Gehling: 98

Naturepl.com/Aflo: 134；Ingo Arndt: 131；Brandon Cole: 149；Jurgen Freund: 54, 79, 136；Doug Perrine: 7 左；Michael Pitts: 7 右；David Shale: 169, 209；Paul D Stewart: 127；Visuals Unlimited: 24 右；Solvin Zankl: 14

NOAA, National Oceanic and Atmospheric Administration: 183 上

© OceanwideImages.com: 2

© Chris Paulin/fishHook Publications: 171

© 2016 Philippe & Guido Poppe—www. poppe-images.com: 207

Denis Riek: 41, 117

Science Photo Library/Alexander Semenov: 24 左，33 左下，53；Wim Van Egmond: 45, 205

Sea Life Mooloolaba, formerly UnderWater World: 17 中

Shutterstock/Vladimir Arndt: 186；Rich Carey: 185；Ethan Daniels: 147, 153；LauraD: 49；Red Mango: 5；Tororo Reaction: 9；Vilainecrevette: 1, 100, 101 左

Kåre Telnes, www.seawater.no: 77

Image courtesy of George Waldbusser and Elizabeth Brunner, Oregon State University: 183 右

David Wrobel: 25左, 39, 47, 57左, 93, 106右, 142, 167, 173, 174, 190右

致谢

怀着最深切和最诚挚的感激之情，我要感谢迈克·沙特（Mike Schaadt）和卡布里洛海洋水族馆（Cabrillo Marine Aquarium）的人们，是他们让我走上了研究水母的道路；感谢蒙特雷湾水族馆（Monterey Bay Aquarium）的前员工弗雷亚·萨默（Freya Sommer）和戴夫·弗罗贝尔（Dave Wrobel）与我共享对水母的喜爱之情；感谢查克·高尔特（Chuck Galt）为我打开了远洋文献的世界；感谢让尼·贝勒曼（Jeannie Bellemin）提供了关于浮游生物的一切；感谢一路上激励我的克劳迪娅·米尔斯（Claudia Mills）、罗恩·拉森（Ron Larson）、多萝西·斯潘根贝格（Dorothy Spangenberg）、戴尔·考尔德（Dale Calder）、蒙蒂·格雷厄姆（Monty Graham）、迈克·金斯福德（Mike Kingsford）、南多·博埃罗（Nando Boero）、贝拉·加利尔（Bella Galil）、安东尼·理查森（Anthony Richardson），以及其他水母研究者。此外，还要衷心感谢一直相信我的沃尔夫冈·蔡德勒（Wolfgang Zeidler）、菲尔·奥尔德斯莱德（Phil Alderslade）、彼得·戴维（Peter Davie）、普克·史基夫耶尔（Puk Scivyer）、鲁迪·克洛泽尔（Rudy Kloser），以及汤姆·麦格林（Tom McGlynn）和蒂娜·麦格林（Tina McGlynn）。

常春藤出版社的制作团队是梦想般的合作伙伴：汤姆·基奇（Tom Kitch）、凯特·沙纳汉（Kate Shanahan）、詹姆斯·劳伦斯（James Lawrence）、戴维·普赖斯-古德费洛（David Price-Goodfellow）、埃米·休斯（Amy Hughes）、凯蒂·格林伍德（Katie Greenwood），还有维维恩·马蒂诺（Vivien Martineau）……你们的工作是如此美丽，和你们共事总是让我感到惊喜。我还要衷心感谢克丽丝蒂·亨利（Christie Henry）和芝加哥大学出版社（University of Chicago Press）的工作人员。

献给帕特里克（Patrick）。

莉萨－安·格什温

她梦到自己与水母共舞

在漩涡和湍流之中
奇怪的水母四处漂浮，
有的血红，有的蔚蓝，有的是棕色，
多得让人分不清哪个是哪个。
长绳索状的会蜇人的东西，
一缕流苏上的一颗眼球，
精致的粉色触手掩饰着
它可怕的蜇刺之痛。
浩浩荡荡的僧帽水母舰队
仰仗的不过是微风，
像是来自异世界的哨兵，
一篇海上的史诗。
巨海葶麻是酒红色的，
还有一些银色水母带着紫色的条纹。
幽灵般的圆月如此华丽，
有千千万万种不同的类型。
旋转的圆球和拍打的口叶，
身体被光映得如此美丽。
一行行彩虹的光影闪烁，
令我感到狂喜。
伊鲁坎吉水母的顶针，
邪恶的触手又长又细，
当我伸出手去触碰，世界
仿佛尽在手中。

莉萨－安·格什温和菲尔·奥尔德斯莱德
2016年1月24日

图书在版编目（CIP）数据

水母之书/（美）莉萨-安・格什温（Lisa-ann Gershwin）著；王晨译. —重庆：重庆大学出版社，2019.10（2024.8重印）

书名原文：Jellyfish：A Natural History

ISBN 978-7-5689-1345-4

I. ①水… II.①莉… ②王… III. ①水母-普及读物 IV. ①Q959.132-49

中国版本图书馆CIP数据核字（2018）第206440号

水母之书

SHUIMU ZHI SHU

［美］莉萨-安・格什温 著
王 晨 译

责任编辑 敬 京
责任校对 万清菊
装帧设计 媛 子
责任印制 赵 晟

重庆大学出版社出版发行
出版人 陈晓阳
社址 （401331）重庆市沙坪坝区大学城西路21号
电话 （023）88617190 88617185（中小学）
传真 （023）88617186 88617166
网址 http://www.cqup.com.cn
邮箱 fxk@cqup.com.cn（营销中心）
印刷 北京利丰雅高长城印刷有限公司

开本:889mm×1194mm 1/16 印张：14 字数：350千
2019年10月第1版 2024年8月第4次印刷
ISBN 978-7-5689-1345-4 定价：108.00元

Original title: *Jellyfish: A Natural History*

First Published in 2016 by Ivy Press

an imprint of The Quarto Group

The Old Brewery, 6 Blundell Street

London N7 9BH, United Kingdom

Printed in China

版贸核渝字（2018）第083号

审图号：GS（2018）3356号

书中插图系原文插图

封面：Doug Perrine / Nature Picture Library